普通高等教育土建学科专业"十二五"规划教材

高等学校土木工程学科专业指导委员会规划教材

（按高等学校土木工程本科指导性专业规范编写）

# 工 程 地 质

王桂林　主　编

唐益群　汪东云　主　审

中国建筑工业出版社

图书在版编目（CIP）数据

工程地质/王桂林主编. —北京：中国建筑工业出版
社，2012.12（2023.4 重印）

普通高等教育土建学科专业"十二五"规划教材. 高等
学校土木工程学科专业指导委员会规划教材（按高等学校
土木工程本科指导性专业规范编写）

ISBN 978-7-112-14922-3

Ⅰ. ①工… Ⅱ. ①王… Ⅲ. ①工程地质-高等学校-教材
Ⅳ. ①P642

中国版本图书馆 CIP 数据核字（2012）第 279965 号

本书是普通高等教育土建学科专业"十二五"规划教材，根据《高等学校土木工程本科指导性专业规范》由高等学校土木工程学科专业指导委员会规划编写。

全书共分 8 章，主要内容为绪论、岩土类型及其工程地质性质、地质构造及其对工程的影响、地貌及第四纪地质、地下水及其对工程的影响、不良地质作用及防治、工程地质勘察和各类工程的岩土工程勘察，内容涵盖专业规范全部知识点和注册土木工程师（岩土）基础考试大纲的要求，并结合信息技术的发展，增加了对智能手机测定岩层产状和赤平投影 CAD 图解法的介绍。本书针对土木工程专业的特点，在系统阐述基本理论与基本原理的基础上，注重对学生理论联系实际能力的培养。

本书可作为建筑工程、道路工程、桥梁工程、水利工程、港口工程和给水排水工程等土木工程各专业的工程地质教学用书，也可作为地质工程、岩土工程等相关专业本科生、研究生自学参考教材，还可供从事工程地质、岩土工程实际工作的工程技术人员的参考。

本书配套有教学课件及教学资源库，有需要的读者可以在永兴土木网（http://www.yxcivil.com/）查看下载地址或发送邮件到 glw@cqu.edu.cn 免费索取。

责任编辑：王 跃 吉万旺
责任设计：陈 旭
责任校对：张 颖 陈晶晶

普通高等教育土建学科专业"十二五"规划教材
高等学校土木工程学科专业指导委员会规划教材
（按高等学校土木工程本科指导性专业规范编写）

# 工 程 地 质

王桂林 主 编

唐益群 汪东云 主 审

\*

中国建筑工业出版社出版、发行（北京西郊百万庄）
各地新华书店、建筑书店经销
北京天成排版公司制版
北京市密东印刷有限公司印刷

\*

开本：787×1092 毫米 1/16 印张：17¼ 字数：374 千字
2012 年 12 月第一版 2023 年 4 月第十四次印刷
定价：35.00 元（赠教师课件）
ISBN 978-7-112-14922-3
（22992）

# 本系列教材编审委员会名单

**主　　　任：**李国强

**常务副主任：**何若全

**副　主　任：**沈元勤　高延伟

**委　　　员：**（按拼音排序）

白国良　房贞政　高延伟　顾祥林　何若全　黄　勇
李国强　李远富　刘　凡　刘伟庆　祁　皑　沈元勤
王　燕　王　跃　熊海贝　阎　石　张永兴　周新刚
朱彦鹏

**组 织 单 位：**高等学校土木工程学科专业指导委员会
中国建筑工业出版社

# 出 版 说 明

从 2007 年开始高校土木工程学科专业教学指导委员会对全国土木工程专业的教学现状的调研结果显示，2000 年至今，全国的土木工程教育情况发生了很大变化，主要表现在：一是教学规模不断扩大，据统计，目前我国有超过 300 余所院校开设了土木工程专业，但是约有一半是 2000 年以后才开设此专业的，大众化教育面临许多新的形势和任务；二是学生的就业岗位发生了很大变化，土木工程专业本科毕业生中 90％以上在施工、监理、管理等部门就业，在高等院校、研究设计单位工作的大学生越来越少；三是由于用人单位性质不同、规模不同、毕业生岗位不同，多样化人才的需求愈加明显。《土木工程指导性专业规范》（以下简称《规范》）就是在这种背景下开展研究制定的。

《规范》按照规范性与多样性相结合的原则、拓宽专业口径的原则、规范内容最小化的原则和核心内容最低标准的原则，对专业基础课提出了明确要求。2009 年 12 月高校土木工程学科专业教学指导委员会和中国建筑工业出版社在厦门召开了《规范》研究及配套教材规划会议，会上成立了以参与《规范》编制的专家为主要成员的系列教材编审委员会。此后，通过在全国范围内开展的主编征集工作，确定了 20 门专业基础课教材的主编，主编均参与了《规范》的研制，他们都是各自学校的学科带头人和教学负责人，都具有丰富的教学经验和教材编写经历。2010 年 4 月又在烟台召开了系列规划教材编写工作会议，进一步明确了本系列规划教材的定位和编写原则：规划教材的内容满足建筑工程、道路桥梁工程、地下工程和铁道工程四个主要方向的需要；满足应用型人才培养要求，注重工程背景和工程案例的引入；编写方式具有时代特征，以学生为主体，注意 90 后学生的思维习惯、学习方式和特点；注意系列教材之间尽量不出现不必要的重复等编写原则。为保证教材质量，系列教材编审委员会还邀请了本领域知名教授对每本教材进行审稿，对教材是否符合《规范》思想，定位是否准确，是否采用新规范、新技术、新材料，以及内容安排、文字叙述等是否合理进行全方位审读。

本系列规划教材是贯彻《规范》精神、延续教学改革成果的最好实践，具有很好的社会效益和影响，住房和城乡建设部已经确定本系列规划教材为《普通高等教育土建学科专业"十二五"规划教材》。在本系列规划教材的编写过程中得到了住房和城乡建设部人事司及主编所在学校和学院的大力支持，在此一并表示感谢。希望使用本系列规划教材的广大读者提出宝贵意见和建议，以便我们在重印再版及规划和出版专业课教材时得以改进和完善。

高等学校土木工程学科专业指导委员会

中国建筑工业出版社

2011 年 6 月

# 前　言

本书是普通高等教育土建学科专业"十二五"规划教材，根据《高等学校土木工程本科指导性专业规范》由高等学校土木工程学科专业指导委员会规划编写，并得到重庆大学教材基金的资助。

全书共分8章，主要内容为绪论、岩土类型及其工程地质性质、地质构造及其对工程的影响、地貌及第四纪地质、地下水及其对工程的影响、不良地质作用及防治、工程地质勘察和各类工程的岩土工程勘察。本书的特点体现在：

(1) 充分结合了新规范，除涵盖《高等学校土木工程本科指导性专业规范》的全部知识点外，结合了注册土木工程师(岩土)基础考试大纲的要求及最新勘察设计相关规范的更新；

(2) 书中地质年代表依据国际地层委员会2012年公布的最新数据编制；

(3) 针对土木工程专业的特点，在系统阐述基本理论与基本原理的基础上，注重对学生理论联系实际能力的培养，如增加汶川地震、勘察报告内容目录实例等内容的介绍；

(4) 结合信息技术的发展，对智能手机测定岩层产状及赤平投影的CAD图解法进行了介绍；

(5) 每章配有知识点、重点、难点、导读问题及复习思考练习题；

(6) 免费提供矿物岩石图片、勘察报告实例等形成的资料资源库。

使用本书作为课堂理论教学时，应结合所在专业的《工程地质实验》、《工程地质实习》及《岩石力学》、《土力学》、《岩土工程测试技术》等课程的开设情况，对相关内容应予以取舍。

本书由重庆大学王桂林任主编，文海家任副主编。王桂林编写第1、2、4、7章，文海家编写第3章，杨忠平编写第5章，黄达编写第6章，赵晓彦(西南交通大学)编写第8章。参加编写工作的还有吕欣、罗云菊、吴进良、孟资成、李栋梁等，最后由王桂林统稿。

本书编写过程中参考了大量同类教材、论著及网络资源，在此表示感谢。

本书由同济大学唐益群教授、重庆大学汪东云教授主审，在本书编写过程中提出了许多宝贵意见和建议，在此表示衷心的感谢。

在本教材的出版过程中，得到中国建筑工业出版社等单位和个人的大力支持，特别是责任编辑吉万旺为本教材的编写、修改及定稿做了大量的工作，在此对为本教材的出版付出辛劳的相关人员表示衷心的感谢。

限于编者水平有限，书中难免有错误与不妥之处，恳请读者批评指正。请把您的建议意见发送邮件到glw@cqu.edu.cn，以便在修订时更正，编者将不胜感激。

# 目　录

# 第1章
# 绪　论

## 本章知识点

> **【知识点】**工程地质学的主要内容和研究方法，工程地质条件的概念，工程地质问题的类型，土木工程与地质环境的相互作用与影响。
>
> **【重点】**地质环境、工程地质条件、工程地质问题的概念。
>
> **【难点】**地质环境的概念、地质环境与土木工程的相互关系。
>
> **【导读问题】**为什么要学？学什么？怎么学？学得好坏怎么评价？

## 1.1　工程地质学的定义

地壳表层是工程建设活动（如建筑工程、道桥工程、地下工程等）的场所，工程活动产生的各种作用最终均由它来承受，因此，地壳表层的地质环境必然要影响到土木工程的稳定性、结构与施工方案的选择和工程造价等问题；同时工程的修建和使用又会反过来影响地质环境的变化（图 1-1），甚至引发地质灾害。工程活动与地质环境相互作用又相互制约。

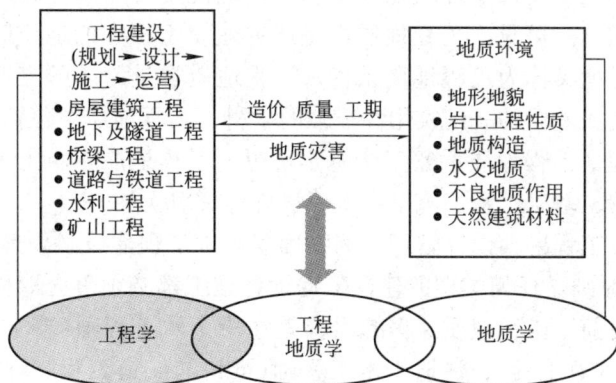

图 1-1　工程活动与地质环境的关系

地质环境对工程建设活动的制约是多方面的。它可以影响工程建筑的造价与施工安全，也可以影响工程建筑的稳定和正常使用。如在岩溶地区修建房屋，若未查明岩溶分布情况并采取有效措施，可能会引起地面塌陷；在斜坡地段开挖时，若忽视地质条件，可能引起大规模的崩塌或滑坡。

工程活动也会以各种方式影响地质环境。如开挖路堑会改变斜坡原有的地质条件，不合理开挖可能会引发崩塌或滑坡；隧道排水能引起地表水枯竭；过量抽取地下水会导致大面积的地面沉降；修建房屋引起地基土的压密沉降；大型水库的修建往往会涉及广大地区，在平原可能引起大面积的沼泽化，在黄土地区可能引起大范围的湿陷，在某些地区还可能发生水库诱发地震。不科学的工程活动，甚至会引发严重的地质灾害，如2001年重庆武隆"5·1"滑坡灾害(图1-2)。

图1-2 不当建筑工程活动引发滑坡灾害

建设工程、地质环境分别属于工程学、地质学的研究范畴，因此，工程地质学是介于工程学与地质学之间的一门边缘学科，它研究建设工程在规划、设计、施工和运营过程中合理地处理和正确地使用自然条件和改造不良地质条件等地质问题。可见，工程地质学是研究建设工程中的地质问题，工程活动中的地质环境又称为工程地质条件。工程地质学是为了解决地质环境与人类工程活动之间矛盾的一门实用性很强的学科。工程地质学包括工程岩土学、工程地质原理、工程地质勘察三个基本部分。工程地质学与土力学、岩石力学、隧道工程、基础工程、施工技术等学科有密切联系。

我国建设工程勘察设计管理条例明确规定，工程建设必须遵循地质勘察-设计-施工的原则，任何类型的建设工程设计施工都必须事先取得相应的工程地质资料。目前，工程地质课程的内容是注册土木工程师(岩土)、注册土木工程师(水利水电工程)、注册土木工程师(港口与航道工程)、注册土木工程师(道路工程)等执业资格考试的必考内容，在基础考试和专业考试大纲中均有涉及，另外，部分知识点也是一级注册结构工程师执业资格考试的必考内容。在实际工作中，工程地质条件的变化是设计变更增减工程造价的重要依据之一。由此可见，工程地质学在工程建设中占有非常重要的地位。

## 1.2 工程地质学的任务和研究方法

### 1.2.1 工程地质学的任务

由上述可知，工程地质学的最终目的是使工程活动和地质环境协调相处，解决建设工程在地质方面的问题，从地质条件方面保证建设工程的稳定、经济和正常使用。工程地质学的任务是：

(1) 阐明建设场地的工程地质条件，指出对建设工程有利和不利的地质因素；

(2) 论证与评价建设场地的工程地质问题；

(3) 选择地质条件优良的建筑场地；

(4) 分析和预测建设工程对地质环境的影响，并提出保护地质环境的建议；

(5) 根据具体地质条件，提出有关建筑物设计、施工及使用上的建议；

(6) 为拟定的改善和防治不良地质作用方案提供地质依据。

### 1.2.2 工程地质学的研究方法

工程地质学的研究方法主要有以下四种：

(1) 地质分析法：以地质学和自然历史的观点分析研究工程地质条件的形成和发展；

(2) 力学分析法：在研究工程地质问题形成机理的基础上，采用力学手段建立模型进行计算和预测；

(3) 实验法：通过室内或野外现场试验，取得所需要的岩土物理力学参数；

(4) 工程类比法：根据条件类似地区已有资料对研究区的问题进行分析。

由于工程地质学的研究对象是复杂的地质体，因此其研究方法一般也是上述多种方法的密切结合，即通常所说的定性分析与定量分析相结合的综合研究方法。

## 1.3 土木工程对地质环境的基本要求

承受土木建筑物全部荷载的那部分土体和岩体称为建筑物的地基。地质环境是指在内外营力作用下形成的与工程有关的自然地质条件。地基岩土体是地质环境的一个重要组成部分。为确保土木工程活动的安全与稳定，地质环境需要满足一定的基本要求，以房屋建筑为例，其地质环境必须满足以下三个基本条件：

(1) 场地稳定性的要求：建设场地及周边在工程活动扰动下不发生新的地质灾害。

3

（2）承载能力的要求：地基岩土要有足够的承载能力，以保证在上部建筑物荷载作用下不产生失稳而破坏。

（3）抗变形能力的要求：在外荷载作用下，产生的地基沉降值应该满足建筑物安全与正常使用的要求。

## 1.4 工程地质条件和工程地质问题

### 1.4.1 工程地质条件

工程地质条件即为工程活动的地质环境，可理解为工程建筑物所在地区地质环境各项因素的综合。一般认为它包括岩土类型及其工程性质、地质构造、地形地貌、水文地质条件、不良地质作用和天然建筑材料等。

（1）岩土的类型及其工程性质（地层岩性）

这是最基本的工程地质因素，包括岩土的成因、时代、岩性、产状、成岩作用特点、变质程度、风化特征、软弱夹层和接触带以及物理力学性质等。

（2）地质构造

地质构造是工程地质工作研究的基本对象，包括褶皱、断层、节理构造的分布和特征。地质构造，特别是形成时代新、规模大的优势断裂，对地震等灾害具有控制作用，因而对建筑物的安全稳定具有重要意义。

（3）地形地貌

地形是指地表高低起伏状况、山坡陡缓程度、沟谷宽窄及形态特征等，地貌则说明地形形成的原因、过程和时代。平原区、丘陵区和山岳地区的地形起伏、土层厚薄和基岩出露情况、地下水埋藏特征和地表地质作用现象都具有不同的特征，这些因素都直接影响到建筑场地和线路的选择。

（4）水文地质条件

这是重要的工程地质因素，包括地下水的成因、埋藏、分布和动态等。地下水是降低岩土体稳定性的重要因素，同时浅埋的地下水直接影响基础设施，影响建筑物的安全。

（5）不良地质作用

这是指对工程建设有影响的自然地质作用，其形成与建设区地形、气候、岩性、构造、地下水和地表水作用密切相关，主要包括地震、滑坡、崩塌、岩溶、泥石流和地面沉降等，对评价建筑物的稳定性和预测工程地质条件的变化意义重大。

（6）天然建筑材料

天然建筑材料是指供建筑用的土料和石料。在大型土木及水利工程中，天然建筑材料的量、质及开采运输条件等，直接关系到场址选择、工程造价、工期长短等，因此，它也是工程地质条件评价的重要内容，有时甚至可以成为选择工程建筑物类型的决定性因素。

### 1.4.2　工程地质问题

已有的工程地质条件在工程建设和运行期间会产生一些新的变化和发展，构成影响工程建筑安全的地质问题称为工程地质问题。

由于工程地质条件复杂多变，不同类型的工程对工程地质条件的要求又不尽相同，所以工程地质问题是多种多样的。就土木工程而言，主要的工程地质问题包括以下四类：

（1）地基稳定性问题：这是工业与民用建筑工程常遇到的主要工程地质问题，它包括强度和变形两个方面。铁路、公路等工程建筑则会遇到路基稳定性问题。

（2）斜坡稳定性问题：自然界的天然斜坡是经受长期地表地质作用达到相对协调平衡的产物，人类工程活动尤其是道路工程需开挖和填筑人工边坡（路堑、路堤、堤坝、基坑等），斜坡稳定性对防止地质灾害发生及保证地基稳定性十分重要。

（3）洞室围岩稳定性问题：地下洞室被包围于岩土体介质（围岩）中，在洞室开挖和建设过程中破坏了地下岩体原始平衡条件，便会出现一系列不稳定现象，常遇到围岩塌方、地下水涌水等。

（4）区域稳定性问题：在特定的地质条件中产生的并影响到广大区域的工程地质问题，包括活断层、地震、水库诱发地震、地震砂土液化和地面沉降等。掌握这些问题的规律性，对规划选址，或者说对地质环境的合理开发与妥善保护，具有重要意义。

## 1.5　工程地质学的知识点及学习方法建议

### 1.5.1　注册土木工程师（岩土）要求的知识点

在注册土木工程师（岩土）考试基础考试大纲中工程地质部分要求的知识点有：

（1）岩石的成因和分类

包括主要造岩矿物火成岩、沉积岩、变质岩的成因及其分类，常见岩石的成分、结构及其他主要特征。

（2）地质构造和地史概念

包括褶皱形态和分类，断层形态和分类，地层的各种接触关系，大地构造概念，地史演变概况和地质年代表。

（3）地貌和第四纪地质

包括各种地貌形态的特征和成因，第四纪分期。

（4）岩体结构和稳定分析

包括岩体结构面和结构体的类型和特征，赤平极射投影等结构面的图示方法，根据结构面和临空面的关系进行稳定分析。

⑤

（5）动力地质

包括地震的震级、烈度、近震、远震及地震波的传播等基本概念，断裂活动和地震的关系，活动断裂的分类和识别及对工程的影响，岩石的风化，流水、海洋、湖泊、风的侵蚀、搬运和沉积作用，滑坡、崩塌、岩溶、土洞、塌陷、泥石流、活动砂丘等不良地质现象的成因、发育过程和规律及其对工程的影响。

（6）地下水

包括渗透定律，地下水的赋存、补给、径流、排泄规律，地下水埋藏分类，地下水对工程的各种作用和影响，地下水向集水构筑物运动的计算，地下水的化学成分和化学性质，水对建筑材料腐蚀性的判别。

（7）岩土工程勘察与原位测试技术

包括勘察分级，各类岩土工程勘察基本要求，勘探，取样，土工参数的统计分析，地基土的岩土工程评价，原位测试技术（载荷试验、十字板剪切试验、静力触探试验、圆锥动力触探试验、标准贯入试验、旁压试验和扁铲侧胀试验）。

除上述基础考试有要求外，在注册土木工程师（岩土）专业考试大纲中涉及工程地质学的知识点还包括特殊性岩土、地面沉降、采空区、地质灾害危险性评估等特殊条件下的岩土工程。

### 1.5.2 土木工程本科指导性专业规范要求的知识点

在最新出版的《高等学校土木工程本科指导性专业规范》中明确指出了工程地质学的相关基础知识领域的核心知识单元、知识点，如表1-1。

相关基础知识领域的核心知识单元、知识点（工程地质）　　表 1-1

| 知识单元 | | 知 识 点 | |
| --- | --- | --- | --- |
| 工程地质学基础 | 1 | 岩石的成因及其工程地质特征 | 熟悉 |
| | 2 | 地质作用与地质年代 | 掌握 |
| | 3 | 地质构造与地形地貌 | 熟悉 |
| | 4 | 岩土的工程性质与分类 | 掌握 |
| | 5 | 岩体的力学性质及围岩分类 | 掌握 |
| | 6 | 地下水 | 掌握 |
| 地质对工程结构的影响 | 1 | 地质构造对工程的影响 | 掌握 |
| | 2 | 地下水对工程的影响 | 掌握 |
| | 3 | 不良地质现象的工程地质问题 | 掌握 |
| 工程地质勘察 | 1 | 工程地质勘察要求、内容和方法 | 掌握 |
| | 2 | 各类工程的工程地质勘察要点 | 熟悉 |

### 1.5.3 学习方法建议

（1）贯穿一条主线

本课程的知识点虽然很多，但知识点之间有一定的内在联系，整个课程基本上就是围绕与工程建筑有关的地质因素，即工程地质条件而展开的，每一个知识点均与工程建筑的安全稳定性有直接或间接的关系。

（2）加强阅读理解

工程地质是土木工程专业的一门专业基础课，本课程的特点是公式和计算少，许多问题是定性描述，但真正学好并不容易。学习方法上，应通过阅读分析相关教学材料，认真理解并善于归纳总结。

（3）重视实践环节

工程地质是实践性很强的学科，很多概念理论要通过实践来检验和深化。因此，本课程要重视实验、实习课，并多联系身边的地质现象及工程地质现象加以理解。只有理论联系实际，从课堂走向野外现场，先了解基本的概念和理论，再认识典型的现象，对它们进行正确地观察、分析和判断，才会有质的飞跃。

## 复习思考练习题

1-1　工程地质学的主要内容有哪些？

1-2　工程地质学的研究方法有哪些？

1-3　以房屋建筑为例，说明土木工程对地质环境有哪些基本要求？

1-4　什么是工程地质条件、工程地质问题？土木工程的主要工程地质问题有哪些？

1-5　如何理解土木工程与地质环境的相互作用与影响？

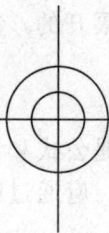

# 第2章
## 岩土类型及其工程地质性质

**本章知识点**

【知识点】地质作用及类型，地质年代的概念、相对年代与绝对年代的确定方法；常见矿物的性质；三大岩类的形成、结构和构造，常见岩石的鉴别；岩石的工程地质性质及影响因素，岩石的工程类型，风化岩的概念及工程地质性质，风化作用类型，风化带划分；土体分类及其工程地质性质、特殊土的主要工程地质性质。

【重点】矿物及岩石的鉴别，岩石的工程地质性质及影响因素，风化岩的工程性质。

【难点】常见矿物及岩石的鉴别、岩土的工程地质性质。

【导读问题】岩土从何而来？沉睡亿年仍会说话的石头是什么东东？岩土的工程性质是先天注定的吗？岩与土为何要分家？特殊性土到底特殊在哪？

建筑场地都是由岩或土组成，甚至有的工程建筑(土石坝、路堤、毛洞等)本身就是由岩土构成，不同的岩土有着不同的工程地质性质，岩土组成物质及组合关系的不同直接关系到建筑场地的地基承载能力和稳定性。

## 2.1 地壳及地质作用

### 2.1.1 地壳

地球是绕太阳转动的一颗行星，它是一个旋转椭球体。地球包括外部圈层及固体地球，其外部圈层由大气圈、水圈及生物圈组成，固体地球则分为地壳、地幔、地核三部分。其中地壳浅表圈层的改造对人类工程活动场所的影响最为显著。地壳是地球表层的一个坚硬外壳，是由固体岩石构成的，最厚的地方达70km，最薄的地方不到5km。

### 2.1.2 地质作用

根据地球内部放射性同位素蜕变速度，地球从形成到现在大约经历了至少46亿年。在这漫长的地质历史进程中，它一直处在永恒不断地运动之中，海枯石烂、沧海桑田,地壳面貌在不断改变着。由引起地壳或岩石圈,甚至地球的物质组成、内部结构和地表形态变化和发展的过程,统称为地质作用。

地质作用常常引发地质灾害,按地质灾害成因的不同,工程地质学把地质作用划分为物理地质作用(即自然地质作用)和工程地质作用(即人为地质作用)两大类。

物理地质作用按其动力来源,可分为内力地质作用与外力地质作用。动力来自于地球自身、且主要发生在地壳内部的塑造地壳面貌的自然作用称为内力地质作用。由太阳辐射热引起并主要发生在地壳表层的自然作用称为外力地质作用。

工程地质作用是指由人类活动引起的地质效应。如开采地下资源引起地表变形、崩塌、滑坡,兴建水利工程造成土地淹没、盐渍化、沼泽化或库岸滑坡、水库诱发地震等。

地质作用的主要表现形式见表 2-1。

地质作用的主要表现形式　　　　　　　　　　　表 2-1

| 类　　型 | | 含　　　义 |
|---|---|---|
| 内力地质作用 | 构造运动 | 指地壳的机械运动,又称为地壳运动。水平向运动使岩层受到挤压或拉张,垂直向运动使地壳发生上升或下降 |
| | 岩浆作用 | 岩浆的形成、运移、冷凝固结成岩浆岩的全过程 |
| | 地震作用 | 地下深处的岩层由于突然破裂、塌陷以及火山爆发等而产生的地壳快速振动的作用 |
| | 变质作用 | 先成岩石在高温、高压并有化学物质参与下发生成分、结构、构造变化的地质作用 |
| 外力地质作用 | 风化作用 | 地表岩石在温度变化等因素的长期作用下,发生机械崩解或化学分解而变成松散物的过程。风化作用是各种介质(水、大气、温度、生物)对岩石的原地破坏 |
| | 剥蚀作用 | 风、水、冰川等地质营力将岩石的风化产物剥落、刻蚀的过程 |
| | 搬运作用 | 风化、剥蚀的产物被迁移的过程 |
| | 沉积作用 | 被搬运的物质在条件适宜的地方发生沉积的过程 |
| | 固结成岩作用 | 松散沉积物转变为坚硬岩石的过程 |
| 人为地质作用 | 工程地质作用 | 因人类工程活动改变原来的地质条件的过程 |

## 2.1.3　地质年代

地球形成、发展、变化的历史年代称为地质年代。地质年代分为相对地质年代和绝对地质年代(同位素地质年龄)两种。

### 2.1.3.1　绝对地质年代及其确定

绝对地质年代是指地质事件发生至今的年龄。其测定方法一般为放射性同位素法,以矿物中放射性同位素的蜕变规律计算出矿物从其形成到现在的实际年龄,即代表岩石的绝对地质年代。

### 2.1.3.2　相对地质年代及其确定

相对地质年代是指地质事件发生的先后顺序及其相对的新老关系。其确定有四种方法:

（1）地层层序律法：所谓地层是指在地壳发展过程中形成的各种成层和非成层岩石的总称，它具有时间性、事件性等属性。未经构造运动改造的水平层状岩层或受构造运动而发生倾斜的层状岩层，均存在上新下老的正常层序规律（如图 2-1 所示），但也有受构造运动而发生地层倒转的岩层（如图 2-2 所示）。

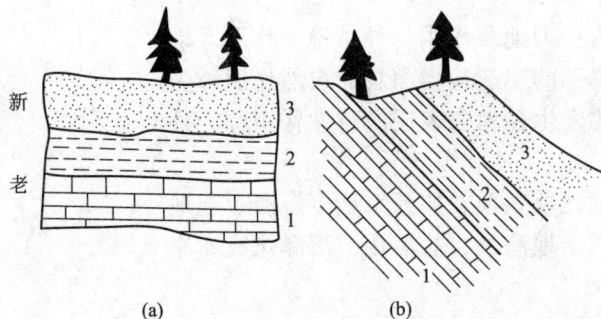

图 2-1　岩层层序律（层序正常）

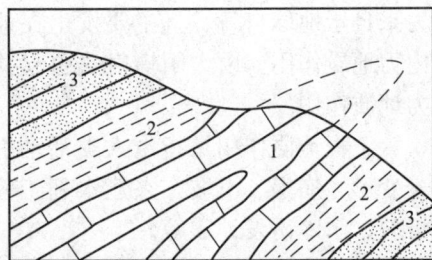

图 2-2　岩层层序倒转

（2）生物层序律法：生物从无到有、从简单到复杂、从低级到高级的演化是不可逆转的，故不同地质时代的地层含有不同的化石及其组合，而相同时代相同环境下形成的地层则含有相同的化石。

（3）岩性对比法：在同一时期、同一地质环境下形成的岩石，通常具有相同或相近的颜色、成分、结构、构造等岩性特征和层序规律。因此，可根据岩性特征及层序规律对比来确定某一地区岩石地层的时代。

（4）地层接触关系法：地层的接触关系是指上下地层之间在空间上的接触形式和时间上的发展状况，它直接从一个侧面记录了地壳运动和演化历史。由于地壳运动的性质和特点不同，反映到地层的接触关系也是多种多样的，主要类型有整合接触、假整合接触、不整合接触、沉积接触、侵入接触和断层接触等 6 类（如图 2-3 所示），除断层接触外，可以根据接触关系判别地层间的新老关系。

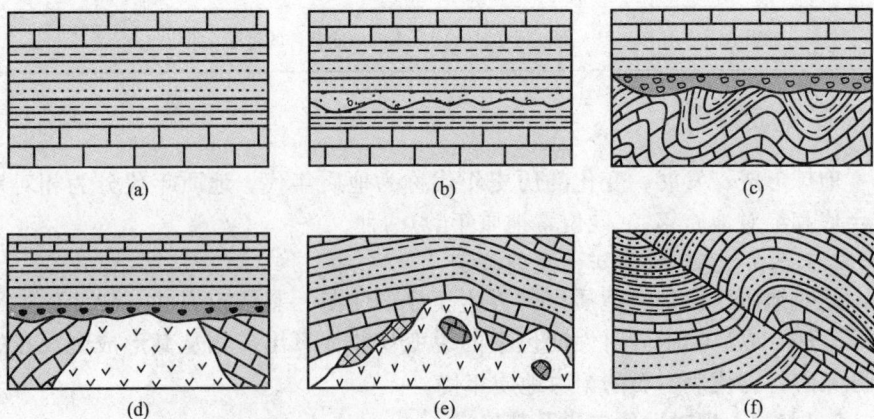

图 2-3　地层接触关系

（a）整合接触；（b）假整合接触；（c）不整合接触；（d）沉积接触；（e）侵入接触；（f）断层接触

1）沉积岩之间的接触关系

整合接触关系：上下两套地层之间没有明显的沉积间断，地层形成时间上连续，此类连续接触关系称为整合接触关系。

平行不整合接触：上下两套地层之间虽然大致是平行的，但它们中间有一个明显的沉积间断，在时间上不连续，这种不连续接触关系称为平行不整合（或称假整合）。

角度不整合接触：上下两套地层之间不仅有明显的沉积间断，而且产状差别显著，这种不连续接触关系称为角度（斜交）不整合。

2）岩浆岩之间的接触关系

岩浆岩之间的接触关系的主要是侵入接触，这是由岩浆侵入先形成的岩层中而成的接触关系。一般可运用穿插关系判断新老关系，新岩体穿插老岩体。

3）岩浆岩与沉积岩之间的接触关系

沉积接触：先侵入、后沉积；侵入接触：先沉积、后侵入。

### 2.1.3.3　地质年代单位及年代地层单位

地质年代单位是指地质时期中的时间划分单位，又称"地质时间单位"。主要根据生物演化的不可逆性和阶段性，仿用人类历史研究中划分社会发展阶段的方法，把地史按级别大小分为宙、代、纪、世、期等阶段。

各个地质年代时间段落中所形成的地层也相应划分为若干地层单位，称为年代地层单位简称"地层单位"。与地质年代单位对应的是宇、界、系、统、阶。如"宙"这个地质年代形成的年代地层，应称作"宇"，在"代"这个地质年代形成的年代地层，应称作"界"，依次类推。

地层单位分国际性地层单位、全国性或大区域性地层单位和地方性地层单位。国际性地层单位是根据生物演化阶段划分的，由于生物门类（纲、目、科）的演化阶段，全世界是一致的，据此划分的地层单位适用于全世界，包括宇、界、系、统。全国性或大区域性地层单位有阶、时、带，地方性地层单位有群、组、段、层。

地质年代单位与年代地层单位既有区别又有联系，是相互对应的，在叙述地质时期中的某段时间时，用地质年代单位，在叙述某地质时代形成的地层时，则用年代地层单位。

### 2.1.3.4　地质年代表

地质年代表指按时代早晚顺序表示地史时期的相对地质年代和同位素年龄值的表格，如表2-2所示。

### 2.1.3.5　我国地层出露概况

地质历史上，从太古代到新生代的地层，在我国陆地均有出露，为研究我国地质历史的发展提供了基础条件。各地质历史时期形成的地层在我国陆地的出露情况如图2-4所示。

地 质 年 代 表　　　　　　表 2-2

| 地质年代及代号 | | | | 绝对年龄（百万年） | 生物界演化 | | 构造阶段 |
|---|---|---|---|---|---|---|---|
| 宙（字） | 代（界） | 纪（系） | 世（统） | | 植物 | 动物 | |
| 显生宙（字）PH | 新生代（界）Kz | 第四纪（系）Q | 全新世（统）Qh | 2.588 | 被子植物繁盛 | 哺乳类与鸟类繁盛 | 喜马拉雅山期 |
| | | | 更新世（统）Qp | | | | |
| | | 新近纪（系）N | 晚新世（统）$N_2$ | 23.03 | | | |
| | | | 中新世（统）$N_1$ | | | | |
| | | 古近纪（系）E | 渐新世（统）$E_3$ | | | | |
| | | | 始新世（统）$E_2$ | | | | |
| | | | 古新世（统）$E_1$ | 66.0 | | | |
| | 中生代（界）Mz | 白垩纪（系）K | 晚白垩世（统）$K_2$ | ~145.0 | 裸子植物繁盛 | 爬行类动物繁盛 | 燕山期 |
| | | | 早白垩世（统）$K_1$ | | | | |
| | | 侏罗纪（系）J | 晚侏罗世（统）$J_3$ | | | | |
| | | | 中侏罗世（统）$J_2$ | | | | |
| | | | 早侏罗世（统）$J_1$ | 201.3 | | | |
| | | 三叠纪（系）T | 晚三叠世（统）$T_3$ | | | | 印支期 |
| | | | 中三叠世（统）$T_2$ | | | | |
| | | | 早三叠世（统）$T_1$ | 252.2 | | | |
| | 古生代（界）Pz | 二叠纪（系）P | 晚二叠世（统）$P_3$ | | 蕨类及原始裸子植物繁盛 | 两栖类动物繁盛 | 海西期 |
| | | | 中二叠世（统）$P_2$ | | | | |
| | | | 早二叠世（统）$P_1$ | 298.9 | | | |
| | | 石炭纪（系）C | 晚石炭世（统）$C_2$ | | | | |
| | | | 早石炭世（统）$C_1$ | 358.9 | | | |
| | | 泥盆纪（系）D | 晚泥盆世（统）$D_3$ | | 裸蕨植物繁盛 | 鱼类繁盛 | |
| | | | 中泥盆世（统）$D_2$ | | | | |
| | | | 早泥盆世（统）$D_1$ | 419.2 | | | |
| | | 志留纪（系）S | 晚志留世（统）$S_3$ | | 藻类及菌类植物繁盛 | 海生无脊椎动物繁盛 | 加里东期 |
| | | | 中志留世（统）$S_2$ | | | | |
| | | | 早志留世（统）$S_1$ | 443.4 | | | |
| | | 奥陶纪（系）O | 晚奥陶世（统）$O_3$ | | | | |
| | | | 中奥陶世（统）$O_2$ | | | | |
| | | | 早奥陶世（统）$O_1$ | 485.4 | | | |
| | | 寒武纪（系）$\in$ | 晚寒武世（统）$\in_3$ | | | | |
| | | | 中寒武世（统）$\in_2$ | | | | |
| | | | 早寒武世（统）$\in_1$ | 541.0 | | | |
| 元古宙（字）PT | 新元古代（界） | | | | | | |
| | 中元古代（界） | | | | | | |
| | 古元古代（界） | | | 2500 | | | |
| 太古宙（字）AR | 新、中、古、始太古代（界） | | | 4000 | | | |
| 冥古宙（字）HD | | | | ~4600 | | | |

注：1. 本表依据国际地层委员会 2012 年公布的国际地层年代表而编制，网址为：http://www.stratigraphy.org；

　　2. 古近纪旧称老第三纪、早第三纪，新近纪旧称新第三纪、晚第三纪；

　　3. 元古宙、太古宙及冥古宙合称为隐生宙，相当于前寒武纪。其中新元古代的晚期（距今约 8 亿年～距今约 5.7 亿年）在中国称为震旦纪，这一时期形成的地层称震旦系。

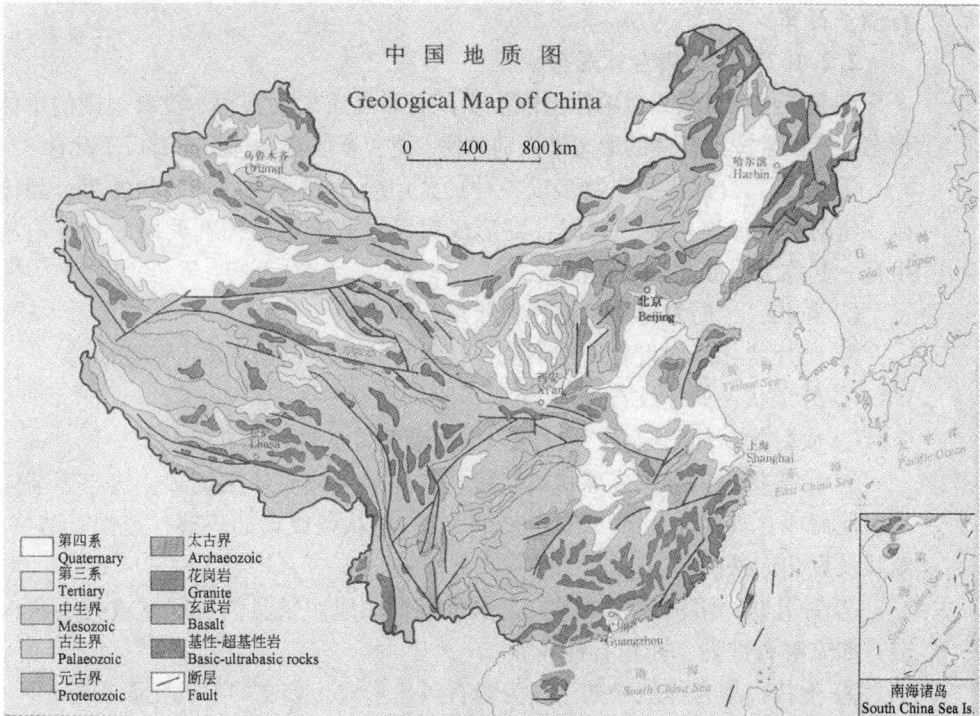

图 2-4　中国地质简图

## 2.2　矿物

地壳是由岩石组成的，而岩石又是由矿物组成的。矿物是指在各种地质作用中所形成的天然单质元素或化合物，具有一定的化学成分、内部结构和物理性质。自然界的矿物已知有 3000 多种，但组成岩石的常见矿物只有几十种，通常把常见矿物称为造岩矿物。

### 2.2.1　矿物的形态

自然界中的矿物，除少量为液态（如汞等）和气态（如天然气等）之外，绝大多数矿物是固态。固态矿物按其内部结构特点可分为结晶质矿物和非结晶质矿物。大部分固体矿物是结晶质的。

矿物的形状是指固态矿物单个晶体的形态或矿物晶体聚集在一起的集合体的形态。

矿物具有一定的化学成分和结晶结构，在适宜的条件下，可形成具有一定外形的几何多面体，称为晶体，各种矿物都有其独特的晶体形态（晶形），它是鉴别矿物的重要依据之一。

#### 2.2.1.1　晶体的单体形态

① 一向延长型，晶体沿一向发育成柱状（如角闪石、石英）或针状（如电气石）的晶形。

② 两向延长型，晶体呈板状或片状的晶形，如石膏、云母、绿泥石等。

③ 三向延长型，晶体呈粒状，如呈八面体形的磁铁矿、菱形十二面体的

13

石榴子石等。

### 2.2.1.2　矿物集合体形态

结晶矿物在自然界以单体出现很少，而非晶质矿物则根本没有规则的单体形态，所以常按集合体的形态来识别矿物。常见矿物集合体形态有以下几种：

① 晶簇：自然界的矿物多以各种形式组合出现，当同种矿物的两个晶体以一定对称规律连生在一起时，则形成双晶；若干个晶体在共同的基座上丛生在一起称为晶簇，如石英晶簇。

② 粒状：三向发育如橄榄石粒状集合体。

③ 鳞片状：两向发育的细小鳞片状集合体组成，如石墨、辉钼矿等。

④ 纤维状：如蛇纹石。

⑤ 放射状：如阳起石、红柱石(形如菊花，又称"菊花石")等。

⑥ 结核状：集合体成球状或瘤状，它是晶质或胶体围绕某一核心逐渐向外沉淀而成，其断面上常出现同心圆状或放射状条纹，如玛瑙、黄铁矿结核、鲕状及豆状赤铁矿等。

⑦ 钟乳状：溶液或胶体因失去水分凝聚而成，常具同心层状或壳层状构造，如方解石钟乳、孔雀石钟乳等。

⑧ 土状：集合体疏松如土，为岩石风化形成，如高岭石、蒙脱石等。

## 2.2.2　矿物的物理性质

矿物的主要物理性质有光学性质、力学性质以及磁性、发光性等，这些性质是肉眼鉴定矿物的主要依据。

### 2.2.2.1　光学性质

矿物的光学性质是指矿物对可见光的吸收、反射和透射的性质，与矿物的化学成分和晶体结构密切相关。

(1) 颜色和条痕

矿物的颜色是指其在自然光下所呈现的颜色，是矿物对不同波长可见光波的吸收程度的反映。许多矿物就是以其颜色而得名，如黄铁矿(铜黄色)、赤铁矿(红色，又名红铁矿)、孔雀石(翠绿色)、褐铁矿(褐色)等。

矿物的颜色由于产生的原因不同有自色、他色与假色之分。自色是矿物本身所固有的颜色，如方铅矿呈灰色、磁铁矿呈黑色等；他色是矿物由于外来带色杂质的机械混入所呈现的颜色，如纯石英是无色透明的，含杂质时可呈紫色、褐色或烟灰色等；假色是矿物内部的裂隙或表面的氧化薄膜对光的折射、散射所引起的，如方解石解理面上常出现彩虹，斑铜矿表面常出现斑驳的蓝色和紫色，黄铁矿经风化后呈暗褐色。

条痕是指矿物粉末的颜色，通常是看矿物在白色无釉的瓷板上刻划出来的线条颜色。矿物的条痕往往比矿物表面的颜色固定，如块状赤铁矿呈铁黑色、土状者多为暗红色，但两者的条痕均为砖红色(樱桃红色)。

(2) 光泽

光泽是矿物表面对可见光的反射、折射或吸收能力的反映。依据反射的强弱可分为：金属光泽、半金属光泽和非金属光泽。

① 金属光泽：矿物表面反光最强，如同光亮的金属器皿表面，如方铅矿、黄铁矿等。

② 半金属光泽：类似金属光泽，但较暗淡，像没有磨光的铁器，如赤铁矿、磁铁矿等。

③ 非金属光泽：不具金属感的光泽，可分为金刚光泽和玻璃光泽。

金刚光泽：非金属矿物具有的最强光泽，像金刚石那样闪亮耀眼，如金刚石、闪锌矿等。

玻璃光泽：反光较弱，像玻璃的光泽，如水晶、萤石等。

上述光泽是指矿物光滑表面（晶面或解理面）所呈现的光泽，由于矿物表面不平坦或为集合体的表面或解理发育引起的光线折射、反射等也会出现一些特殊光泽，常见特殊光泽有：

① 油脂光泽：矿物表面不平，致使光线散射，如石英断口呈现的光泽。

② 珍珠光泽：光线在矿物解理面上经多次折射和反射所呈现像珍珠一样的光泽，如云母。

③ 丝绢光泽：由于光的反射互相干扰，形成丝绢般的光泽，多见于呈纤维状或细鳞片状集合体的浅色透明矿物，如纤维石膏、石棉等。

④ 蜡状光泽：致密矿物表面所呈现的光泽，如蛇纹石、滑石等。

⑤ 土状光泽：疏松等粒状矿物表面暗淡如土，如高岭石等。

（3）透明度

透明度是指光线透过矿物的程度，它与矿物吸收可见光的能力有关，可分为透明、半透明和不透明三个等级，如水晶、冰洲石（纯净方解石晶体）为透明，闪锌矿、辰砂为半透明，黄铁矿为不透明等。

#### 2.2.2.2　力学性质

矿物的力学性质是指在外力作用下所表现的物理性质，包括解理、断口、硬度等，它与矿物的晶体结构等有关。

（1）解理

解理是指矿物受外力后沿晶体格架的一定方向开裂的性质。矿物开裂的平面称为解理面。根据解理面的完全程度，可将解理分为四级。

① 极完全解理：矿物受外力作用，极易沿解理面分裂，解理石平整光滑，如云母即有一组极完全解理。

② 完全解理：矿物受外力作用，易于沿解理面裂开，解理面较平滑，如方解石即具有三组完全解理。

③ 中等解理：矿物受外力作用，常沿解理面裂开，不易分裂，解理面清楚，但不平滑且常不连续，矿物碎块上既可看到解理又可看到断口，如长石、角闪石、辉石等有两组中等解理，解理面不连续。

④ 不完全解理：矿物受外力作用，较难沿解理面分裂，破碎后很难找到解理面，大部分为不平坦断口，如磷灰石、橄榄石等。

（2）断口

16

断口是矿物受外力打击后形成凹凸不平的不规则的断裂面。常见断口有以下几种：

① 贝壳状断口：指断面光滑、上有似涟漪般同心条纹的弧形断口，因为像贝壳而得名。这在非晶体或细粒矿物中非常常见，如燧石、蛋白石或黑曜石，但部分结晶矿石也拥有此类断口，如石英。

② 锯齿状断口：指尖锐锯齿状的断口。常出现在延展性强的自然金属中，如铜和银。

③ 参差状断口：断口面参差不齐、粗糙不平，大多数矿物具有这种断口，如磷灰石。

④ 纤维状及鳞片状断口：断口面呈纤维丝状或交错的细片状，如纤维石膏、蛇纹石。

⑤ 土状断口：指断面粗糙、纹路似细粉的断口。常出现在硬度低、结构松散的矿物中，如褐铁矿、高岭石和矾土石。

矿物解理的完全程度与断口是相互消长的，解理完全时则不显示断口。反之，解理不完全或无解理时，则断口显著。

（3）硬度

硬度是矿物新鲜面抵抗外来机械力作用（如刻划、压入、研磨）的能力。在鉴定矿物时常用相对硬度，当两种矿物相互刻划，硬度低的会被损伤。德国矿物学家德里克·摩斯(Friedrich Mohs)选取自然界常见的十种矿物作为硬度标准，将硬度分为十个等级，此即摩氏硬度，所组成的 1～10 度的相对硬度系列，称为"摩氏硬度计"，如表 2-3 所示，可用矿物第一个字组成顺口溜"滑石方萤磷，长石黄刚金"方便记忆。

摩 氏 硬 度 计           表 2-3

| 摩氏硬度 | 标准矿物 | 摩氏硬度 | 标准矿物 |
|---|---|---|---|
| 1 度 | 滑石 | 6 度 | 长石 |
| 2 度 | 石膏 | 7 度 | 石英 |
| 3 度 | 方解石 | 8 度 | 黄玉 |
| 4 度 | 萤石 | 9 度 | 刚玉 |
| 5 度 | 磷灰石 | 10 度 | 金刚石 |

未知硬度的矿物一般用已知硬度的矿物相互刻划来鉴定，也可用其他物品近似代替：软铅笔(1 度 )，指甲(2.5 度)，小刀、铁钉(3～4 度 )，玻璃棱(5～5.5 度)，钢刀刃(6～7 度 )。

#### 2.2.2.3 矿物的其他特性

矿物的其他特性如磁性(如磁铁矿等)、发磷光(如莹石)、可燃性(如煤、自然硫等)、味感(如岩盐等)、嗅味(如毒砂以锤击之有臭蒜味)、韧性(如软玉很难压碎)、挠性(如绿泥石、滑石等)、弹性(如云母等)、延展性(如自然金、自然银、自然铜等)，有些矿物遇盐酸或硝酸起泡(如方解石等碳酸盐类矿物)等性质，对鉴别某些矿物具有重要的意义。

### 2.2.3 常见矿物及其主要特征

常见矿物及其主要特征见表 2-4，表中的高岭石、蒙脱石、伊利石是常见的

表 2-4

## 常见矿物的主要特征（按硬度排序）

| 序号 | 矿物名称 | 成分 | 硬度 | 形态 | 颜色 | 条痕 | 光泽 | 相对密度 | 解理或断口 | 其他特征 |
|---|---|---|---|---|---|---|---|---|---|---|
| 1 | 滑石 | $Mg_3[Si_4O_{10}][OH]_2$ | 1 | 板状、片状、块状 | 白色、浅红色、浅绿 | 白色 | 玻璃；蜡状 | 2.7~2.8 | 一组解理 | 极软，手摸有滑感；薄片可以挠曲而无弹性 |
| 2 | 高岭石 | $Al_4(Si_4O_{10})[OH]_8$ | 1-2 | 土状、块状 | 白色 | | | 2.58-2.61 | 土状断口 | 有滑感，干时易吸水、湿时可塑性 |
| 3 | 蒙脱石 | $(Al_2Mg_3)(Si_4O_{10})[OH]_2$ | 1~2 | 土状、微鳞片状 | 白色、灰白色 | | | 2~3 | 土状断口 | 可塑性，遇水剧烈膨胀 |
| 4 | 伊利石（又称水云母） | $KAl_2[(Al, Si)Si_3O_{10}](OH)_2 \cdot nH_2O]$ | 1~2 | 土状、鳞片状 | 白色 | | 块状者油脂光泽 | 2.6~2.9 | 土状断口 | 具有滑腻感，性质介于高岭石与蒙脱石之间 |
| 5 | 石膏 | $CaSO_4 \cdot 2H_2O$ | 2 | 板状、块状、纤维状 | 白色、浅灰色 | 白色 | 玻璃；珍珠 | 2.3 | 板状石膏具一组解理，纤维状石膏断口为锯齿状 | 微具挠度 |
| 6 | 绿泥石 | $(Mg, Al, Fe)_6[(Si, Al)_4O_{10}][OH]_8$ | 2~3 | 鳞片状 | 绿色 | 白色 | 珍珠 | 2.6~3.3 | 平行片状方向的解理 | 薄片具挠性，常见于温度不高的热液变质岩中，易风化、强度低 |
| 7 | 白云母 | $KAl_2[AlSi_3O_{10}][OH]_2$ | 2.5~3 | 板状、鳞片状集合体 | 无色 | 白色 | 玻璃；珍珠 | 2.6~3.12 | 一组解理 | 薄片透明、有弹性，绝缘性能好 |
| 8 | 黑云母 | $K(Mg, Fe)_3[AlSi_3O_{10}][OH]_2$ | 2.5~3 | 短柱状、板状、片状集合体 | 黑色、褐色、棕色 | 浅绿色 | 玻璃；珍珠 | 3.02~3.12 | 一组解理 | 薄片透明、有弹性 |
| 9 | 蛇纹石 | $Mg_6[Si_4O_{10}][OH]_8$ | 2.5~3.5 | 细鳞片状、致密块状 | 无色、灰白 | 白色 | 油脂丝绢 | 2.83 | 三组解理 | 呈纤维状集合体者称蛇纹石 |
| 10 | 方解石 | $CaCO_3$ | 3 | 菱面状、粒状、结核状、钟乳状 | 无色、灰白 | 白色 | 玻璃 | 2.6~2.8 | 三组解理 | 性脆，遇冷稀盐酸起泡，是石灰岩和大理岩的主要矿物 |
| 11 | 白云石 | $CaMg(CO_3)_2$ | 3.5~4 | 菱面状、块状、粒状 | 白色、浅黄色、红色 | 白色 | 玻璃 | 2.9 | 三组解理 | 遇热盐酸起泡，遇镁试剂测变蓝，是白云岩的主要矿物 |

2.2 矿　物

17

续表

| 序号 | 矿物名称 | 成分 | 硬度 | 形态 | 颜色 | 条痕 | 光泽 | 相对密度 | 解理或断口 | 其他特征 |
|---|---|---|---|---|---|---|---|---|---|---|
| 12 | 褐铁矿 | $Fe_2O_3 \cdot nH_2O$ | 5~5.5 | 块状、土状、豆状、蜂窝状 | 褐色、黑色 | 浅黄褐色 | 半金属 | 3~4 | 无解理 | 为含铁矿物的风化产物，呈铁锈状，易染手 |
| 13 | 赤铁矿 | $Fe_2O_3$ | 5.5~6 | 块状、肾状、鲕状 | 钢灰、铁黑、红褐色 | 樱桃红色 | 半金属 | 5~5.3 | 无解理 | 性脆，土状者硬度很低，可染手 |
| 14 | 普通角闪石 | $Ca_2Na(Mg,Fe)_4(FeAl)[(Si,Al)_4O_{11}][OH]_2$ | 5~6 | 长柱状、横切面为六边形 | 暗绿至黑色 | 浅绿色 | 玻璃 | 3.1~3.3 | 两组解理 | 性脆，常与斜长石、辉石共生 |
| 15 | 普通辉石 | $Ca(Mg,Fe,Al)[(SiAl)_2O_6]$ | 5.5~6 | 短柱状、横切面为八边形 | 黑绿色 | 灰绿色 | 玻璃 | 3.23~3.56 | 两组解理 | 性脆，多与斜长石伴生 |
| 16 | 正长石 | $K[AlSi_3O_8]$ | 6 | 柱状、板状 | 肉红、褐黄色 | 白色 | 玻璃 | 2.6 | 两组解理 | 有时呈双晶。易风化成高岭石，常与石英伴生于酸性花岗岩 |
| 17 | 斜长石 | $Na[AlSi_3O_8]$~$Ca[Al_2Si_2O_8]$ | 6 | 板状、粒状 | 白色、浅黄色 | 白色 | 玻璃 | 2.7 | 两组解理 | 性脆，解理面上显条纹。常与角闪石、辉石共生于较深色的岩浆岩(如闪长岩、辉长岩) |
| 18 | 黄铁矿 | $FeS_2$ | 6~6.5 | 立方体、粒状、块状 | 浅铜黄色 | 绿黑色 | 金属 | 4.9~5.2 | 参差状断口 | 晶面有平行条纹。风化后易产生腐蚀性硫酸，是提取硫酸的主要原料 |
| 19 | 橄榄石 | $(Mg,Fe)_2[SiO_4]$ | 6.5~7 | 粒状 | 橄榄绿色 | 白色 | 玻璃 | 3.3~3.5 | 贝壳状断口 | 透明，在绿色矿物中硬度较大。常见于基性和超基性岩浆岩中 |
| 20 | 石榴子石 | $(Ca,Mg)_3(Al,Fe)_2[SiO_4]_3$ | 6.5~7.5 | 菱形十二面体、粒状 | 多种 | 白色 | 玻璃、油脂 | 3~4 | 无解理 | 半透明、性脆，多产变质岩 |
| 21 | 石英 | $SiO_2$ | 7 | 六方双锥状、块状、放射状 | 无色、白色 | 白色 | 玻璃、油脂 | 2.65 | 贝壳状断口 | 质坚性脆、抗风化能力强。透明度好的晶体称为水晶，含杂质时呈紫红色、绿色等 |
| 22 | 红柱石 | $Al_2[SiO_4]O$ | 7~7.5 | 柱状、放射状 | 浅绿、浅红色 | 白色 | 玻璃 | 3.1~3.2 | 两组解理 | 放射状集合体 |

三种黏土矿物，它们是一些含铝、镁等为主的含水硅酸盐矿物，均具层状构造，是组成黏土岩和土壤的主要矿物。由于这类矿物颗粒细小，具有胶体特性，与水发生活跃的物理化学作用致使黏土矿物具有复杂多变的工程地质性质。

### 2.2.4　常见矿物的鉴定方法

常见矿物主要是采用肉眼鉴定法，这种方法是依据矿物的形态和物理性质（如颜色、条痕、光泽、解理、断口、硬度等）等最直观的特征，或再辅以很简单的化学试验，利用常见矿物的主要特征表，从而鉴别矿物。工具为小刀、无釉瓷板、放大镜、稀盐酸等。

矿物肉眼鉴定方法的一般步骤如下：

（1）观察矿物的形态和颜色，确定矿物晶体形态，确定是浅色矿物还是深色矿物。

（2）鉴定矿物的硬度，用已知硬度的矿物相互刻划来鉴定，也可用其他物品近似代替。

（3）通过颜色、硬度，可以逐步缩小被鉴定矿物的范围。

（4）最后根据矿物的条痕、解理、断口，并辅以简易化学试验（如滴稀盐酸），查常见矿物主要特征表，确定出矿物的名称。

鉴定时应注意：

（1）观察测试的性质越多，所定矿物的正确性越高。即使有些矿物仅据一种性质即可准确定名，但初学者仍应综合地全面鉴定，掌握每一种矿物的总特征。

（2）同一种矿物因成分、结构及集合状态等因素的不同，其物理性质（如颜色、光泽、硬度和解理等）常变化不定，应结合标本反复查对、反复观察。

例：某矿物呈粒状。颜色和条痕均为白色，玻璃光泽，透明。具三组菱面体完全解理（三组完全解理），硬度大于指甲而小于小刀。块体加冷稀盐酸剧烈起泡，查表 2-4 可知该矿物为方解石。

## 2.3　岩石成因类型及其工程地质性质

岩石是指天然形成的，由一种或几种矿物组成、具有一定的结构和构造的矿物集合体，是地壳的主要组成物质。岩石与矿物不同，一种岩石的矿物组成比例是可以变动的，但一种矿物的组成成分是不变的。

岩石的工程地质性质与岩石的矿物成分、结构和构造密切相关，矿物成分、结构和构造也是鉴别岩石的主要依据。岩石的结构，指岩石中矿物的结晶程度、颗粒大小、形状及彼此间的组合方式。岩石的构造，指岩石中矿物集合体之间或矿物集合体与其他组成部分之间的排列和充填方式。

自然界中的岩石按其形成原因可分为岩浆岩、沉积岩、变质岩三大类。

### 2.3.1　岩浆岩

#### 2.3.1.1　岩浆岩的形成

岩浆岩是指在岩浆作用过程中岩浆在地下或喷出地表后冷凝而成的岩石，因其与火山作用有关，故又叫火成岩。岩浆沿地壳软弱破裂地带上升造成火山喷发形成火山岩，也有的在地下深处冷凝形成侵入岩。

#### 2.3.1.2 岩浆岩的物质成分

从化学成分上看，岩浆岩 90% 以上是 O、Si、Al、Fe、Ca、Na、K、Mg、Ti 等 9 种元素。矿物成分从其颜色上看，可分为浅色矿物（如石英、正长石、斜长石、白云母等）和深色矿物（如角闪石、辉石、橄榄石、黑云母等）。

岩浆岩中含量超过 10% 的矿物称为主要矿物，为岩浆岩分类的主要依据，例如酸性岩的主要矿物是正长石和石英。次要矿物成分是指在岩石中含量相对较少，仅为 1%～10% 的矿物。同一类岩浆岩，由于所含次要矿物的不同，可以有不同的名称，如角闪石花岗岩、黑云母花岗岩等，因而次要矿物成分可以作为岩石进一步分类的依据。

#### 2.3.1.3 岩浆岩的分类

岩浆岩的分类见表 2-5 所示。

岩浆岩分类简表　　　　　　　　　　　　　　　　表 2-5

| 岩石类型 | | | 酸性岩 | 中性岩 | | 基性岩 | 超基性岩 |
|---|---|---|---|---|---|---|---|
| $SiO_2$ 含量（%） | | | ＞65 | 65～52 | | 52～45 | ＜45 |
| 颜色 | | | 浅色（浅红色、浅灰、灰绿等） | | | 深色（深灰、黑色、暗绿等） | |
| 矿物成分 | 主要矿物成分 | | 正长石 石英 | 正长石 | 斜长石 角闪石 | 斜长石 辉石 | 辉石 橄榄石 |
| | 次要矿物成分 | | 黑云母 角闪石 | 角闪石 黑云母 | 辉石 黑云母 | 角闪石 橄榄石 | 角闪石 |
| 岩石的成因及结构和构造 | 喷出岩 | 流纹状、气孔状、杏仁状、或块状构造 | 玻璃质结构 | 玻璃质火山岩（浮岩、黑曜岩、珍珠岩、松脂岩等） | | | |
| | | | 隐晶质、细粒结构或斑状结构 | 流纹岩 | 粗面岩 | 安山岩 | 玄武岩 | 少见（如金伯利岩、苦橄岩） |
| | 浅成岩 | 块状构造（少数气孔状构造） | 斑状、显晶质细粒或隐晶质细粒结构 | 花岗斑岩 | 正长斑岩 | 闪长玢岩 | 辉绿岩 | 少见（如苦橄玢岩） |
| | 深成岩 | 块状构造 | 全晶质、均粒状结构或似斑状结构 | 花岗岩 | 正长岩 | 闪长岩 | 辉长岩 | 辉岩、橄榄岩 |

#### 2.3.1.4 岩浆岩的产状

岩浆岩的产状是指岩石形成时岩体的形状，大小及其与围岩的关系，即岩浆岩在空间的位置，如图 2-5 所示。

（1）喷出岩的产状

最常见的喷出岩产状有火山锥和熔岩流。火山锥是岩浆沿着一个孔道喷出地面形成的圆锥形岩体，由火山口、火山颈及火山锥状体组成。熔岩流是岩浆喷出地表顺山坡和河谷流动冷凝而形成的层状或条带状岩体，大面积分布的熔岩流叫熔岩被。黏度较大的熔岩在火山口附近形成具有急倾斜侧面的

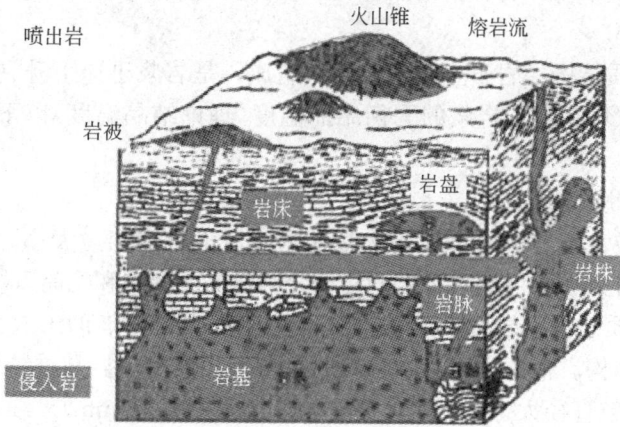

图 2-5 岩浆岩的产状

丘状火山为岩丘(或称为岩钟)。

(2) 侵入岩的产状

侵入岩按距地表的深浅程度,又分为浅成岩(成岩深度<3km)和深成岩,它们的产状多种多样。浅成岩一般为小型岩体,产状包括岩床、岩脉和岩盘;深成岩常为大型岩体,产状包括岩株和岩基等。

岩床:流动性较大的岩浆顺着岩层层面侵入形成的板状岩体。形成岩床的岩浆成分常为基性,岩床规模变化也大,厚度常为数米至数百米。

岩脉:岩浆沿着岩层裂隙侵入并切断岩层所形成的狭长形岩体。岩脉规模变化较大,宽可由几厘米(或更小)到数十米(或更大),长由数米(或更小)到数千米或数十千米。

岩盘:岩盘又称岩盖,是指黏性较大的岩浆顺岩层侵入,并将上覆岩层拱起而形成的穹隆状岩体。

岩基:规模巨大的侵入体,其面积一般在一百平方千米以上,甚至可超过几万平方千米。岩基的成分是比较稳定的,通常由花岗岩、花岗闪长岩等酸性岩组成。

岩株:面积不超过 $100km^2$ 的深层侵入体。其形态不规则,与围岩的接触面不平直。

### 2.3.1.5 岩浆岩的结构与构造

(1) 岩浆岩的结构

岩浆岩的结构是指矿物的结晶程度,颗粒大小,形状及矿物间结合方式所反映出来的特征,可按结晶程度和晶粒大小进行分类。

1) 结晶程度

结晶程度是指岩石中结晶物质和非结晶玻璃质的含量比例,按结晶程度可将岩浆岩的结构分为三类。

① 全晶质结构:岩石全部由结晶的矿物组成。这是岩浆在温度下降缓慢的条件下充分结晶形成的,多见于深成侵入岩中。

21

②半晶质结构：岩石由结晶物质和玻璃质组成，多见于喷出岩及部分浅成岩体的边部。

③玻璃质结构：岩石全部由玻璃质组成，是岩浆迅速上升到地表或近地表时，温度骤然下降到岩浆的平衡结晶温度（理论结晶温度）以下，来不及结晶形成的。

2）矿物颗粒大小

矿物颗粒大小是指岩石中矿物颗粒的绝对大小和相对大小。根据主要矿物颗粒的绝对大小，可把岩浆岩的结构分为显晶质结构和隐晶质结构。

①显晶质结构：岩石中矿物颗粒能为肉眼观察或借助于放大镜分辨者，称为显晶质结构。根据主要矿物颗粒的平均直径大小，显晶质结构又可分为：粗粒结构（颗粒直径大于 5mm）、中粒结构（粒径为 5～2mm）、细粒结构（粒径为 2～0.2mm）和微粒结构（粒径小于 0.2mm）。如果颗粒直径大于 10mm 者，可称为巨晶或伟晶结构。

②隐晶质结构：岩石中的矿物颗粒很细，不能用肉眼或放大镜分辨者，称为隐晶质结构。具隐晶质结构的岩石外貌呈致密状。

根据矿物颗粒的相对大小可将其分为三种结构类型。

等粒结构：等粒结构指岩石中主要矿物颗粒大小大致相等，常见于侵入岩中。

不等粒结构：不等粒结构指岩石中主要矿物颗粒大小不等，这种结构多见于侵入岩体的边部或浅成侵入岩中。

斑状及似斑状结构：这种结构的特点是组成岩石的矿物颗粒大小相差悬殊，大的颗粒分布在细小的颗粒之中，大的叫斑晶，细小的叫基质（亦称石基）。如果基质为隐晶质及玻璃质，则称这种结构为斑状结构，如果基质为显晶质，则称为似斑状结构。斑状结构常见于浅成岩和喷出岩中。

（2）岩浆岩的构造

岩浆岩的构造是指岩石中矿物集合体的形态、大小及其相互关系，它是岩浆岩形成条件的反映。常见的构造有如下几种：

1）块状构造：岩石各组成部分均匀分布，无定向排列，是侵入岩特别是深成岩所具有的构造。

2）流纹构造：岩浆岩中由不同成分和颜色的条带以及拉长气孔等定向排列所形成的构造。它反映了岩浆在流动冷凝过程中的物质分异和流动的痕迹，常见于酸性和中性熔岩，尤其是以流纹岩为典型。

3）气孔构造：喷出地表的岩浆迅速冷凝，其中所含气体和挥发成分因压力减小而逸出，因而在岩石中留下许多气孔，这种构造称气孔构造。

4）杏仁构造：气孔构造中的气孔被后期外来物质（方解石、蛋白石等）充填后，似杏仁状，称为杏仁构造。这种构造为某些喷出岩（如玄武岩）的特点。

### 2.3.1.6　常见的岩浆岩

常见岩浆岩及其鉴定特征见表 2-6。

表 2-6

## 常见岩浆岩及其鉴定特征表

| 岩石名类 | 岩石名称 | 颜色 | 所含矿物 | 结构 | 构造 | 产状 | 其他特征 |
|---|---|---|---|---|---|---|---|
| 超基性岩类 | 橄榄岩 | 黑绿至深绿 | 橄榄石、辉石、黑云母 | 全晶质、中粗粒 | 块状 | 岩株、岩基 | 易蚀变为蛇纹石 |
| | 金伯利岩(角砾云母橄榄岩) | 黑至暗绿 | 橄榄石、蛇纹石、金云母、镁铝榴石等 | 斑状 | 角砾状 | 喷出脉状 | 偏碱性、含金刚石、岩石名称因矿物成分而异，种类繁多 |
| 基性岩类 | 辉长岩 | 黑至黑灰 | 辉石、基性斜长石、橄榄石、角闪石 | 中粒至粗粒 | 块状、条带眼球 | 岩株、岩基 | 常呈小侵入体或岩盘、岩床、岩墙 |
| | 辉绿岩 | 暗绿和灰暗绿色 | 辉石、基性斜长石、少量橄榄石和角闪石 | 细粒至中粒 | 块状 | 岩床、岩墙 | 基性斜长石结晶程度比辉石好，易变为绿泥石 |
| | 玄武岩 | 黑色、黑褐或暗绿色 | 基性斜长石、橄榄石、辉石 | 细粒至隐晶质玻璃质结构，少数为中粒 | 块状、气孔、杏仁 | 喷出岩流、岩被、岩床 | 柱状节理发育 |
| 中性岩类 | 闪长岩 | 浅灰至灰绿 | 中性斜长石、普通角闪石、黑云母 | 中粒、等粒 | 块状 | 岩床、岩墙或岩墙 | 和花岗岩、辉长岩呈过渡关系 |
| | 闪长玢岩 | 灰白至灰绿 | 中性斜长石、普通角闪石、辉石 | 斑状 | 块状 | 岩床、岩墙 | |
| | 安山岩 | 红褐、浅紫灰、灰绿 | 斜长石、角闪石、黑云母、少量黑云母、辉石 | 斑状 | 块状、气孔、杏仁 | 喷出岩流 | 斑晶为中至基性斜长石，多定向排列 |
| 酸性岩类 | 花岗岩 | 灰白至肉红 | 钾长石、酸性斜长石、石英、少量黑云母或角闪石 | 粒状结构 | 块状 | 岩基、岩株 | 在我国约占所有侵入岩面积的 80% |
| | 流纹岩 | 灰白、粉红、浅紫、浅绿 | 石英、正长石斑晶、黑云母或夹黑云母或角闪石 | 斑状、隐晶质 | 流纹、气孔 | 熔岩流、岩丘 | |

### 2.3.2 沉积岩

#### 2.3.2.1 沉积岩的形成

沉积岩是在地壳表层条件下，由风化作用、生物作用、火山作用及其他地质应力下改造形成的物质，经搬运、沉积、成岩等一系列地质作用形成的岩石，有的文献称为水成岩。

在地壳发展过程中，在地表或接近于地表的各种岩石由于遭受风化剥蚀作用，被破碎成碎屑或变成新的次生矿物，甚至被水流溶解，再经过流水、风、冰川等外力搬运，而沉积在地表浅注的地方，并经过压密、固结及物理化学等复杂的成岩作用，最终固结形成的岩石，这就是沉积岩。因而沉积岩的形成过程可以归纳为原岩破坏、搬运、沉积和固结成岩四个阶段。广义地讲，地表的松散沉积物也属于沉积岩。此外，火山喷发的碎屑物质在地表经过一定距离的搬运或就地沉积而成的火山碎屑岩，属于沉积岩和喷出岩之间的过渡类型的岩石。

沉积岩的分布约占大陆面积的 75%，因而它是地表出露最广泛的岩石，我国大量的工业与民用建筑物都坐落在沉积岩上。

#### 2.3.2.2 沉积岩的物质成分

沉积岩的物质成分包括以下四类：

（1）碎屑物质：主要是原岩风化的产物，一部分是原岩经破坏后的残留碎屑，其中大部分则是原岩经物理风化后，残留下来的抗风化能力较强的矿物碎屑，如石英、长石、白云母等。有些矿物如辉石、角闪石、黑云母、橄榄石等，由于其抗风化能力差，在岩石风化过程中多被分解，因而很少在沉积岩中出现。

（2）黏土矿物：如高岭石、蒙脱石、水云母等，主要是含铝硅酸盐的岩石经强烈化学风化后所形成的，如长石经风化后，可变为高岭石，云母经水解后形成水云母等，具有很强的亲水性、可塑性及膨胀性。

（3）化学沉积矿物：如 $CaCO_3$、$Ca \cdot Mg(CO_3)_2$、$CaSO_4$ 等原岩中的成分，被水溶解并被带入湖泊、海洋内，当达到一定浓度后，又从水溶液中析出或结晶而形成新矿物，如方解石、白云石、岩盐、石膏等。它们既可以是组成岩石的矿物成分，也可能成为一些碎屑物质的胶结物。

（4）有机物质：有机物质是由生物作用或生物遗骸堆积体经地质变化而成的物质，如贝壳、石油、泥炭等。

#### 2.3.2.3 沉积岩的结构

沉积岩的结构是指岩石组成部分的颗粒大小、形状及胶结特性，常见的有以下几种类型：

（1）碎屑结构

碎屑结构是由 50% 以上的直径大于 0.005mm 的碎屑物质被胶结物胶结而成的一种结构。按照岩石中主要碎屑物质颗粒的大小，可分为如下几种：

① 砾状结构：粒径大于 2mm，外形被磨圆成球状、椭球状的砾石经胶结

而成的结构称为砾状结构。由未经磨圆的、棱角状颗粒胶结而成的结构称为角砾状结构。

②砂状结构：粒径介于 2～0.005mm 之间的颗粒(称为砂粒)经胶结而成的一种结构。

（2）泥质结构

由 50%以上的粒径小于 0.005mm 的细小碎屑和黏土矿物组成的结构称泥质结构。质地较均一致密且性软，也称黏土结构。

（3）结晶粒状结构

由化学沉积物质的结晶颗粒组成的岩石结构称为结晶粒状结构。

（4）生物结构

由 30%以上的生物遗骸碎片组成的岩石结构称为生物结构，如生物碎屑结构、珊瑚结构、贝壳结构等。

#### 2.3.2.4 沉积岩的构造

沉积岩的构造是指岩石各个组成部分的空间分布和排列方式。常见的沉积岩构造其成因、形态见表 2-7 所示，其中层理构造、层面构造和化石是沉积岩最主要的构造。

常见沉积岩构造成因及形态　　　　　　表 2-7

| 构造成因类型 | 常 见 形 态 |
| --- | --- |
| 流动成因构造 | 层理：水平层理、平行层理、波状层理、交错层理、粒序层理<br>波痕：水流波痕、浪成波痕、风成波痕 |
| 变形构造 | 层面变形构造：干裂、雨痕等 |
| 生物成因构造 | 生物遗迹构造：化石等 |
| 化学成因构造 | 结核、缝合线 |

（1）层理构造

层理是沉积岩中由于物质成分、结构、颜色不同而在垂直方向上显示出来的成层现象。它是沉积岩最典型、最重要的特征之一。层理按形态分为水平层理、斜层理和波状层理等(如图 2-6 所示)，它反映了当时的沉积环境和介质运动强度及特征。水平层理的各层层理面平直且互相平行，是在水动力较平稳的海、湖环境中形成的；斜层理的层理面倾斜与大层层面斜交，倾斜方向表示介质(水或风)的运动方向；波状层理的层理面呈波状起伏，显示沉积环境的动荡，在海岸、湖岸地带表现明显。

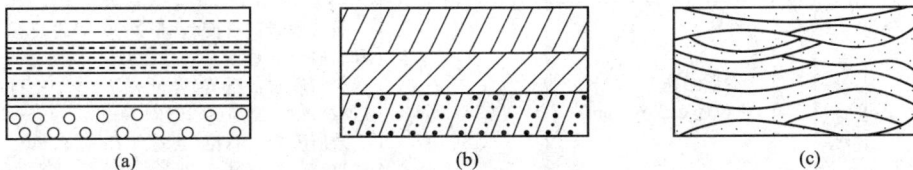

图 2-6　沉积岩层理构造
(a)水平层理；(b)斜层理；(c)波状层理

岩层是指两个平行或近于平行的界面所限制的、同一岩性组成的层状岩石，它与地层的概念不同，不具时间性。根据岩层的厚度可划分为巨厚层状（>1.0m）、厚层状（1.0～0.5m），中厚层状（0.5～0.1m）和薄层状（<0.1m）。

有的岩层厚度稳定，呈板状；有的岩层厚薄不均匀，甚至尖灭，形成透镜体岩层。地基内的岩层厚度变化大时，可能成为建筑物产生不均匀沉降的因素。

（2）层面构造

层面构造是指在沉积岩的层面上保留的一些外力作用的痕迹，最常见的有波痕和泥裂（如图 2-7 所示）。波痕是指岩石层面上保存原沉积物受风和水的运动影响形成的波浪痕迹；泥裂是指沉积物露出地表后干燥而裂开的痕迹。这种痕迹一般是上宽下窄，为泥砂所充填。

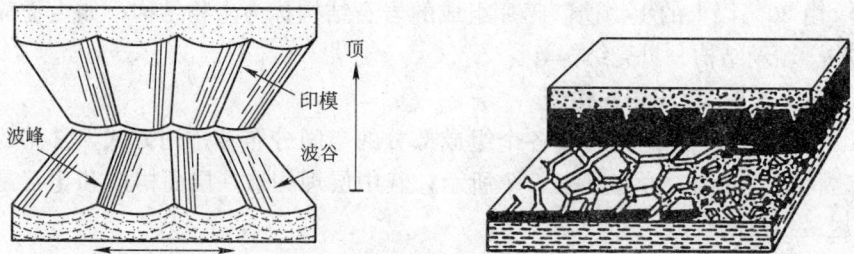

图 2-7 沉积岩层面构造

（3）化石

化石是经石化作用保存下来的动植物的遗骸或遗迹，如三叶虫等，常沿层面平行分布。根据化石可以推断岩石形成的地理环境和确定岩层的地质年代。

### 2.3.2.5 沉积岩的分类

根据成因、物质成分和结构特征，沉积岩的分类见表 2-8 所示。

沉积岩分类简表                                         表 2-8

| 岩类 | | 结　　构 | 岩石分类名称 | 主要亚类及其组成物质 |
|---|---|---|---|---|
| 碎屑岩类 | 火山碎屑岩 | 集块结构（粒径>100mm） | 火山集块岩 | 主要由大于 100mm 的熔岩碎块、火山灰尘等经压密胶结而成 |
| | | 角砾结构（粒径 2～100mm） | 火山角砾岩 | 主要由 2～100mm 的熔岩碎屑组成 |
| | | 凝灰结构（粒径<2mm） | 凝灰岩 | 由 50%以上粒径小于 2mm 的火山灰组成 |
| | 沉积碎屑岩 | 碎屑结构 | 砾状结构（粒径>2mm）　砾岩 | 角砾岩：由带棱角的角砾经胶结而成　砾岩：由浑圆的砾石经胶结而成 |
| | | | 砂质结构（粒径 0.05～2mm）　砂岩 | 石英砂岩：石英（含量>90%）、长石和岩屑（<10%） |
| | | | | 长石砂岩：石英（含量<75%）、长石（>25%）、岩屑（<10%） |
| | | | | 岩屑砂岩：石英（含量<75%）、长石（<10%）、岩屑（>25%） |
| | | | 粉砂结构（粒径 0.005～0.05mm）　粉砂岩 | 主要由石英、长石的粉、黏粒及黏土矿物组成 |

| 岩类 | 结　构 | 岩石分类名称 | 主要亚类及其组成物质 |
|------|--------|------------|---------------------|
| 黏土岩类 | 泥质结构（粒径＜0.005mm） | 泥岩 | 主要由高岭石、微晶高岭石及水云母等黏土矿物组成 |
| | | 页岩 | 黏土质页岩：由黏土矿物组成<br>碳质页岩：由黏土矿物及有机质组成 |
| 化学及生物化学岩类 | 结晶结构及生物结构 | 石灰岩 | 石灰岩：方解石（含量＞90％）、黏土矿物（＜10％）<br>泥灰岩：方解石（含量50％～75％）、黏土矿物（25％～50％） |
| | | 白云岩 | 白云岩：白云石（含量90％～100％）、方解石（＜10％）<br>灰质白云岩：白云石（含量50％～75％）、方解石（25％～50％） |

### 2.3.2.6　常见的沉积岩及其主要特征

（1）碎屑岩类

1）火山碎屑岩

火山碎屑岩是由火山喷发的碎屑物质在地表经短距离搬运，或就地沉积而成。由于它在成因上具有火山喷出与沉积的双重性，是介于喷出岩和沉积岩之间的过渡类型。

火山集块岩：主要由粒径大于100mm的粗火山碎屑物组成，胶结物主要为火山灰或熔岩，有时为碳酸钙、二氧化硅或泥质。

火山角砾岩：火山碎屑占90％以上，粒径一般为2～100mm，多呈棱角状，常为火山灰或硅质胶结。颜色常呈暗灰、蓝灰或褐灰色。

凝灰岩：一般由小于2mm的火山灰及细碎屑组成。碎屑主要是晶屑、玻屑及岩屑，胶结物为火山灰等。凝灰岩孔隙性高、容重小、易风化。

2）沉积碎屑岩

沉积碎屑岩又称为正常碎屑岩，是由先成岩石风化剥蚀的碎屑物质，经搬运、沉积、胶结而成的岩石。由于碎屑岩是由各种砾石或砂粒经胶结而成的岩石，它的坚固性与胶结物的性质及胶结形式有密切的关系。

碎屑岩的胶结物主要是指充填于碎屑颗粒空隙中的化学沉淀物质和黏土物质，常见的有硅质、铁质、钙质和泥质。硅质（石英、石髓及蛋白石）胶结的岩石致密坚硬、强度高；铁质（赤铁矿、褐铁矿等）胶结的岩石常为红色或紫红色，强度也较高；钙质（方解石、白云石及菱铁矿等）胶结的岩石遇冷稀盐酸起泡，强度中等且可溶；黏土（泥质）胶结的岩石质地松软、强度低、易湿软、易风化。

碎屑岩的胶结类型是指胶结物、基质与碎屑颗粒之间的接触关系，常见的有基底胶结、接触胶结和孔隙胶结三种（图2-8），一般情况下，基底胶结的强度最高，孔隙胶结的次之，接触胶结的最差。

常见的碎屑岩有如下几种：

27

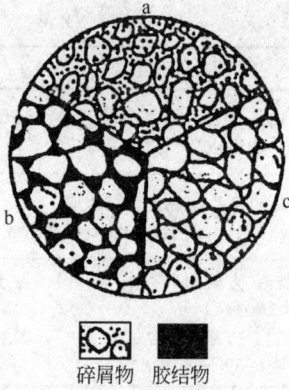

图 2-8　碎屑岩的胶结类型
a—基底胶结；b—孔隙胶结；
c—接触胶结

碎屑物　胶结物

砾岩和角砾岩：砾岩及角砾岩为砾状结构，由 50％以上大于 2mm 的粗大碎屑胶结而成，黏土含量小于 25％。由浑圆状砾石胶结而成的称为砾岩；由棱角状的角砾胶结而成的称为角砾岩。角砾岩的岩性成分比较单一，砾岩的岩性成分一般比较复杂，经常由多种岩石的碎屑和矿物颗粒组成。胶结物的成分有钙质、泥质、铁质及硅质等。

砂岩：沉积砂粒经胶结而成的岩石，即粒径在 0.05～2mm 的砂粒的质量分数大于 50％的岩石。砂粒成分主要是石英、长石、云母等岩石碎屑。按粒度，砂岩又分为粗砂岩（粒径 0.5～2mm 的砂粒的质量分数大于 50％）、中砂岩（粒径 0.25～0.5mm 的砂粒的质量分数大于 50％）和细砂岩（粒径 0.075～0.25mm 的砂粒的质量分数大于 50％）。砂岩按成分进一步分为石英砂岩（石英碎屑占 90％以上）、长石砂岩（长石碎屑的质量分数在 25％ 以上）和硬砂岩（岩石碎屑的质量分数在 25％以上）。

粉砂岩：粒径在 0.005～0.075mm 之间的碎屑的质量分数大于 50％的碎屑岩。成分以矿物碎屑为主，大部分是石英，胶结物以黏土质为主，常发育有水平层理。结构较疏松，强度和稳定性不高。

（2）黏土岩

黏土岩主要由黏土矿物组成，其次有少量碎屑矿物、自生矿物及有机质。黏土矿物有高岭石、蒙脱石和伊利石等，碎屑矿物有石英、长石、绿泥石等；自生矿物有铁和铝的氧化物和氢氧化物、碳酸盐（方解石、白云石、菱铁矿等）、硫酸盐、磷酸盐、硫化物等；有机质主要是煤和石油的原始物质。黏土岩具有典型的泥质结构，质地均匀，有细腻感，断口光滑。

常见的黏土岩有页岩和泥岩。

页岩是页片构造发育的黏土岩。其特点是能沿层理面分裂成薄片或页片，常具有清晰的层理，风化后是碎片状。除硅质页岩强度稍高外，其余岩性软弱，易风化成碎片，强度低，与水作用易于软化而丧失稳定性。

泥岩成分与页岩相似，是一种呈厚层状的黏土岩、岩层中层理不清，风化后呈碎块状。以高岭石为主要成分的泥岩，常呈灰白色或黄白色，吸水性强，遇水后易软化。

若黏土岩夹于坚硬岩层之间，形成软弱夹层，浸水后易于软化滑动，在工程上应引起足够的重视。

（3）化学岩和生物化学岩

按照成分不同可分为：铝质岩、铁质岩、锰质岩、硅质岩、磷质岩、碳酸盐岩、盐岩和可燃有机岩。这类岩石除碳酸盐岩外，一般分布较少，但大部分是具有经济价值的有用矿产。

石灰岩：简称灰岩。主要由方解石(质量分数大于 50％)组成。质纯者呈灰白色，含杂质呈灰色到灰黑色。石灰岩中一般都含有一些白云石和黏土矿物，当白云石含量达 25％～50％，称为白云质灰岩，当黏土矿物含量达 25％～50％时，称之为泥灰岩，它是黏土岩和石灰岩之间的过渡类型。颜色一般较浅，有灰色、淡黄色、浅灰色、紫红色等，岩石呈致密状。石灰岩分布相当广泛，岩性均一，易于开采加工，是一种用途很广的建筑石料。

白云岩：主要矿物成分为白云石，也含有方解石和黏土矿物，结晶结构。纯质白云岩为白色，随所含杂质的不同，可出现不同的颜色。性质与石灰岩相似，但强度和稳定性比石灰岩高，是一种良好的建筑石料。白云岩风化面上常见乱刀砍状的溶蚀沟纹，但总体上它的外观特征与石灰岩近似，可用盐酸起泡程度加以辨认。

硅质岩：是由溶于水中的 $SiO_2$ 在化学及生物化学作用下形成的富含 $SiO_2$ 的沉积岩。硅质岩石中的矿物成分有非晶质的蛋白石、隐晶质的玉髓和结晶质的石英。硅质岩按其成因可分为生物成因(硅藻土、海绵岩、放射虫岩)和非生物成因(板状硅藻土、蛋白石、碧玉、燧石、硅华)两大类。

盐岩：是一种纯化学成因的岩石，是由于蒸发沉淀而成。盐岩主要由钾、钠、镁的卤化物和硫酸盐组成，如食盐、钾盐、硬石膏、石膏等。盐岩构造有层状、透镜状和致密块状，其工程地质性质较差。

### 2.3.3 变质岩

#### 2.3.3.1 变质岩的形成

先成的岩石(可以是岩浆岩、沉积岩或变质岩)经高温高压及化学活动性很强的气体和液体作用后，在固体状态下发生矿物成分或结构构造的改变而形成的新岩石，称为变质岩。

#### 2.3.3.2 变质作用的类型及代表性岩石

由于高温、高压或化学元素的参与使岩石发生变质的过程即为变质作用。按其引起变质的原因可分为三类：

1) 接触变质：发生在侵入体与围岩的接触带上，又可分为接触热变质与接触交代变质作用，由于温度升高或来自岩浆的化学活动形成的作用使岩石变质。代表性岩石有大理岩、石英岩等。

2) 动力变质：与断裂构造作用有关，发生在断裂带两侧，如糜棱岩中保留了挤压和扭曲的痕迹。

3) 区域变质：是高温、高压等因素联合作用于一个广大地区范围内的变质作用。代表性岩石有板岩、千枚岩、片岩等。

#### 2.3.3.3 变质岩的物质成分

变质岩的矿物组成有两类：

1) 变质矿物：变质作用过程中形成的矿物，如石榴子石、绿泥石、蛇纹石、滑石等。变质矿物是鉴别变质岩的重要标志，只要含有变质矿物的岩石就是变质岩。

2) 一般矿物：如石英、钾长石、钠长石、白云母、黑云母等，岩浆岩和沉积岩中的共有继承矿物，如片麻岩中的石英与云母。

#### 2.3.3.4 变质岩的结构及构造

（1）变质岩的结构

1）变余结构

变余结构亦称残留结构。由于原岩矿物成分重结晶作用不完全，使变质岩仍残留有原岩的结构特征，如沉积岩中的砾状、砂状结构可变质成变余砾状结构、变余砂状结构等。

2）变晶结构

变晶结构是变质作用过程中，原岩在固态条件下经重结晶作用而形成的新的结晶质结构，如等粒变晶结构、斑状变晶结构等。

3）碎裂结构

在不同应力作用下，岩石中的矿物颗粒被破碎成不规则的、带棱角的碎屑，甚至被压成极细小的矿物碎屑和粉末，又被胶结而形成新的结构，称为碎裂结构，这是动力变质岩具有的结构特征。

（2）变质岩的构造

变质岩中常见的构造有片理构造、块状构造、眼球状构造。

1）片理构造

片理构造是岩石中所含的大量的片状、板状和柱状矿物在定向压力作用下，平行排列所形成的类似层状的构造。岩石极易沿片理面劈开。根据矿物组合和重结晶程度，片理构造又可分为如下几种：

① 片麻状构造：主要由长石、石英等粒状矿物组成，但又有一定数量的呈定向排列的片状或柱状矿物，后者在粒状矿物中呈不均匀的断续分布，致使岩石外表也显示深浅色泽相间的断续状条带，这是片麻岩特有的构造。

② 片状构造：是指岩石中大量片状矿物(如云母、绿泥石、滑石、石墨等)平行排列所形成的薄层状构造，是各种片岩所具有的特征构造。

③ 千枚状构造：是岩石中的鳞片状矿物成定向排列，粒度极细，肉眼不能分辨矿物颗粒，片理面具有较强的丝绢光泽，通常在垂直于片理面的方向可见有许多小皱纹，这是千枚岩的特有构造。

④ 板状构造：指岩石中由片状矿物平行排列所成的具有平行板状劈理的构造。岩石沿板理极易劈成薄板，板面微具光泽，矿物颗粒极细，肉眼不能分辨。这是板岩的特有构造。

2）块状构造

块状构造是岩石中矿物颗粒无定向排列所显示的均一的构造，如部分大理岩和石英岩具有此种构造，岩石由结晶粒状矿物组成，不能被定向劈开。

3）眼球状构造

眼球状构造是混合岩化过程中，外来物质沿着片状、片麻状岩石注入时形成眼球状或透镜状的团块，断续分布，常有定向排列，当此眼球含量增多时，可成串珠状断续连接，并逐步过渡为条带状构造。

### 2.3.3.5 变质岩分类

变质岩的类型见表2-9所示。

**变质岩分类简表**　　　　　　　　表 2-9

| 岩类 | 构造 | 岩石名称 | 主要亚类及其矿物成分 | 原 岩 |
|---|---|---|---|---|
| 片理状岩类 | 片麻状构造 | 片麻岩 | 花岗片麻岩：长石、石英、云母为主，其次为角闪石，有时含石榴子石 | 中酸性岩浆岩、黏土岩、粉砂岩、砂岩 |
| | | | 角闪石片麻岩：长石、石英、角闪石为主，其次为云母，有时含石榴子石 | |
| | 片状构造 | 片岩 | 云母片岩：云母、石英为主，其次有角闪石等 | 中酸性火山岩、黏土岩、砂岩 |
| | | | 滑石片岩：滑石、绢云母为主，其次有绿泥石、方解石等 | 超基性岩，白云质泥灰岩 |
| | | | 绿泥石片岩：绿泥石、石英为主，其次有滑石、方解石等 | 中基性火山岩，白云质泥灰岩 |
| | 千枚状构造 | 千枚岩 | 以绢云母为主，其次有石英、绿泥石等 | 黏土岩、黏土质粉砂岩，凝灰岩 |
| | 板状构造 | 板岩 | 黏土矿物、绢云母、石英、绿泥石、黑云母、白云母等 | 黏土岩、黏土质粉砂岩，凝灰岩 |
| 块状岩类 | 块状构造 | 大理岩 | 方解石为主，其次有白云石等 | 石灰岩、白云岩 |
| | | 石英岩 | 石英为主，有时含有绢云母、白云母等 | 砂岩、硅质岩 |
| | | 蛇纹岩 | 蛇纹石、滑石为主，其次有绿泥石、方解石等 | 超基性岩 |

### 2.3.3.6 常见的变质岩及其主要特征

板岩：是由泥质岩石经较浅的区域变质作用而形成的。变晶矿物极细小，肉眼一般无法分辨，仅见板理面上具明显丝绢光泽。具变余泥质结构、板状构造。因具有沿板理劈开成石板的特点，广泛用作建筑石料。

千枚岩：多由黏土岩变质而成。矿物成分主要为石英、绢云母、绿泥石等。结晶程度比片岩差，晶粒极细，肉眼不能直接辨别，外表常呈黄绿、褐红、灰黑等色。由于含有较多的绢云母，片理面常有微弱的丝绢光泽。千枚岩的质地松软，强度低，抗风化能力差，容易风化剥落，沿片理倾向容易产生塌落。

片岩：具片状构造，变晶结构。矿物成分主要是一些片状矿物，如云母、绿泥石、滑石等，此外尚含有少许石榴子石等变质矿物。片岩的片理一般比较发育，片状矿物含量高，强度低，抗风化能力差，极易风化剥落，岩体也易沿片理倾向坍落。

片麻岩：具典型的片麻状构造，变晶或变余结构，因发生重结晶，一般晶粒粗大，肉眼可以辨识。片麻岩可以由岩浆岩变质而成，也可由沉积岩变质形成。主要矿物为石英和长石，其次有云母、角闪石、辉石等。此外有时尚含有少许石榴子石等变质矿物。岩石颜色视深色矿物含量而定，石英、长石含量多时色浅，黑云母、角闪石等深色矿物含量多时色深。片麻岩强度较高，如云母含量增多，强度相应降低。因具片理构造，故较易风化。

石英岩：结构和构造与大理岩相似。一般由较纯的石英砂岩变质而成，常呈白色，因含杂质，可出现灰白色、灰色、黄褐色或浅紫红色。石英岩强度很高，抵抗风化的能力很强，是良好的建筑石料，但硬度很高，开采加工相当困难。

大理岩：由石灰岩或白云岩经重结晶变质而成，等粒变晶结构，块状构造。主要矿物成分为方解石，遇稀盐酸强烈起泡，可与其他浅色岩石相区别。大理岩常呈白色、浅红色、淡绿色、深灰色以及其他各种颜色，常因含有其他带色杂质而呈现出美丽的花纹。大理岩强度中等，易于开采加工，色泽美丽，是一种很好的建筑装饰石料，广泛用作材料和雕刻原料。

石英岩：由较纯的石英砂岩经变质而成，变质后石英颗粒和硅质胶结物合为一体，因此，石英岩的硬度和结晶程度均较砂岩高。主要矿物成分为石英，尚有少量长石、云母、绿泥石、角闪石等，深变质时还可出现辉石。质纯的石英岩为白色，因含杂质常可呈灰色、黄色和红色等。这类岩石多具有等粒变晶结构，块状构造。石英岩有时易与大理岩相混，其区别在于大理岩加盐酸起泡，硬度比石英岩小。

构造角砾岩：常见于断层带中，角砾为大小不等带棱角的岩石碎块，胶结物为细小的岩石或矿物碎屑，是原岩经动力作用后的产物。

糜棱岩：刚性岩石受强烈粉碎后所形成，大部分已成为极细的隐晶质粉末，且具有挤压运动所成的"流纹状"条带，通常还有一些透镜状或棱角状的岩石或矿物碎屑，岩性坚硬。

### 2.3.4　常见岩石的鉴别方法

岩石的鉴别方法一般是从宏观到微观，从外观到内部，用肉眼和简单工具进行鉴别，复杂的需要借助仪器进行岩矿分析。

三大类岩石的鉴定一般有如下步骤：

第一步：远观产状区分三大岩类，适用野外，不同产状与岩类的对应关系见表 2-10。

产状、构造与岩类的对应关系表　　　　　表 2-10

| 所观产状、构造类型 | 推断岩类 |
|---|---|
| 产状：岩基、岩株、岩墙、岩脉、岩床、岩盘等<br>构造：块状构造，流动构造，气孔、杏仁构造 | 岩浆岩 |
| 产状：层状<br>构造：水平层理，斜层理，波状层理，交错层理 | 沉积岩 |
| 产状：带状（沿断裂带）、面状（区域变质）、环状（沿侵入岩体）<br>构造：板状构造，千枚状构造，片状构造，片麻状构造，眼球状构造 | 变质岩 |

第二步：观察构造进一步明确岩类，通常适用野外，不同构造与岩类的对应关系见表2-10。

第三步：观察颜色判断组成物质特性，不同岩类颜色与岩石成分、环境有关。颜色是岩石最直观的特征之一，常用复合名称描述，如紫红色、蓝灰色、深紫色、浅灰色等。当浅色矿物覆于暗色矿物之上时，由于它的透明性，易把它看成暗色矿物，故对暗色矿物含量的估计，往往偏高。另外还要注意次生变化的颜色的影响。

（1）岩浆岩的颜色：取决于$SiO_2$矿物的含量，从酸性岩、中性岩、基性岩到超基性岩的暗色矿物含量由低到高，其表现的颜色也由浅到深。

（2）沉积岩的颜色：取决于成分、形成的环境和风化程度。如砂岩中，正长石组成的长石砂岩呈浅肉红色、黄白色，白色为石英砂岩，灰色岩屑砂岩，是与组成的碎屑物本身颜色直接相关。

表2-11是颜色与岩石组分、形成环境的关系表，其中高价铁及低价铁所占比例不同，又会呈现紫红色、棕红色、绿灰色、黑色等。

沉积岩颜色与岩石组分、形成环境表　　　　　表2-11

| 颜色 | 岩石组分特点 | 形成环境 |
|---|---|---|
| 深色到黑色 | 有机质（如碳）或锰、硫铁矿含量多 | 还原—强还原环境 |
| 绿色 | 含FeO矿物如海绿石、鲕绿泥石 | 氧化—还原环境 |
| 红黄色 | 含铁的氧化物或氢氧化物杂色 | 热带或亚热带干燥地区的氧化环境 |
| 红色 | $Fe_2O_3$物质较多，或正长石较多 | 强氧化环境 |

（3）变质岩的颜色：指岩石总体的颜色，如灰色、浅绿色、白色等。

第四步：分析岩石结构及矿物名称。根据不同的结构类型再进一步明确岩石所属范围，如沉积岩若为碎屑结构，即为碎屑岩。另外，观察岩石结构的过程中，根据矿物的相关物理性质鉴定矿物名称及大致含量。

最后一步：确定具体岩石名称，综合所观察的颜色、矿物物理性质（光泽、条痕色、硬度、解理、断口）、岩石结构构造和其他性质参照常见岩石的主要特征描述加以确定。

对于岩浆岩，一般是观颜色初定类→辨矿物定大类→看结构（构造），推环境（产状）→最后确定岩石名称，命名格式：颜色＋结构或构造＋岩石基本名称，如浅灰色粗粒花岗岩、黑色气孔状玄武岩。

对于沉积岩，一般是看结构初定类→观颜色推环境→辨成分定大类→最后确定岩石名称。碎屑岩类的命名格式：颜色＋构造（层厚）＋胶结物＋结构＋成分＋基本名称，如：紫红色中厚层钙质细粒石英砂岩；黏土岩类因成分很难用肉眼鉴别，故常偏重于构造和胶结程度来命名，其格式：颜色＋黏土矿物＋混入物＋基本名称，如：砖红色钙质泥岩；化学岩及生物化学岩类的综合描述常偏重于化学结晶的程度。对胶结物，除硅质外一般不参加描述，而是把它们列为成分含量比作为定名的依据。化学岩类命名格式：颜色＋构造＋结构(含石生物化石)＋成分及基本名称，如：浅灰色中厚层细晶灰岩。

变质岩观察描述的内容与岩浆岩、沉积岩相似，也是颜色、构造、结构、矿物成分、次生变化等特征，最后确定岩石名称。所不同的是变质岩的结构、构造及矿物成分特点与岩浆岩、沉积岩显著不同，是变质岩的主要定名依据。有的以构造特征进行命名，如板岩、片岩，有的以矿物组合及其含量命名，如大理岩、石英岩。

有时候鉴定岩类也可以直接根据岩石矿物成分比较加以区分，三大岩类的矿物成分存在以下规律：

(1) 橄榄石、辉石、角闪石、黑云母等矿物在岩浆岩中常见而沉积岩中极少见。

(2) 石英、钾长石、钠长石、白云母、磁铁矿等矿物在沉积岩和岩浆岩中都出现，但石英和白云母等在沉积岩中明显增多。

(3) 黏土矿物、方解石、白云石、石膏、有机质等在沉积岩中存在而岩浆岩中没有。

(4) 变质岩既有与岩浆岩和沉积岩所共有的矿物，又有自身独有的矿物(如石榴石、红柱石、蓝晶石、矽线石、硅灰石、石墨、金云母、透闪石、阳起石、透辉石、蛇纹石、绿泥石、绿帘石、滑石等)。变质作用形成的矿物多为纤维状、鳞片状、柱状、针状矿物，如硅线石、绢云母等。

### 2.3.5　岩石的工程地质性质及工程分类

#### 2.3.5.1　岩石的工程地质性质指标

岩石的工程地质性质，又称为工程性质，包括物理性质、水理性质和力学性质，其中一些名词术语与《建筑材料》教材的相关概念类似。

(1) 岩石的主要物理性质

1) 重量：是岩石最基本的物理性质之一，一般用相对密度和重度两个指标表示。

岩石重度的大小，决定于岩石中矿物的相对密度、孔隙性及其含水情况。一般来讲，矿物的相对密度大，或孔隙性小，则重度就大，在相同条件下的同一种岩石，如重度大，说明岩石的结构致密，孔隙性小，因而岩石的强度和稳定性也比较高。

2) 岩石的空隙性：是岩石孔隙性、裂隙性和岩溶性的统称。岩石空隙性常用空隙率表示。

岩石空隙率是指岩石空隙体积与岩石总体积之比，以百分数表示。岩石中的空隙有的与外界连通，有的不相通，空隙开口也有大小之分。一般情况下，新鲜结晶岩类空隙率一般较低，很少大于3%，沉积岩空隙率较高，但一般小于10%，但部分砾岩和充填胶结差的砂岩空隙率可达10%～20%。

(2) 岩石的水理性质

岩石水理性质是指岩石与水相互作用时所表现的性质，通常包括岩石的吸水性、透水性、软化性和抗冻性等。

1）岩石吸水性：岩石在一定试验条件下的吸水性能。它取决于岩石空隙数量、大小、开闭程度和分布情况，一般用吸水率表示。

吸水率是指岩石试件在一个大气压力下吸入水的重量与岩石干重之比，以百分数表示。

岩石的吸水率与岩石空隙率的大小、空隙张开程度等因素有关。岩石的吸水率大，则水对岩石颗粒间结合物的浸湿、软化作用就强，岩石强度及其稳定性受水作用的影响也就越显著。

2）岩石透水性：岩石能被水透过的性能。岩石透水性大小可用渗透系数来衡量，它主要决定于岩石空隙的大小、数量、方向及其相互连通情况。

3）岩石软化性：岩石浸水后强度降低的性能。岩石软化性与岩石空隙性、矿物成分、胶结物质等有关，岩石软化性的指标是软化系数。

软化系数（$K_R$）在数值上它等于岩石在饱和状态下的极限抗压强度与在干燥状态下极限抗压强度的比值。工程上将软化系数大于 0.75 的岩石称为不软化岩石，软化系数小于 0.75 的为软化岩石，前者软化性弱，抗水、抗风化和抗冻性能强，后者的工程地质性质较差，软化性强，说明岩石在水作用下的强度和稳定性差。

4）岩石抗冻性：岩石抵抗冻融破坏的性能。由于岩石浸水后，当温度降到 0℃以下时，其空隙中的水将冻结，体积增大 9%，产生较大的膨胀压力，使岩石的结构和连接发生改变，直至破坏。反复冻融后，将使岩石强度降低。可用强度损失率和重量损失率表示岩石的抗冻性能。

强度损失率是当饱和岩石在一定负温度（一般为 −25℃）条件下，冻融 10~25 次（视工程具体要求而定），冻融前后的抗压强度之差值与冻融前抗压强度的比值，以百分数表示。

质量损失率是指在上述条件下，冻融前后干试样质量之差与冻融前干试样质量的比值，以百分数表示。

岩石强度损失率与质量损失率的大小主要取决于岩石张开型空隙发育程度、亲水性和可溶性矿物的含量以及矿物粒间联结强度，一般认为，强度损失率小于 25% 或质量损失率小于 2% 的岩石为抗冻的。此外，吸水率小于 0.5%，软化系数大于 0.75，饱水系数大于 0.6~0.8，均为抗冻的岩石。

（3）岩石的力学性质

岩石的力学性质是指岩石在各种静力、动力作用下所表现的性质，主要包括变形和强度。

1）岩石的变形：指岩石在外力或其他物理因素（如温度、湿度）作用下发生形状或体积的变化。基本指标是岩石弹性模量和泊松比。

岩石的弹性模量越大，变形越小，说明岩石抵抗变形的能力越高。泊松比越大，表示岩石受力作用后的横向变形越大。岩石泊松比一般在 0.2~0.4 之间。

2) 岩石的强度

岩石抵抗外荷而不破坏的能力称为岩石强度。外荷作用于岩石，主要由组成岩石的矿物颗粒及其矿物颗粒之间的联结来承担。岩石在外荷作用下遭到破坏时的强度，称为极限强度。

按外荷的作用方式不同，岩石强度一般包括抗压强度、抗剪强度和抗拉强度。

① 单轴抗压强度：岩石单向受压时，抵抗压碎破坏的最大轴向压应力，称为岩石的极限抗压强度，简称抗压强度。抗压强度是反映岩石力学性质的主要指标之一。

单轴抗压强度主要受两方面因素的影响和控制，一是岩石本身性质方面，如岩石的矿物成分、颗粒大小、胶结程度，特别是岩石层理、片理等，对岩石强度影响很大，岩石风化和裂隙，使其抗压强度降低；二是实验条件方面，如加载速率，温度及湿度。

② 抗剪强度：岩石抵抗剪切破坏时的最大剪应力称为抗剪强度。它是评价建筑物地基稳定性的主要指标，约为抗压强度的 $10\% \sim 40\%$。抗剪强度通常分为抗剪断强度、抗切强度和摩擦强度等三种剪切强度。

抗剪断强度，指试件在一定法向应力作用下，沿剪切面剪断时的最大剪应力。它反映了岩石的内聚力和摩擦力。

$$\tau = \sigma \tan\varphi + c \tag{2-1}$$

式中　$\tau$——抗剪断强度；

　　　$\sigma$——正应力；

　　　$\varphi$——岩石的内摩擦角；

　　　$c$——岩石的内聚力。

抗切强度，指岩石试件在法向应力为零时沿剪切面剪断时的最大剪应力。岩块的抗切强度通过抗切实验求的。

抗剪切摩擦强度，指岩石与岩石或岩石与其他材料之间沿某一摩擦面，在压应力作用下，被剪动时的最大剪应力。与之对应的是摩擦实验。

③ 抗拉强度、抗弯强度：岩石在单向拉伸破坏（断裂）时的最大拉应力，称为抗拉强度。

一般情况下，岩石的抗拉强度最小，为抗压强度的 $2\% \sim 16\%$。岩石的抗弯强度一般也远小于极限抗压强度，但大于抗拉强度，平均为抗压强度的 $7\% \sim 12\%$。

### 2.3.5.2　影响岩石工程地质性质的因素

（1）岩石成分

岩石是由矿物组成的，岩石的矿物成分对岩石的物理力学性质产生直接的影响。例如石英岩的抗压强度比大理岩的要高得多，其原因是石英的强度比方解石的强度高。由此可见，尽管岩类相同，结构构和构造也相同，如果矿物成分不同，岩石的物理力学性质会有明显的差别；但含有高强度矿物的岩石，其强度不一定就高，因为岩石受力作用后，内部应力是通过矿物颗粒的直接接触来传递的，如果强度较高的矿物在岩石中互不接触，则应力的传递必然会受中间低强度矿物的影响，岩石不一定就能显示出高的强度。

通常情况下，大多数岩石的强度相对来说都是比较高的，但在对岩石的工程地质性质进行分析和评价时，更应该注意那些可能降低岩石强度的因素，如花岗岩中的黑云母，石灰岩、砂岩中的黏土类矿物，这类矿物含量较多时会直接降低岩石的强度和稳定性。

（2）岩石结构

岩石的结构特征大致可分为两类：一类是结晶联结的岩石，如大部分的岩浆岩、变质岩和一部分沉积岩；另一类是由胶结联结的岩石，如沉积岩中的碎屑岩等。前者联结力强，孔隙度小，结构致密，比胶结联结的岩石具有更高的强度和稳定性。但结晶联结的岩石，结晶颗粒的大小对岩石的强度有明显影响，如粗粒花岗岩的抗压强度，一般在120～140MPa 之间，而细粒花岗岩有的则可达 200～250MPa。胶结联结的岩石，其强度和稳定性主要取决于胶结物的成分和胶结的形式，同时也受碎屑成分的影响。

（3）岩石构造

构造对岩石物理力学性质的影响，主要是由矿物成分在岩石中分布的不均匀性和岩石结构的不连续性所决定的。前者是指某些岩石所具有的片状构造、板状构造、千枚状构造、片麻构造以及流纹构造等。后者是指不同的矿物成分虽然在岩石中的分布是均匀的，但由于存在着层理、裂隙和各种成因的孔隙，致使岩石结构的连续性与整体性受到一定程度的影响，从而使岩石的强度和透水性在不同的方向上发生明显的差异。一般来说，垂直层面的抗压强度大于平行层面的抗压强度，平行层面的透水性大于垂直层面的透水性。

（4）水

岩石饱水后削弱矿物颗粒间的联结，使岩石的强度受到影响，如石灰岩和砂岩吸水饱和后，其极限抗压强度会降低 25%～45% 左右，软化性越强的岩石受水的影响就越大。

（5）风化

岩石风化会促使岩石的结构、构造和整体性遭到破坏，孔隙度增大、重度减小，吸水性和透水性显著增高，强度和稳定性大为降低。随着化学过程的加强，则会引起岩石中的某些矿物发生次生变化，从根本上改变岩石原有的工程地质性质。

以上影响因素里，岩石成分、结构、构造是内在因素，水和风化是外部因素。

### 2.3.5.3　三大岩类的工程地质性质概述

（1）岩浆岩类的工程地质性质

由于不同的形成条件，各种岩浆岩的结构、构造和矿物成分亦不相同，因而岩石的工程地质性质也各有所异。

深成岩具有结晶联结、晶粒粗大均匀、力学强度高、孔隙率小、裂隙较

37

不发育、一般透水性弱、抗水性强、岩体大、整体稳定性好等特性，故一般是良好的建筑物地基和天然建筑石材。值得注意的是这类岩石往往由多种矿物结晶组成，抗风化能力较差，特别是含铁镁质较多的基性岩，则更易风化破碎，故应注意对其风化程度和深度的调查研究。浅成岩中细晶质和隐晶质结构的岩石透水性弱、力学强度高、抗风化性能较深成岩强，通常也是较好的建筑地基。但斑状结构岩石的透水性和力学强度变化较大，特别是脉岩类，岩体小且穿插于不同的岩石中，易蚀变风化，使得其强度降低、透水性增强。

喷出岩多为隐晶质或玻璃质结构，其力学强度也高，一般可以作为建筑物的地基。应注意的是其中常常具有气孔构造、流纹构造及发育有原生裂隙，透水性较大。此外，喷出岩多呈岩流状产出，岩体厚度小，岩相变化大，对地基的均一性和整体稳定性影响较大。

地壳表层出露的岩浆岩以花岗岩和玄武岩的分布为最广，我国东南沿海如浙、闽地区，流纹岩也有较广泛的分布。通常情况下，在岩浆岩中裂隙发育的部位或风化带内，可形成储藏裂隙地下水，尤其是玄武岩分布区，往往存在具有供水意义的地下水资源。

（2）沉积岩类的工程地质性质

碎屑岩的工程地质性质一般较好，但其胶结物的成分和胶结类型影响显著，如硅质基底式胶结的岩石比泥质接触式胶结的岩石强度高、孔隙率小、透水性低等。碎屑的成分、粒度、级配对工程地质性质有一定的影响，如石英质的砂岩和砾岩比长石质的好。

黏土岩和页岩的性质相近，抗压强度和抗剪强度低，受力后变形量大，浸水后易软化和泥化。若含蒙脱石成分，还具有较大的膨胀性。这两种岩石对水工建筑物地基和建筑场地边坡的稳定都极为不利，但其透水性小，可作为隔水层和防渗层。

化学岩和生物化学岩抗水性弱，常具有不同程度的可溶性。硅质成分化学岩的强度较高，但性脆易裂，整体性差。碳酸盐类岩石如石灰岩、白云岩等具有中等强度，一般能满足结构设计要求，但存在于其中的各种不同形态的岩溶，往往成为集中渗漏的通道，在坝址和水库的地质勘察中，应查清岩溶的发育及分布规律。易溶的石膏、岩盐等化学岩，往往以夹层或透镜体存在于其他沉积岩中，质软，浸水易溶解，常导致地基和边坡的失稳。

上述各类沉积岩都具有成层分布规律，存在着各向异性的特征，因此，在工程建设中尚需特别重视对其成层构造的研究。砂岩、砾岩和石灰岩的孔隙度较大，往往储存有较丰富的地下水资源，一些水量较大的泉流，大多位于石灰岩分布区或其边缘部位，是重要的水源地。

（3）变质岩类的工程地质性质

变质岩是由岩浆岩或沉积岩受温度、压力或化学性质活泼的溶液的作用，在固态下变质而成的，故其工程性质与原岩密切相关。原岩为岩浆岩的变质岩的性质与岩浆岩相似（如花岗片麻岩与花岗岩）；原岩为沉积岩的变质岩的性质与沉积岩相近（如各种片岩、千枚岩、板岩与页岩和黏土岩，石英岩、大理岩分别与石英砂岩和石灰岩相似）。一般情况下，由于原岩矿物成分在高压下重结晶的结果，岩石的力学强度较变质前相对增高，但是，如果在变质过程中形成某些变质矿物，如滑石、绿泥石、绢云母等，则其力学强度（特别是抗剪强度）会相对降低，抗风化能力变差。动力变质作用形成的变质岩（包括碎裂岩、断层角砾岩、糜棱岩等）的力学强度和抗水性均较差。

变质岩的片理构造（包括板状、千枚状、片状及片麻状构造）会使岩石具有各向异性特征，工程中应注意研究其在垂直及平行于片理构造方向上工程性质的变化。

变质岩中往往裂隙发育，在裂隙发育部位或较大断裂带部位，常常形成裂隙含水带，这类地区可作为小规模的地下水源地。

#### 2.3.5.4 岩石的工程分类

工程中岩石的描述包括地质年代、地质名称、风化程度、颜色、主要矿物、结构、构造和岩石质量指标。岩石的分类可以分为地质分类和工程分类，地质分类主要根据是岩石地质成因，矿物成分、结构构造和风化程度，可以用地质名称加风化程度表达，如强风化花岗岩、微风化砂岩等；工程分类主要根据岩石的工程性状，使工程师建立起明确的工程特性概念。地质分类是一种基本分类，工程分类是在地质分类的基础上进行，目的是为了较好地概括其工程性质，便于进行工程评价。

岩石的工程分类主要根据岩石的坚硬程度和风化程度进行划分，岩石按坚硬程度的划分见表 2-12，按风化程度的工程分类见风化岩中的相关内容。

岩石按坚硬程度的分类表      表 2-12

| 坚硬程度等级 | | 定性鉴定 | 代表性岩石 | $R_c$(MPa) |
|---|---|---|---|---|
| 硬质岩 | 坚硬岩 | 锤击声清脆，有回弹，振手，基本无吸水反应 | 未风化-微风化的花岗岩、闪长岩、辉绿岩、玄武岩、安山岩、片麻岩、石英岩、石英砂岩、硅质砾岩、硅质石灰岩等 | >60 |
| | 较硬岩 | 锤击声较清脆，有轻微回弹，较难击碎，有轻微吸水反应 | 微风化的硬岩；未风化-微风化的大理岩、板岩、石灰岩、泥灰岩、白云岩、钙质砂岩等 | 30~60 |
| 软质岩 | 较软岩 | 锤击声不清脆，无回弹，较易击碎，浸水后指甲可刻出印痕 | 中等风化-强风化的坚硬岩或较硬岩；未风化-微风化的凝灰岩、千枚岩、泥灰岩、砂质泥岩等 | 15~30 |
| | 软岩 | 锤击声哑，无回弹，有凹痕，易击碎，浸水后手可掰开 | 强风化的坚硬岩或较硬岩；中等风化-强风化的较软岩；未风化-微风化的页岩、泥岩、泥质砂岩等 | 5~15 |
| 极软岩 | | 锤击声哑，无回弹，有较深凹痕，手可捏碎，浸水后可捏成团 | 全风化的各种岩石；各种半成岩 | ≤5 |

注：表中 $R_c$ 是指岩石饱和单轴抗压强度。

## 2.4 风化岩

### 2.4.1 风化岩的定义

长期暴露于地表的岩石，在常温、常压下与大气圈、水圈、生物圈直接接触所发生的其结构、构造乃至化学成分变化，并逐渐破碎疏松，甚至变成各种岩屑或土层，岩石的这种物理、化学性质的变化称为风化；引起岩石这种变化的作用称为风化作用；被风化的岩石圈表层称为风化壳。在风化壳中，尚保留原岩结构和构造的风化岩石称为风化岩，岩石经过风化作用后，形成松散的岩屑和土层，残留在原地的堆积物称为残积土。

风化岩和残积土都是新鲜岩层在物理风化作用和化学风化作用下形成的物质，可统称为风化残留物。风化岩和残积土的主要区别，是因为岩石受到的风化程度不同，使其性状不同。风化岩是原岩受风化程度较轻，保存的原岩性质较多，而残积土则是原岩受到风化的程度极重，极少保持原岩的性质。风化岩基本上可以作为岩石看待，而残积土则完全成为土状物。两者的共同特点是均保持在其原岩所在的位置，没有受到搬运营力的水平搬运。

残积土在后续章节中有介绍，本节仅介绍风化岩。

### 2.4.2 形成风化岩的作用类型

按风化营力的不同，形成风化岩的风化作用可分为物理风化作用、化学风化作用和生物风化作用三大类型。

#### 2.4.2.1 物理风化作用

物理风化作用是指岩石在风化营力的影响下，产生一种单纯的机械破坏作用。其特点是破坏后岩石的化学成分不改变。

（1）温差风化

温度变化是引起岩石物理风化作用的最主要因素。由于温度的变化产生温差，温差可促使岩石膨胀和收缩交替地进行，久之则引起岩石破裂。岩石是热的不良导体，导热性差，当它受太阳照射时（图 2-9a），表层首先受热发生膨胀，而内部还未受热，仍然保持着原来的体积，这样，必然会在岩石的表层引起壳状脱离。在夜间，外层首先冷却收缩，而内部余热未散，仍保持着受热状态时的体积，这样表层便会发生径向开裂，形成裂缝（图 2-9b）。由于温度变化所引起的这种表里不协调的膨胀和收缩作用，昼夜不停地长期进行，就会削弱岩石表层和内部之间的联结，使之逐渐松动，在重力或其他外力作用下产生表层剥落（图 2-9c、d）。因此，温差风化的情况在昼夜温差或季节温差较大的地方这类物理风化作用表现得更为强烈，如我国的新疆、云南和贵州等地。

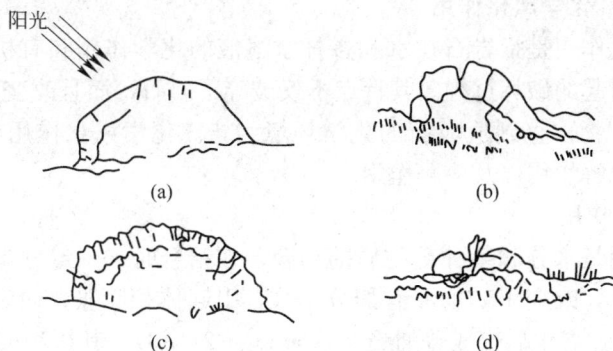

图 2-9  气温变化引起岩石膨胀收缩的崩解过程示意图

另外，岩石本身的某些性质，如岩石的颜色、矿物成分和矿物颗粒的大小等对于温度变化的感应程度是不同的。①含深色矿物多的岩石，其颜色较深，当温度发生变化时，其膨胀和收缩的幅度也大，较之浅色岩石容易风化。②岩石中一般含有多种矿物，如花岗岩含有石英、长石和角闪石等矿物，它们的热膨胀系数不同，如在 50℃时，石英的热膨胀系数为 $31×10^{-6}$，正长石为 $17×10^{-6}$，角闪石为 $28.4×10^{-6}$。当温度发生变化时，在矿物颗粒间产生很大的温度应力，削弱晶粒间的联结，导致岩石结构破坏，坚固致密的花岗岩风化成松散矿物颗粒。③岩石的矿物颗粒大小不一，矿物颗粒小而均匀的岩石，由于膨胀和收缩的变化比较一致，其比矿物颗粒大或颗粒大小不均匀的岩石，风化速度相对慢些。

（2）冻融风化

水的冻结在严寒地区和高山接近雪线地区经常发生。当气温到 0℃或以下时，在岩石裂隙中的水，就产生冰冻现象（图 2-10a、b）。水由液态变成固态时，体积膨胀约 9%，对裂隙两壁产生很大的膨胀压力，起到楔子的作用，称为"冰劈"。据有关资料证实，1g 水结冰时，可产生 96.0MPa 的压力，使储水裂隙进一步扩大。当冰融化后，水沿着扩大了的裂隙向深部渗入，软化或溶蚀岩体，如此反复融冻使岩石崩解成块（图 2-10c）。

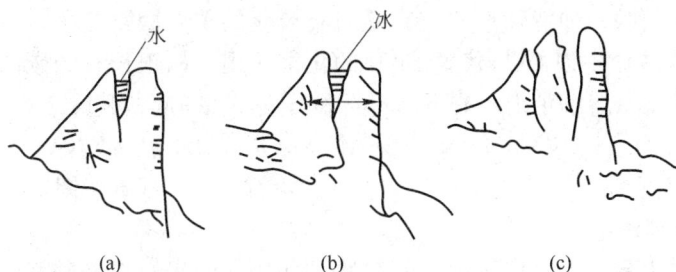

图 2-10  冰劈作用示意图

物理风化作用除了上述温差、冻融原因外，盐类结晶的撑裂和岩石释荷作用也会对岩石产生机械性破坏。

#### 2.4.2.2　化学风化作用

化学风化作用是指岩石在水和各种水溶液的化学作用和有机体的生物化学作用下所引起的破坏过程。其特点不仅破碎了岩石，而且改变了化学成分，产生了新的矿物，直到适应新的化学环境为止。化学风化作用有水化作用、氧化作用、水解作用以及溶解作用。

(1) 水化作用

水化作用是水分和某种矿物质的结合，在结合时，一定分量的水加入到物质的成分里，改变了矿物原有的分子式，引起体积膨胀，使岩石破坏。如硬石膏($CaSO_4$)遇水后变成普通石膏($CaSO_4 \cdot 2H_2O$)，其体积膨胀 60%，这对其周围岩体产生巨大的挤压力，致使胀裂破坏。

(2) 氧化作用

大气中含有约 21% 的氧，而溶在水里的空气含氧达 33%～35%，所以氧化作用是化学风化最常见的一种，且常是在有水存在时发生的，常与水化作用相伴进行。在自然界中低氧化合物、硫化物和有机化合物最易遭受氧化作用。尤其低价铁，常被氧化成高价铁。常见的黄铁矿($FeS_2$)，在水溶液中可氧化，变成硫酸亚铁($FeSO_4$)和硫酸($H_2SO_4$)，而硫酸又有腐蚀作用。硫酸亚铁进一步氧化成褐铁矿($Fe_2O_3 \cdot 2H_2O$)。黄铁矿在风化过程中会析出游离的硫酸，这种硫酸具有很强的腐蚀作用，能溶蚀岩石中某些矿物，形成一些洞穴和斑点，致使岩石破坏。此外，若水中含有多量的硫酸，对钢筋混凝土和石料等增加了腐蚀破坏。

(3) 水解作用

水解作用是指矿物与水的成分起化学作用形成新的化合物。岩石中大部分矿物属于硅酸盐和铝酸盐，他们是弱酸强碱化合物，因而水解作用较普遍。如正长石($KAlSi_3O_8$)经水解后形成高岭石($Al_2O_3 \cdot 2SiO_2 \cdot H_2O$)、石英($SiO_2$)和氢氧化钾($KOH$)。

大气和水中经常含有二氧化碳($CO_2$)，溶于水中的 $CO_2$ 形成 $CO_3^{2-}$ 和 $HCO_3^-$ 离子，它们能夺取盐类矿物中的 K、Na、Ca 等金属离子，结合成易溶的碳酸盐而随水迁移，使原有矿物分解，这一过程称为碳酸盐化作用，其实质为水解作用的一种特殊形式。它是岩石风化的重要因素之一，主要是在硅酸盐或铝硅酸盐中以 $CO_2$ 代替 $SiO_2$ 的化学作用，如正长石经碳酸盐化作用后，碳酸钾被水溶解带走，剩下高岭石和石英混在一起，其反应式为：

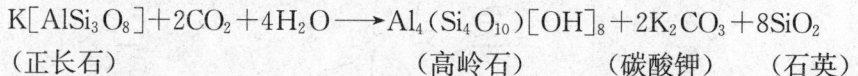

$$K[AlSi_3O_8] + 2CO_2 + 4H_2O \longrightarrow Al_4(Si_4O_{10})[OH]_8 + 2K_2CO_3 + 8SiO_2$$

　　(正长石)　　　　　　　　(高岭石)　　　(碳酸钾)　　(石英)

(4) 溶解作用

溶解作用是指水直接溶解岩石矿物的作用，使岩石遭到破坏。最容易溶解的是卤化盐类(岩盐、钾盐)，其次是硫酸盐(石膏、硬石膏)，再次是碳酸盐类(石灰岩、白云岩等)。其他岩石虽然也溶解于水，但溶解的程度低得多。岩石在水里的溶解作用一般进行得十分缓慢，但是，当水中含有侵蚀性 $CO_2$ 而发生碳酸化作用时，水的溶解作用就会显著增强，如在石灰岩($CaCO_3$)地区经常有溶洞、溶沟等岩溶现象（$CaCO_3$ 变为易溶的 $Ca(HCO_3)_2$），就是这种溶解作用造成的。此外，当水的温度增高以及压力增大时，水的溶解作用就会比较活跃。

### 2.4.2.3 生物风化作用

生物风化作用是指生物在其生长和分解过程中，直接或间接地致使岩石矿物的破坏作用。生物在地表的风化作用相当广泛，它对岩石的破坏有物理的和化学的。

植物对于岩石的物理风化作用表现在根部楔入岩石裂隙中，而使岩石崩裂（根楔子对裂隙壁可产生约 $1\sim1.5MPa$ 的压力）；动物对于岩石的物理风化作用表现为穴居动物的掘土、穿凿等的破坏作用并促进岩石风化。

生物的化学风化作用表现在生物的新陈代谢，其遗体以及其生长过程中产生或分泌的有机酸、硝酸和碳酸等的腐蚀作用，使岩石矿物分解和风化。造成岩石成分改变、性质软化和疏松。

## 2.4.3 岩石风化的影响因素

### 2.4.3.1 地质因素

岩石的矿物组成，结构和构造等地质因素都直接影响风化的速度，深度和风化阶段。

岩石的抗风化能力，主要是由组成岩石的矿物决定的。造岩矿物对化学风化的抵抗能力是不同的，也就是说，它们在地表环境下的稳定性是不同的。其相对稳定性见表 2-13。

造岩矿物的相对稳定性　　　　　　　　　　　　表 2-13

| 相对稳定性 | 造岩矿物 |
|---|---|
| 极稳定 | 石英 |
| 稳 定 | 白云母、正长石、微斜长石、酸性斜长石 |
| 不大稳定 | 普通角普闪石、辉石类 |
| 不稳定 | 基性斜长石、碱性角闪石、黑云母、普通辉石、橄榄石、方解石、白云石、石膏 |

从岩石的结构上看，粗粒的岩石比细粒的容易风化，多种矿物组成的岩石比单一矿物岩石容易风化，粒度相差大的和有斑晶的都比均粒的岩石容易风化。如砂岩的抗风化能力大于泥岩，因此在砂、泥岩互层地区经常在泥岩层出现风化剥落的凹腔，常由于差异风化而形成危岩，如图 2-11 所示照片。

就岩石的构造而言，断裂破碎带的裂隙、节理、层理与页理等都是便于风

图 2-11　砂泥岩互层差异风化形成危岩

化营力侵入岩石内部的通道。所以这些不连续面的结构面在岩石中的密度越大、连通性越好，岩石遭受风化就越强烈。风化作用会沿着某些张性的长大断裂深入地下很深的地方，形成深部风化囊。

#### 2.4.3.2 地形地貌因素

在不同的地形条件（高度、坡度和切割度）下，风化作用也有明显的差异，它影响风化的强度、深度和保存风化物的厚度及分布情况。

在地形高差很大的地区，风化的深度和强度一般大于平缓的地区。因斜坡上岩石破碎后很容易被剥落，冲刷而移离原地，故其风化层一般都很薄，颗粒较粗，黏粒很少。但风化层剥落使得坡面上相对较新鲜的岩体容易出露从而接受新一轮的风化作用，然后再经历剥落和风化反复循环过程，故其风化相对强烈。

在平原或低洼的丘陵地区，由于坡度缓，地表水和地下水流动都比较慢，风化层容易被保存下来，特别是平缓低凹的地区风化层更厚，也阻止了厚层风化层下方岩体的继续风化。

一般来说，在宽平的分水岭地区，潜水面离地表较河谷地区深，风化层往往较河谷地区的厚。强烈的剥蚀区和强烈的堆积区，都不利于风化作用的进行。河谷密集的侵蚀切割地区，地表水和地下水循环条件虽然好，风化作用也较强烈，但因剥蚀强烈，所以风化层厚度不大。山地向阳坡的昼夜温差较阴坡大，故风化强烈，风化层厚度也较厚。

#### 2.4.3.3 气候因素

气候对风化的影响主要通过温度和雨量变化以及生物繁殖状况来实现的。在昼夜温差或寒暑变化幅度较大的地区，有利于物理风化作用的进行。特别是温度变化的频率，比温度变化的幅度更为重要，因此，昼夜温差大的地区，对岩石的破坏作用也大。炎夏的暴雨对岩石的破坏更剧烈。温度的高低不仅影响热胀冷缩和水的物态，而且对矿物在水中的溶解度，生物的新陈代谢，各种水溶液的浓度和化学反应的速度都有很大的影响。各地区降雨量的大小，在化学风化中有着非常重要的地位。雨水少的地区，某些易溶矿物也不能完全溶解，并且溶液容易达到饱和，发生沉淀和结晶，从而限制了元素迁移的可能性；而雨多的地区有利于各种化学风化作用的进行。化学风化的速度在很大程度上取决于淋溶的水量，而且雨水多又有利于生物的繁殖，从而加快了生物风化。因此，气候在很大程度上决定了风化作用的类型及其发育程度。

### 2.4.4 岩石风化程度划分

岩石的风化一般是由表及里的，地表部分受风化作用的影响最显著，由地表往下风化作用的影响逐渐减弱以至消失，从岩石风化程度的深浅，在风化剖面上自下而上可分成五个风化带：未风化带、微风化带、弱风化带、强风化带和全风化带，每个风化带的划分按其风化的程度进行判断，一般包括岩矿颜色、岩石结构、破碎疏松特征及强度作为鉴定标准，如表2-14所示。

| 风化程度分带 | 鉴定标准 | | | | |
|---|---|---|---|---|---|
| | 岩矿颜色 | 岩石结构 | 破碎程度 | 岩石强度 | 锤击声 |
| 全风化带 | 岩矿全部变色，黑云母不仅变色，并变为蛭石 | 结构全部被破坏，矿物晶体间失去胶结联系，大部分矿物变异，如长石变为高岭土，角闪石绿泥石化，石英散成砂粒等 | 用手可压碎成砂或者土状，基本不含坚硬块体 | 很低 | 击土声 |
| 强风化带 | 岩石及大部分矿物变色，如黑云母成棕红色 | 结构大部分被破坏，矿物变质形成次生矿物，如斜长石风化成高岭土等 | 松散破碎，完整性差，疏松物质与坚硬块体混杂 | 单块为新鲜岩石的1/3或更小 | 发哑声 |
| 弱风化带（中风化带） | 部分易风化矿物如长石、黄铁矿、橄榄石变色，黑云母成黄褐色，无弹性 | 结构部分被破坏，沿裂隙面部分矿物变质，可能形成风化夹层 | 风化裂隙发育完整性较差，坚硬块体有松散物质 | 单块为新鲜岩石的1/3～2/3 | 发哑声 |
| 微风化带 | 稍比新鲜岩石暗淡，只沿节理面附近部分矿物变色 | 结构基本未变，沿节理面稍有铁锰质染渲、水锈等风化现象 | 有少量风化裂隙，但无疏松物质 | 比新鲜岩石略低，不易区别 | 发清脆声 |
| 未风化带 | 新鲜岩石无风化现象，岩石组织结构未变 | | | | |

岩石风化带的界线，在工程建筑中是一项重要的工程地质资料。在岩石工程中都需要运用风化带的概念来划分地表岩体不同风化带的分界线，作为岩基持力层、基坑开挖、挖方边坡坡度以及采取相应的加固措施的依据之一。但是要确切地划分风化界线尚无有效方法，通常只根据当地的地质条件并结合实践经验予以确定。况且，由于各地的岩性、地质构造、地形和水文地质条件不同，岩石风化带的分布情况变化很大。并且往往地下存在有风化囊，因而增加了风化带界线划分的难度。因此，划分岩石风化带需要结合实际情况进行综合分析。

岩石按风化程度的分类见表 2-15 所示。

岩石按风化程度分类　　　　　表 2-15

| 风化程度 | 野外特征 | 风化程度参数指标 | |
|---|---|---|---|
| | | 波速比 $K_v$ | 风化系数 $K_f$ |
| 未风化 | 岩质新鲜，偶见风化痕迹 | 0.9～1.0 | 0.9～1.0 |
| 微风化 | 结构基本未变，仅节理面有渲染或略有变色，有少量风化裂隙 | 0.8～0.9 | 0.8～0.9 |
| 中等风化 | 结构部分破坏，沿节理面有次生矿物、风化裂隙发育，岩体被切割成岩块。用镐难挖，岩芯钻方可钻进 | 0.6～0.8 | 0.4～0.8 |
| 强风化 | 结构大部分破坏，矿物成分显著变化，风化裂隙很发育，岩体破碎，用镐可挖，干钻不易钻进 | 0.4～0.6 | <0.4 |

续表

| 风化程度 | 野外特征 | 风化程度参数指标 | |
| --- | --- | --- | --- |
| | | 波速比 $K_v$ | 风化系数 $K_f$ |
| 全风化 | 结构基本破坏，但尚可辨认，有残余结构强度，可用镐挖，干钻可钻进 | 0.2～0.4 | |
| 残积土 | 组织结构全部破坏，已风化成土状，锹镐易挖掘，干钻易钻进，具可塑性 | <0.2 | |

注：1. 波速比 $K_v$ 为风化岩石与新鲜岩石压缩波速度之比；
　　2. 风化系数 $K_f$ 为风化岩石与新鲜岩石饱和单轴抗压强度之比。

### 2.4.5　风化岩的工程性质及处治措施

　　岩石受风化作用后，改变了物理化学性质，岩石的裂隙度、孔隙率、透水性、亲水性、胀缩性、可塑性、强度等物理力学性质都随风化程度加深而降低，另外，风化后成分的不均匀性、产状和厚度的不规则性也随风化程度不同而增大。因此，风化岩厚度愈大的地区，工程建筑物的地基承载力愈低，岩石的边坡愈不稳定。风化程度对工程设计和施工都有直接影响，如矿山建设、场址选择、水库坝基、大桥桥基和铁路路基等地基开挖深度、浇灌基础应到达的深度和厚度、边坡开挖的坡度以及防护或加固的方法等都将随岩石风化程度的不同而不同。因此，工程建设前必须对风化岩的风化程度、速度、深度和分布情况进行调查和研究。

　　风化岩的处治，本质上就是防治岩石风化，主要方法有：

　　（1）清除（挖除）。适用于风化岩较薄的情况，当厚度较大时通常只将严重影响建筑物稳定部分的剥除。挖除的深度是根据风化岩的风化程度、风化裂隙、风化岩的物理力学性质和工程要求等来确定。

　　（2）护面隔绝。新鲜岩面覆盖防止风化营力入侵的材料，如沥青、三合土、黏土、喷射水泥浆或石砌护墙等，其厚度应超过年温度影响深度的 5～10cm，此方法起隔绝作用。

　　（3）胶结灌浆。灌注胶结和防水的材料，如水泥、沥青、水玻璃、黏土等浆液，此法不仅能起到隔绝作用，而且通过胶结岩石和降低透水性提高岩石的强度和稳定性。

　　（4）排水。水是风化作用最活跃因素之一，隔绝了水就能减弱岩石的风化速度。减少具有侵蚀性的地表水和地下水对岩石中可溶性矿物的溶解，适当做一些排水工程。

　　（5）探槽观测。由于风化岩的复杂性，只有在进行详细调查以后，才能够提出切合实际的防止岩石风化的处理措施。当岩石风化速度较快时，必须通过敞开的探槽观测岩石的风化速度，从而确定基坑的敞开期限内岩石风化可能达到的程度。据此拟定保护基坑免受风化破坏的措施。

　　（6）风化厚度预留。在实际工程中，为防止基岩的风化，特别是容易风化的岩石如泥岩、页岩及片岩等，需要预留一定的风化厚度，特意不将基坑或路堑底部挖至所设计的深度，直到封闭施工前才挖至设计深度。

## 2.5 土的类型及其工程地质性质

土是地壳表层岩石风化作用的产物残留在原地或经过搬运堆积在异地所形成的松散堆积物。在我国古代，五色土象征着我们广博的大中华，所谓的五色土是指青、红、白、黑、黄五种颜色的土，这也反映了我国的土体是多种多样且分布具有一定的区域性。

### 2.5.1 土的物理力学性质及工程分类

#### 2.5.1.1 土的物质组成
（1）土的三相组成

在天然状态下，土呈三相系，即由固体颗粒、水和空气三相所组成。

土的固体颗粒主要由矿物颗粒、有机物颗粒及岩屑颗粒构成土的骨架部分，即固相；土孔隙中的水及其溶解物构成土中液体部分，即液相；空气及其他一些气体构成土中气体部分，即气相。

（2）土的粒度成分

为便于研究，将土粒按粒径大小依次划分为漂石（块石）组、卵石（碎石）组、圆砾（角砾）组、砂粒组、粉粒组及黏粒组六个等级的粒组，各粒组的界限粒径依次分别为 200、20、2、0.075 和 0.005mm。具体划分情况见表 2-16 所示。

土粒粒组的划分　　　　　　　　　　　表 2-16

| 粒组名称 | | 粒径范围(mm) | 一般特征 |
|---|---|---|---|
| 漂石或块石颗粒 | | ＞200 | 透水性很大，无黏性，无毛细水，不能保持水分 |
| 卵石或碎石颗粒 | | 200～20 | |
| 圆砾或角砾颗粒 | 粗<br>中<br>细 | 20～10<br>10～5<br>5～2 | 透水性大，无黏性，毛细水上升高度不超过粒径大小，不能保持水分 |
| 砂粒 | 粗<br>中<br>细<br>极细 | 2～0.5<br>0.5～0.25<br>0.25～0.1<br>0.1～0.075 | 易透水，无黏性，无可塑性，毛细水上升高度很小 |
| 粉粒 | 粗<br>细 | 0.075～0.01<br>0.01～0.005 | 透水性小，湿时稍有黏性，毛细水上升高度较大较快，在水中易悬浮，易出现冻胀现象 |
| 黏粒 | | ＜0.005 | 透水性很小，湿时有黏性、可塑性，其性质随含水量变化，毛细水上升高度大，但速度较慢 |

风干土中各粒组的含量占全部土粒重量的百分比即土中各粒组的相对含量，称为土的颗粒级配。常通过实验来测定土的颗粒级配累积曲线，累积曲线的形态表明土粒的分布情况。曲线平缓说明土粒粒组分布范围广，土粒大

47

小不均匀，土的级配良好；反之则级配不良。

（3）土中的水和气体

天然土体中常含有一定数量呈液态、固态或气态的水。一般土需研究液态水，冻土还需研究固态水的含量。土中气态水，对土的性质影响不大，通常不作重点研究。

有些矿物具有结晶水，这些结晶水只能在高温下才能脱离晶格；孔隙中的水与土的性质关系密切，一般可分为结合水、毛细水和重力水。结合水是受土颗粒静电引力作用而存在于土粒表面形成的水化膜，它包括强结合水和弱结合水：强结合水（强束缚水或吸着水）紧附于矿物颗粒表面，弱结合水（弱束缚水或薄膜水）是在强结合水外围形成的一层结合水膜。不受土粒静电引力作用的水称为自由水，自由水能在重力作用下移动，也能在表面张力作用下移动。按其移动所受作用力的不同，自由水可分为重力水和毛细水。

土中气体存在于土孔隙中未被水占满的部分。在粗粒土中常可见与大气相连通的空气，在受力时，气体能很快从孔隙中逸出，一般不影响土的性质。

在细粒土中，常存在与大气不相连通的封闭气泡，在土体受压时，气体体积缩小，卸荷后体积又恢复，这使土的弹性变形增大而透水性减小。

### 2.5.1.2　土的物理性质

土的三相组成物质在数量上的关系和相互作用决定土的物理力学性质。

土的物理性质包括土的重量、含水性及孔隙性等。

（1）土的重量

土的重量常用土粒相对密度（$d_s$）或土的密度（$\rho$）来衡量。土的密度在天然状态下变化范围较大，一般在 1.6～2.2g/cm³ 之间。

（2）土的含水性

常用含水量（$w$）与饱和度（$S_r$）来衡量。含水量反映了土的湿度状态，表示土中所含水分的多少。土中含水量的变化会改变土（尤其是黏性土）的力学性质，它是一个常用的重要的物理性质指标；饱和度表示土的孔隙被水所充满的程度，它可以用于判断土的干湿程度。

（3）土的孔隙性

常用孔隙比（$e$）、孔隙率（$n$）及砂土的相对密实度（$D_r$）来衡量。土的孔隙比是土中孔隙体积与土粒体积之比。砂土的天然孔隙比主要取决于土粒大小和排列，而黏性土的天然孔隙比则与含水量和土的结构有关。工程上常用孔隙比判断土的密实程度和工程性质。土的孔隙率是土中孔隙体积与土体体积之比，又称孔隙度，用百分数表示。砂土的相对密实度是最疏松状态的孔隙比和天然状态的孔隙比之差与砂土最疏松状态的孔隙比和最紧密状态的孔隙比之差的比值，工程上一般采用相对密度（$D_r$）来衡量无黏性土的密实程度。

### 2.5.1.3　土的水理性质

（1）黏性土的稠度

黏性土的稠度（即软硬程度）是指黏性土在特定含水量下所呈现出的物理

状态，受土的含水量的强烈控制，直接影响和决定着黏性土的物理力学性质。如随着含水量的增加，黏性土可由固态、半固态变成可塑状态，最后变成流动状态。对不同的土来说，从一种状态过渡到另一种状态的含水量是不同的，可以用它定性地区别黏性土的不同类型或对黏性土进行分类。

土从半固态过渡到固态的界限含水量为缩限 $W_s$；土由半固态转到可塑状态的界限含水量称为塑限 $W_p$；由可塑状态到流动状态的界限含水量称为液限 $W_L$；这些指标可通过试验得到。

$$塑性指数\ I_p＝液限含水量－塑限含水量$$

$$液性指数\ I_L＝(土的天然含水量－塑限含水量)÷塑性指数$$

塑性指数和液性指数可以根据土的塑限和液限通过计算求得。

（2）黏性土的抗水性

黏性土的抗水性是指黏性土受水发生胀缩、崩解的程度，反映了黏性土抵抗因水而变形破坏的能力，是土的重要工程性质之一。主要包括：土因浸水而体积增大的性能——土的膨胀性；土失水后体积减小的性能——土的收缩性；黏性土在水中崩散解体的性能——土的崩解性等。

（3）土的渗透性和毛细性

土体是多孔介质，常有连续的孔隙和裂隙，土体在上下水头差的作用下发生渗流。土体的透水能力称为渗透性。而渗透性的大小常用渗透系数来衡量。

水沿毛细管上升的性质称为土的毛细性，毛细性常用毛细上升高度、毛细上升速度和毛细压力表示。

#### 2.5.1.4　土的力学性质

土的力学性质包括土的强度性质及变形性质，分别由土的抗剪性及压缩性来表示。

（1）土的抗剪性

土的破坏一般是由荷载在土体中产生的剪应力超过土体的抗剪强度产生的。而土的抗剪强度又与土体的内摩擦角($\varphi$)及黏聚力($c$)(称为抗剪强度指标)有关。常用直剪试验或三轴剪切试验来测定土的抗剪强度指标。

（2）土的压缩性

土在压力作用下，由于孔隙体积的减小或土粒间错位挤密，孔隙水、气排除，使土产生压缩变形。衡量土的压缩变形的指标有：压缩系数($a$)、压缩指数($C_c$)、侧膨胀系数(泊松比)($\mu$)、压缩模量($E_S$)等。

一般说来，砂土的压缩性决定于砂土的颗粒大小、颗粒形状、原始孔隙度及相对密度等；黏性土的压缩性取决于其矿物成分、结构构造、孔隙度、稠度状态及交换阳离子成分等。

### 2.5.2　土的工程分类及工程性质

#### 2.5.2.1　分类方法

土的工程分类是将用于工程建设目的的各种自然土按其工程地质性质的差异划分为类或组。

土的分类方法很多，但目前已有的岩土的工程分类，大都考虑到岩土的成因、组成、结构和岩土的一种或多种工程性质，作为分类的根本依据。土的工程分类，按其内容、原则和适用范围，可概括为一般（普通）分类和专门分类。

普通分类：几乎包含了全部岩土，并考虑了岩土的主要工程性质及其特征。如我国的《土的分类标准》将土按粒度成分或塑性指数划分为碎石类土、砂类土和黏性土等，同时考虑土的特殊性质和形成条件，分为黄土、膨胀土、软土、冻土等特殊土。

专门分类：根据某些工程部门的具体要求进行的分类。它密切结合工程类型，直接为工程的设计、施工服务，如水工建筑、工业与民用建筑、铁路建筑等部门都有相应的岩土分类，并以规范形式颁布，在本部门统一执行。如我国的《建筑地基基础设计规范》、《岩土工程勘察规范》等。

### 2.5.2.2　我国地基土的工程分类

主要涉及我国《建筑地基基础设计规范》及《岩土工程勘察规范》中土的工程分类。该分类体系的主要特点是，在考虑划分标准时，注重土的天然结构联结的性质和强度，始终与土的变形和强度特征紧密联系。该分类首先考虑了按堆积年代和地质成因的划分，同时将某些特殊形成条件和特殊工程性质的区域性特殊土与普通土区别开来。在此基础上，按颗粒级配或塑性指数划分为碎石土、砂土、粉土和黏性土四大类，并结合堆积年代、成因和某种特殊性质综合定名。

这种分类方法简单明确，科学性和实用性强。其划分原则与标准如下：

1）土按堆积年代划分

土按堆积年代划分为老堆积土、一般堆积土和新近堆积土。老堆积土是指第四纪晚更新世 $Q_3$ 及其以前堆积的土层，一般呈超固结状态，具有较高的结构强度。一般堆积土是指第四纪全新世 $Q_4$（文化期以前）堆积的土层。新近堆积土是指第四纪文化期以来堆积的土层，一般呈欠压密状态，结构强度较低。

2）根据地质成因划分

将土分为残积土、坡积土、洪积土、冲积土、湖积土、海积土、冰积土和风积土。

3）土根据有机质含量 $W_u$ 划分

可分为无机土（$W_u < 5\%$）、有机质土（$5\% \leqslant W_u \leqslant 10\%$）、泥炭质土（$10\% < W_u \leqslant 60\%$）和泥炭（$W_u > 60\%$）。

4）根据颗粒级配和塑性指数划分

将土分为碎石土、砂土、粉土和黏性土。

粒径大于 2mm 的颗粒含量超过全重的 50% 以上的土称为碎石土；粒径大于 2mm 的颗粒含量不超过全重的 50%，且粒径大于 0.075mm 的颗粒含量超过全重的 50% 的土称为砂土；粒径大于 0.075mm 的颗粒含量不超过全重的 50%，且塑性指数小于等于 10 的土称为粉土；塑性指数大于 10 的土称为黏性土。碎石土、砂土和粉土根据颗粒级配可进行进一步分类如表 2-17 所示。黏性土根据塑性指数可进一步分为粉质黏土（$10 < I_p \leqslant 17$）和黏土（$I_p > 17$）两类。

| 土 的 名 称 | | 颗 粒 级 配 |
|---|---|---|
| | 碎石土分类表 | 表 2-17 |

| 土 的 名 称 | | 颗 粒 级 配 |
|---|---|---|
| 碎石土 | 漂石及块石土 | 粒径大于 200mm 的颗粒超过全重的 50% |
| | 卵石及碎石土 | 粒径大于 20mm 的颗粒超过全重的 50% |
| | 圆砾及角砾土 | 粒径大于 2mm 的颗粒超过全重的 50% |
| 砂土 | 砾砂土 | 粒径大于 2mm 的颗粒占全重的 25%～50% |
| | 粗砂土 | 粒径大于 0.5mm 的颗粒超过全重的 50% |
| | 中砂土 | 粒径大于 0.25mm 的颗粒超过全重的 50% |
| | 细砂土 | 粒径大于 0.075mm 的颗粒超过全重的 85% |
| | 粉砂土 | 粒径大于 0.075mm 的颗粒超过全重的 50% |
| 粉土 | 砂质粉土（轻亚砂土） | 粒径小于 0.005mm 的颗粒不超过全重的 10% |
| | 黏质粉土（重亚砂土） | 粒径小于 0.005mm 的颗粒超过全重的 10% |

### 2.5.2.3 一般土的工程性质

（1）碎石类土的工程性质

碎石类土，颗粒粗大，主要由岩石碎屑或石英、长石等原生矿物组成，呈单粒结构及块状和假斑状构造。具有孔隙大、透水性强、压缩性低、抗剪强度大的特点。但它的工程性质与黏粒的含量及孔隙中充填物的性质和数量有关。典型的流水沉积的碎石类土，分选性好，孔隙中充填少量砂粒，透水性最强，压缩性最低，抗剪强度最大。基岩风化碎石和山坡堆积碎石类土，分选较差，孔隙中充填大量砂粒和粉、黏等细小颗粒，透水性相对较弱，内摩擦角较小，抗剪强度较低，压缩性稍大。总的来说，砾石类土一般构成良好地基，但由于透水性强，常使基坑涌水较大，坝基、渠道渗漏。

（2）砂类土的工程性质

砂类土是指砂土和粉土，一般颗粒较大，主要由石英、长石、云母等原生矿物组成。一般没有联结，呈单粒结构及伪层状构造，并有透水性强、压缩性低、压缩速度快、内摩擦角较大，抗剪强度较高等特点，但均与砂粒大小和密度有关。通常，粗、中砂土的上述特性明显，且一般构成良好地基，为较好的建筑材料，但可能产生涌水或渗漏。粉、细砂土的工程性质相对差，特别是饱水粉、细砂土受振动后易产生液化。

（3）黏性土的工程性质

黏性土中黏粒含量较多，常含亲水性较强的黏土矿物，具有水胶联结和团聚结构，有时有结晶连结，孔隙微小而多。常因含水量不同呈固态、塑态和流态等不同稠度状态，压缩速度小，压缩量大，抗剪强度主要取决于凝聚力，内摩擦角较小。

黏性土的工程性质主要取决于其联结和密实度，即与其黏粒含量、稠度、孔隙比有关。常因黏粒含量增多，黏性土的塑性、胀缩性、透水性、压缩性和抗剪强度等有明显变化。从粉土到黏土，其塑性指数、胀缩量、凝聚力逐渐增大，而渗透系数和内摩擦角则逐渐减小。稠度影响最大，近流态和软塑态的土，有较高的压缩性和较低的抗剪强度；而固态或硬塑态的土，其压缩性较低，抗剪强度较高。

### 2.5.2.4　混合土

（1）定义

在自然界中，有一种粗细粒混杂的土，其中细粒含量较多。这种土如按颗粒组成分类，可定为砂土甚至碎石土，而其可通过0.05mm筛后的数量较多又可进行可塑性试验，按其塑性指数又可视为粉土或黏性土。这类土在一般分类中找不到相应的位置。为了正确地评价这类土的工程性质，《岩土工程勘察规范》GB 50021将它定名为混合土。则由细粒土和粗粒土混杂且缺乏中间粒径的土称为混合土，当碎石土中粒径小于0.075mm的细粒土质量超过总质量的25%时，称为粗粒混合土；当粉土或黏性土中粒径大于2mm的粗粒土质量超过总质量的25%时，称为细粒混合土。

混合土的成因一般为冲积、洪积、坡积、冰积、崩塌堆积和残积等。残积混合土的形成条件是在原岩中含有不易风化的粗颗粒，例如花岗岩中的石英颗粒。另外几种成因形成的混合土的重要条件是要有提供粗大颗粒（如碎石、卵石）的条件。

（2）混合土的工程性质

混合土因其成分复杂多变，各种成分粒径相差悬殊，故其工程性质变化很大。混合土的工程性质主要决定于土中的粗、细颗粒含量的比例，粗粒的大小及其相互接触关系和细粒土的状态。

资料表明，粗粒混合土的性质将随其中细粒的含量增多而变差，细粒混合土的性质常因粗粒含量增多而改善。在上述两种情况中，存在一个粗、细粒含量的特征点，超过此特征点后，土的性质会发生突然的改变。例如，按粒径组成可定名为粗、中砂的砂质混合土中当细粒（粒径<0.1mm）的含量超过25%~30%时，标准贯入试验锤击数和静力触探比贯入阻力值都会明显地降低，内摩擦角减小而黏聚力增大。碎石混合土随着细粒含量的增加，内摩擦角和载荷试验比例界限都有所降低而且有一个明显的特征值，细粒含量达到或超过该值时，内摩擦角和载荷试验比例界限值都将急剧降低。

## 2.6　特殊性土的工程地质性质

特殊性土，又称特殊土，是指具有特殊物质成分、状态和结构特征，而工程地质性质也较特殊的土。特殊性土的工程性质与它特定的成因环境、区域自然地理、地质条件等密切相关，它们的分布上具有区域性的特点。在工程建设中，若不能对这些特殊性土的工程性质有足够的了解和分析，并采用相应的有效措施，将会给工程建筑带来严重的后果。我国的特殊性土主要包括黄土、红黏土、软土、冻土、膨胀土、盐渍土、填土等。

### 2.6.1　黄土

（1）基本概念

黄土主要指是第四纪以来，在干旱、半干旱气候条件下形成的一种富含钙质的棕黄色陆相松散堆积物。黄土在世界范围内的分布面积大约有 1300 万 $km^2$，在我国也有 63 万余平方千米，约占我国陆地面积的 6.6%，除黄河流域外，在新疆天山南北的塔里木盆地和准格尔盆地以及东北的松辽平原也有黄土分布，其他地方为零星分布。

（2）基本特征及野外性状

黄土的基本特征如下：①颜色以黄色、褐黄色为主，有时呈灰黄色；②颗粒组成以粉粒为主，含量一般在 60% 以上，几乎没有粒径大于 0.25mm 的颗粒；③富含碳酸钙盐类；④无层理，但垂直节理和柱状节理发育；⑤一般有肉眼可见的大孔隙。

黄土的野外性状见表 2-18 所示。

黄土的野外性状

表 2-18

| 名称 | 颜色 | 特征及包含物 | 古土壤 | 沉积环境 | 挖掘情况 |
|---|---|---|---|---|---|
| 新近堆积黄土 $Q_4^2$ | 浅褐至深褐色，或黄至黄褐色 | 土质松散不均，多虫孔和植物根孔，有粉末状或条纹状碳酸盐结晶，含少量小砾石或钙质结核，有时有砖瓦碎块或朽木 | 无 | 河漫滩低阶地，山间洼地表面，黄土塬、峁的坡脚，洪积扇或山前坡积地带，老河道及填塞的沟槽洼地的上部 | 锹挖很容易，进度较快 |
| 黄土状土 $Q_4^1$ | 黄至黄褐色 | 具有大孔、虫孔和植物根孔，含少量小的钙质结核或小砾石。有时有人类活动遗迹，土质较均匀 | 底部有深褐红色黑垆土 | 河流阶地的上部 | 锹挖容易，但进度稍慢 |
| 马兰黄土 $Q_3$ | 浅黄、褐黄或黄褐色 | 土质均匀，大孔发育，具垂直节理，有虫孔和植物根孔，有少量小的钙质结核，呈零星分布 | 底部有一层古土壤，作为与离石黄土的分界 | 河流阶地和黄土塬、梁、峁的上部，以及黄土高原与河谷平原的过渡地带 | 锹、镐挖掘不困难 |
| 离石黄土 $Q_2$ | 深黄、棕黄或黄褐色 | 土壤较密实，有少量大孔。古土壤层下部钙质结核增多，粒径可达 5～20cm，常成层分布成为钙质结核层 | 夹有多层古土壤层，称"红三条"或"红五条"甚至更多 | 河流高阶地和黄土塬、梁、峁的黄土主体 | 锹、镐挖掘困难 |
| 午城黄土 $Q_1$ | 淡红或棕红色 | 土壤较密实，无大孔。柱状节理发育，钙质结核含量较离石黄土少 | 古土壤层不多 | 第四纪早期沉积，底部与第三纪红黏土或砂砾层接触 | 锹、镐挖掘很困难 |

（3）主要工程地质性质

1）孔隙比大。孔隙比是影响黄土湿陷性的主要指标之一，一般变化在 0.85～1.24，大多数在 1.0～1.1。

2）天然含水量低。当 $w_L$＞30% 时，黄土的湿陷性一般较弱。

3）具有一定的结构强度。由于黄土在沉积过程中的物理化学因素促使颗粒相互接触处产生了固化联结键，这种联结键构成土骨架具有一定的结构强度，使得湿陷性黄土的应力-应变关系和强度特性表现出与其他土类明显不同的特点。湿陷性黄土在其结构强度未被破坏或软化的压力范围内，表现出压缩性低、强度高等特性。但当结构性一旦遭受破坏时，其力学性质将呈现屈服、软化、湿陷等性状。

4）欠压密性。由于湿陷性黄土在漫长的沉积过程中，其上覆压力增长速率始终比颗粒间固化键强度的增长速率要缓慢得多，使得黄土颗粒间保持着比较疏松的高孔隙度结构，因而在上覆荷重作用下未被固结压密，处于欠压密状态。

5）湿陷性。黄土在一定压力下受水浸湿后结构迅速破坏而发生附加下沉的现象称为湿陷。浸水后发生湿陷的黄土称为湿陷性黄土。湿陷性是黄土作为特殊性土类最为突出的工程地质特性。

（4）湿陷性的判定

判定黄土湿陷性的定量指标是湿陷系数（$\delta_s$），由室内压缩实验测定，按下式计算：

$$\delta_s = \frac{h_p - h_p'}{h_0} \tag{2-2}$$

式中　$h_p$——保持天然湿度和结构的试样，加至一定压力时，下沉稳定后的高度（mm）；

$h_p'$——加压稳定后的试样，在浸水（饱和）作用下，附加下沉稳定后的高度（mm）；

$h_0$——试样的原始高度（mm）。

根据《湿陷性黄土地区建筑规范》GB 50025 的规定，测定湿陷系数的试验压力，是自基础底面（如基底标高不确定时，自地面下 1.5m）算起，10m 以内的土层应采用 200kPa，10m 以下的土层至非湿陷性土层顶面，应采用其上覆土的饱和自重压力（当大于 300kPa 时，仍采用 300kPa）。当基底压力大于 300kPa 时，宜采用实际压力。对压缩性较高的新近沉积黄土，基底下 5m 以内的土层采用 100~150kPa 压力，5~10m 和 10m 以下至非湿陷性黄土层顶面，应分别用 20kPa 和上覆土的饱和自重压力。

根据我国黄土地区的工程实践经验，以湿陷系数是否大于或等于 0.015 作为判定黄土湿陷性的界限值，见表 2-19。

黄土湿陷性程度的划分　表 2-19

| 湿陷程度 | 非湿陷性黄土 | 湿陷性黄土 | | |
|---|---|---|---|---|
| | | 湿陷性轻微 | 湿陷性中等 | 湿陷性强烈 |
| 湿陷系数 $\delta_s$ | <0.015 | 0.015~0.03 | 0.03~0.07 | >0.07 |

当自重湿陷量的实测值或计算值≤70mm 为非自重湿陷性黄土场地；当自重湿陷量的实测值或计算值>70mm 时，为自重湿陷性黄土场地。

（5）新近堆积黄土的分布及一般工程地质性质

新近堆积黄土有坡积、洪积、风积、冲积和重力堆积等成因，但混合沉积较多，主要分布在黄土塬、梁、峁的坡脚和斜坡后缘，冲沟两侧及沟口处的洪积扇和山前坡积地带，河道拐弯处的内侧，河漫滩及低阶地，山间或黄土梁、峁之间凹地的表部，平原上被淹没的沼洼地。

新近堆积黄土以几十年到百余年内形成的土质最差，结构疏松，极易锹挖，颜色杂乱，大孔排列紊乱，常混有颜色不一的土块，多虫孔和植物根孔，在裂隙和孔壁上常有钙质粉末 或菌丝状白色条纹存在，常含有机质、斑状或条纹状氧化铁，有的混砂、砾或岩石碎屑，有的混碎砖、陶瓷碎片或朽木等人类活动的遗物。

新近堆积黄土的厚度由 $1\sim2m$ 到 $7\sim10m$，厚度变化大，随地形起伏而异。水平和垂直 方向上的岩性变化大，土质非常不均匀。其主要工程地质性质如下：①具有略高于一般湿陷性黄土的含水量；②多具有高压缩性；③液限多在 30% 以下；④在同一场地新近堆积黄土的湿陷性与承载力有差别。

## 2.6.2 软土

（1）基本概念

软土泛指天然孔隙比大于或等于 1.0，天然含水量大于液限，含有较多有机质，且疏松多孔的细粒土，软土生成于缓慢流动的流水环境和静水环境。

我国的软土主要分布在沿海地区，如东海、黄海、渤海、南海等沿海地区。在内陆平原、河流两岸河漫滩、湖泊盆地及山间洼地亦有分布。

软土包括淤泥、淤泥质土、泥炭和泥炭质土，其划分标准见表2-20。

**软土的划分标准**　　　　　　　　　　表 2-20

| 土的名称 | 划分标准 | 备　注 |
|---|---|---|
| 淤泥 | $e\geqslant1.5$，$w>w_L$ 或 $I_L>1$ | $e$—天然孔隙比 |
| 淤泥质土 | $1.0\leqslant e<1.5$，$w>w_L$ 或 $I_L>1$ | $w$—天然含水量<br>$w_L$—液限 |
| 泥炭 | $W_u>60\%$ | $I_L$—液性指数 |
| 泥炭质土 | $10\%<W_u\leqslant60\%$ | $W_u$—有机质含量 |

软土普遍具有含水量大、持水性高、渗透性小、孔隙比大、压缩性高、强度及长期强度 低（易产生流变）的共同特点，对公路、铁道工程和建筑工程都极为不利。

（2）主要工程地质性质

1）天然含水量高。软土的天然含水量一般都大于 30%，接近或大于液限。

2）渗透性小。软土的透水性差，特别是垂直方向透水性更差，属微透水或不透水层。软土的固结需要相当长的时间，使地基变形稳定时间很长，一般达数年以上。

3）压缩性高。由于软土主要由粉粒和黏粒组成，含量可达 60%～70%，且含有机质等亲水性高的物质，使软土的压缩性很强。

4）强度低。软土的抗剪强度与加荷速率和排水条件密切相关，软土的不排水抗剪强度一般小于 20kPa。

5) 具触变性。触变性是指当原状土受到振动或扰动后，土体的结构连接受到破坏，强度大幅降低，土体发生液化。软土地基受振动荷载后，常导致建筑物地基大面积失效，或产生大范围滑坡，使建筑物产生侧向滑动、沉降或基础下土体挤出等现象，对建筑物破坏很大。

触变性可用灵敏度($S_t$)表示，根据灵敏度的大小，可将饱和黏性土划分为：低灵敏土（$1 < S_t \leqslant 2$）；中灵敏土（$2 < S_t \leqslant 4$）；高灵敏土（$S_t > 4$）。软土的灵敏度一般在 3～4 之间，最大可达 8～9，因此，软土属于高灵敏度。

6) 不均匀性。由于沉积环境的变化，土质均匀性差。

### 2.6.3 冻土

(1) 基本概念

在负温作用下，地壳表层处于冻结状态的土层或岩层为冻土。当温度降至 0℃以下，某些细粒土会在土中水冻结时发生明显的体积膨胀，称为土的冻胀现象；当温度回升时，冻胀土又会因为土中水的消融而产生明显的体积收缩，导致地面产生融陷。冻土主要分布于在我国北方的西北、东北以及青藏高原等广大地区。

根据冻土随季节气温的变化情况可将其划分为季节冻土和多年冻土两大类，其中季节冻土冬季冻结，夏季全部融化，处于年复一年的冬冻春融周期性变化状态；多年冻土是位于高寒地区的部分处于常年负温状态、结冰水常年不融化的土层。多年冻土在垂直方向自上而下可被划分为季节性冻土层、过渡层及多年冻土层。

(2) 主要工程地质性质

1) 冻胀性

土在冻结过程中，土体积会增大，从而产生冻胀力。冻土在冻结状态时，具有较高的强度和较低的压缩性或无压缩性。

土体发生冻胀的机理除土中水结冰后体积增大是其直接原因以外，更主要的还在于土层冻结过程中非冻结区的水分向冻结区的不断迁移和聚积。

影响土冻胀性大小的因素共有三个方面：

① 土的种类。冻胀常发生在细粒土中，特别是粉土、粉质砂土和粉质黏土等，冻结时水分的迁移聚积最为强烈，冻胀现象严重。这是因为这类土的颗粒表面能大，电场强，能吸附较多的结合水，从而在冻结时发生水分向冻结区的大量迁移和积聚；此外这类土的毛细孔隙通畅，毛细作用显著，毛细水上升高度大、速度快，为水分向冻结区的快速、大量迁移创造了条件。而黏性土虽然颗粒表面能更大，电场更强，但由于其毛细孔隙小、封闭气体含量多，对水分迁移的阻力大，水分迁移的通道不通畅，结冰面向下推移速度快，因而其冻胀性较上述粉质土为小。

② 土中水的条件。当地下水位高，毛细水为上升毛细水时，土的冻胀性就严重；而如果没有地下水的不断补给，悬挂毛细水含量有限时，土的冻胀

性必然弱一些。

③ 温度。如果气温骤然降低且冷却强度很大时，土体中的冻结面就会迅速向下推移，毛细通道被冰晶体所堵塞，冻结区积聚的水分量少，土的冻胀性就会明显减弱。反之，若气温下降缓慢，负温持续时间长，冻结区积聚的水分量大、冰夹层厚，则土的冻胀性又会增强。

工程中可针对上述影响因素，采取相应的防治冻胀措施。

2) 融沉性

当土层解冻时，冰晶体融化，多余的水分通过毛细孔隙向非冻结区扩散，或在重力作用下向下部土体渗流，水沿孔隙逐渐排出，在土体自重作用下，孔隙比迅速减小，因而土层出现下沉现象，即融沉性。冻土融沉后，其承载能力大为降低，压缩性急剧增高。

在道路工程中，季节冻土在冬季严重的冻胀地段，春融时由于表层冻土首先融化，而土层内部仍处于冻结状态，水分不能下渗，导致表层土内含水量过多，使道路产生强烈的融沉甚至造成在路基上的翻浆现象。

在多年冻土地区的不同季节，还常常出现与地下水活动有关的不良地质现象如冰丘(冻胀引起地表产生隆起的冻胀土丘)、冰锥(冬季地下水沿裂隙冲破地表，并沿地表斜坡流动，在流动过程中逐渐被冻结在斜坡上的锥形冰体)以及与多年冻土层中的藏冰消融活动有关的热融滑塌等，严重威胁建筑物和道路工程的安全和稳定。

### 2.6.4 红黏土

（1）基本概念

红黏土是指碳酸岩系出露区的岩石经红土化作用形成的棕红、褐黄等色，液限等于或大于 50％的高塑性黏土，它是红土的一个亚类。红土化作用是指在炎热、湿润气候条件下的一种特定的化学风化成土作用。

红黏土属第四纪残积、坡积型土，一般分布在盆地、洼地、山麓、山坡、谷地或丘陵等地区，形成缓坡、陡坎地形，常与岩溶、土洞关系密切。我国红黏土主要分布在云南、贵州和广西等省区；其次，四川盆地南缘和东部、鄂西、湘西、湘南、粤北、皖南和浙西等地也有分布。我国北方红黏土零星分布在一些较温湿的岩溶盆地，如陕南、鲁南和辽东等。

（2）主要工程地质性质

1) 胀缩性。红黏土的主要矿物成分为高岭石、伊利石和绿泥石，具有稳定的结晶格架；天然含水量接近缩限，孔隙呈饱和水状态，因此其胀缩性以收缩为主，在天然状态下膨胀量很小，失水后干硬收缩。

2) 高塑性、高孔隙比。红黏土高分散性，黏粒含量为 60％～80％，其中小于 0.002mm 的胶粒含量占 40％～70％，粒间胶体氧化铁具有较强的黏结力，形成团粒。因此，具有高塑性、高孔隙比特征。

3) 具有较高的力学强度和较低的压缩性。由于黏粒间胶结力强且非亲水性，因此，红黏土无湿陷性、压缩性低、力学性能好。

57

58

4）土层分布不均匀。红黏土的厚度受下伏基岩起伏的影响而变化很大，尤其是水平方向上变化大。

5）上硬下软。一般情况下，红黏土的表层压缩性低、强度较高、稳定性好，属良好的地基地层。但在接近下伏基岩面的下部，随着含水量的增大，土体成软塑或流塑状态，强度明显变低。

6）裂隙性。红黏土天然状态下呈致密状，无层理，表部呈坚硬、硬塑状态，失水后含水量低于缩限时，土中开始出现裂缝，近地表处呈竖向开口状，向深处渐弱，为网状闭合微裂隙。裂隙的产生，破坏了土体的完整性，降低土的总体强度；同时，使失水通道向深部土体延伸，促使深部土体收缩，加深、加宽原有裂隙，严重时甚至形成深长地裂。

红黏土裂隙发育深度一般为 2～4m，有些可达 7～8m。在该土层中开挖后，受气候影响，裂隙的发生和发展迅速，将开挖面切割成支离破碎，影响边坡的稳定性。

### 2.6.5　膨胀土

（1）基本概念

膨胀土是指主要由亲水性矿物伊利石和蒙脱石组成，黏粒含量高，天然孔隙比小，具有强烈的吸水膨胀和失水收缩的特性，其自由膨胀率大于或等于 40% 的黏性土，它的颜色为灰白、灰绿、灰黄、棕红、褐黄等。

膨胀土的成因类型很多，有河流相、残积、坡积、洪积相，还有湖相及滨海相，主要生成于第四纪晚更新世，第四纪中更新世也有生成，更早、更晚的时期几乎没有生成。

膨胀土在我国南方分布较多，北方分布较少。

（2）主要工程地质性质

1）多出露于二级及二级以上的河谷阶地、山前和盆地边缘及丘陵地带，一般地形坡度平缓，无明显的陡坎。

2）结构致密，多呈坚硬～硬塑状态，液限多在 40%～55%，塑性指数多在 22～35 之间。土内分布有裂隙，斜交剪切裂隙越发育，其胀缩程度越大。

3）天然含水量接近或略小于塑限，强度高，压缩性一般中等偏低。

4）断口平滑，土层中常含有铁结核，有的富集成层或呈透镜体。

5）膨胀土地区易产生边坡开裂、崩塌和滑动。

土方开挖工程中遇雨易发生坑底隆起和坑壁侧胀开裂，地下洞室周围易产生高地压和洞室周边土体大变形现象；地裂缝发育，对道路、渠道等易造成危害；其反复的吸水膨胀和失水收缩会造成围墙、室内地面以及轻型建、构筑物的破坏，甚至种植在建筑物周围的阔叶树木生长（吸水）都会对建筑物的安全构成影响。

### 2.6.6　盐渍土

（1）盐渍土的基本概念

地表深度 1.0m 范围内易溶盐含量大于 0.3%，且具有溶陷、盐胀、腐蚀等特性的土称为盐渍土。盐渍土中常见的易溶盐有氯盐（NaCl、KCl、CaCl$_2$、MgCl$_2$）、硫酸盐（Na$_2$SO$_4$、MgSO$_4$）和碳酸盐（Na$_2$CO$_3$、NaHCO$_3$、CaCO$_3$）。

我国的盐渍土按其地理分布可划分为滨海盐渍土、内陆盐渍土和冲积平原盐渍土三种类型。盐渍土的厚度一般不大。平原和滨海地区，一般在地表向下 2～4m，其厚度与地下水的埋深、土的毛细作用上升高度和蒸发强度有关。内陆盆地盐渍土的厚度有的可达几十米，如柴达木盆地中盐湖区的盐渍土厚度达 30m 以上。

按易溶盐的化学成分可将盐渍土划分为氯盐型、硫酸盐型和碳酸盐型盐渍土。其中氯盐型吸水性极强，含水量高时松软易翻浆；硫酸盐型易吸水膨胀、失水收缩，性质类似膨胀土；碳酸盐型碱性大、土颗粒结合力小、强度低。

（2）盐渍土的主要工程地质性质

1）溶陷性。盐渍土中的可溶盐经水浸泡后溶解、流失，致使土体结构松散，在土的饱和自重压力或在一定压力作用下产生溶陷。

2）盐胀性。盐胀作用是盐渍土由于昼夜温差大而引起的，多出现在地表下不太深的地带，一般约为 0.3m。当硫酸盐渍土中 Na$_2$SO$_4$ 的含量较多时，在 32.4℃ 以上时为无水，体积较小；当温度下降到 32.4℃ 时，吸水成为 Na$_2$SO$_4$·10H$_2$O 晶体，体积增大。如此反复不断循环的作用结果，使土体变松。碳酸盐渍土中含有大量吸附性阳离子，遇水时与胶体颗粒作用，在胶体颗粒和黏粒周围形成结合水膜，减小了黏聚力，使其互相分离，从而引起土体盐胀。

3）腐蚀性。盐渍土均具有腐蚀性，其腐蚀程度与盐类的成分和建筑结构所处的环境条件有关。

4）吸湿性。氯盐渍土含有较多的钠离子，其水解半径大，水化胀力强，从而在钠离子周围可形成较厚的水化薄膜，因此氯盐渍土具有较强的吸湿性。在潮湿地区，氯盐渍土体极易吸湿软化，强度降低；在干旱地区，氯盐渍土体易压实。氯盐渍土吸湿深度一般只限于地表，深度约 0.1m。

5）物理力学性质的变化性。盐渍土的液限、塑限随土中盐含量的增大而降低，当土的含水量等于其液限时，土的抗剪强度近乎等于零，因此高盐含量的盐渍土在含水量增大时极易丧失其强度。反之，当盐渍土的含水量较小，盐含量较高时，土的抗剪强度就较高。

盐渍土具有较高的结构强度，当压力小于结构强度时，盐渍土几乎不产生变形；但浸水后，盐类等胶结物软化或溶解，变形模量显著降低，强度也随之降低。

## 2.6.7 填土

（1）基本概念

填土是指有人类活动堆积而成的土，根据物质组成和堆填方式分为素填土、杂填土和冲填土。

1) 素填土。由碎石、砂、粉土、黏性土等一种或几种土通过人工堆填方式而形成的土，经过分层压实后的称为压实填土，未经压实处理的称为虚填土。即使是压实填土，由于其形成的时间极短，所以结构性能一般很差。虚填土俗称"活土"，极其疏松，在工程中遇到时必须进行换填压实处理。

2) 杂填土。指大量的建筑垃圾、工业废料或生活垃圾等人工堆填物，其中建筑垃圾和工业废料一般均质性差，尤以建筑垃圾为甚；生活垃圾物质成分复杂，且含有大量的污染物，不能作为地基材料，当建筑场地为生活垃圾所覆盖时，必须予以挖除。由建筑垃圾和工业废料堆成的杂填土也常常需要进行人工处理后方可作为地基。

3) 冲填土。借助水力冲填泥砂而形成的土，它是在疏浚江河航道或从河底取土时用泥浆泵将已装在泥驳船上的泥砂，直接或再用定量的水加以混合合成一定浓度的泥浆，通过输泥管送到四周筑有围堤并设有排水挡板的填土区内，经沉淀排水后而成。近年来多用于沿海大潮高潮位与低潮位之间的潮浸地带(称为沿海滩涂)开发及河漫滩造地。西北地区常见的水坠坝(冲填坝)即是冲填土堆筑的坝。

(2) 主要工程地质性质

填土一般具有不均匀性、湿陷性、自重压密性、强度低和压缩性高等工程特性。

1) 素填土。工程性质主要受其均匀性和密实度影响。在堆积过程中，未经人工压密实者，则密实度较差；随着堆积时间的增加，由于土的自重压密作用，可使土达到一定密实度。

2) 杂填土。由于堆积条件、堆积时间、堆积物质来源和组成成分的复杂和差异，使杂填土的性质很不均匀，密度变化大，分布范围和厚度的变化均缺乏规律性，具有极大的人为随意性。杂填土一般为欠压密土，堆积时间短、结构疏松，具有较高的压缩性和很低的强度，同时浸水后往往产生湿陷变性。由于杂填土组成物质的复杂多样性，其孔隙大且渗透性不均匀。

3) 冲填土。颗粒组成有砂粒、黏粒和粉粒，在冲填过程中随泥砂来源的变化，冲填土在纵横方向上具不均匀性，土层多呈透镜体状或薄层状出现。工程地质性质受冲填土料、冲填方法、冲填过程及冲填完成后的排水固结条件、冲填区的原始地貌和冲填龄期等因素的影响，主要表现为颗粒沉积分选性明显，含水量较高，一般大于液限，呈流动状态，早期强度很低，压缩性较高。

## 复习思考练习题

**2-1** 什么是地质作用？地质作用主要有哪些类型？

**2-2** 什么是地质年代？绝对地质年代和相对地质年代是如何确定的？国际上通用的地质年代单位和对应的地层单位有哪些？

**2-3** 地层之间有哪些接触关系？各自有什么特点和含义？

2-4　什么是矿物？矿物的主要性质有哪些？

2-5　常见的造岩矿物有哪几种？其主要的鉴别特征是什么？

2-6　岩浆岩是怎样形成的？它有哪些主要的矿物、结构、构造类型？

2-7　什么是岩浆岩的产状？侵入岩和喷出岩的产状都有哪些？

2-8　沉积岩是怎样形成的？它的组成物质和结构、构造特征有哪些？

2-9　如何区别石英砂岩和长石砂岩、石灰岩和白云岩？

2-10　变质岩有哪些主要的构造类型？其特点是什么？

2-11　常见变质岩有哪些？它们在矿物成分、结构、构造上有哪些特点？

2-12　试对比沉积岩、火成岩、变质岩三大类岩石在成因、产状、矿物成分、结构构造上的区别。

2-13　岩石的工程地质性质有哪些？影响因素有哪些？

2-14　岩石按坚硬程度划分有哪些类型？

2-15　什么是风化岩？与残积土有何异同？

2-16　形成风化岩的作用类型有哪些？影响因素是什么？

2-17　岩石风化带是如何划分的？有何工程意义？简述风化岩的工程性质及处治措施。

2-18　简述地基土的分类、一般土和混合土的工程地质性质。

2-19　简述我国特殊性土的主要工程地质性质。

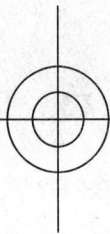

# 第3章
# 地质构造及其对工程的影响

## 本章知识点

【知识点】地质构造，岩层，岩层产状及其测定和表述方法，岩层露头；褶皱，褶皱分类，褶皱的野外识别，褶皱对工程的影响；断裂构造，裂隙，裂隙工程地质评价，裂隙的统计；断层，断层形态和分类，断层标志，断层的工程地质评价，断裂构造对工程的影响；地质图的阅读；岩体，岩体结构特征，岩体结构类型，结构面的极射赤平投影图示方法。

【重点】岩层产状及倾斜岩层露头特征的 V 字形法则，褶皱构造及断裂构造对工程的影响，地质图阅读与分析，岩体结构及结构岩体稳定性的极射赤平投影分析。

【难点】倾斜岩层露头特征的 V 字形法则，各种地质构造对工程的影响，根据结构面和临空面的空间组合关系进行岩体稳定分析。

【导读问题】为何岩层的形态有时就像上帝起床后没叠过的被子，皱巴巴的？为何强度远高于土的石头有时弱不禁风，不能委以重任？

## 3.1 概述

地质构造是地壳运动的产物。由于地壳中存在强大的地应力，组成地壳的上部岩层，在地应力的长期作用下发生变形，形成构造变动的形迹。常见的地质构造形迹有岩层褶皱、断裂等。我们把构造变动在岩层和岩体中遗留下来的各种变形变位形迹称为地质构造。

地质构造的规模有大有小。除上面所说的褶皱和断裂外，大的如构造带，可以纵横数千公里，小的则如岩石片理等。尽管规模大小不同，但它们都是地壳运动造成的永久变形和岩石发生相对位移的踪迹，因而它们形成、发展和空间分布上都存在着密切的内部联系。

在漫长的地质构造运动中，地球经历了长期的、多次大的复杂的构造运动，形成了全球性的复杂的大地构造格局。在某一区域内，往往有不同规模的不同类型的构造体系形成，它们相互干扰、相互切割穿插，使区域内地质构造复杂化。

地质构造与我们的工程项目密切相关。从大的工程项目，如水坝、隧道、桥梁等，到路基、基坑等工程，无一不涉及地质构造的相关内容。因此，我们要在了解地质构造基本内容的基础上，运用地质构造的相关知识，联系工程项目实际情况，避免工程地质问题的发生。

## 3.2 岩层产状

### 3.2.1 岩层的展布状态类型

岩层的展布状态基本类型有水平岩层和倾斜岩层。未经构造变动的沉积岩层，其形成时的原始产状是水平的，先沉积的老岩层在下，后沉积的新岩层在上，称为水平岩层。但是地壳在发展过程中，经历了长期的复杂的运动过程，使得原来岩层的产状发生了不同程度的变化。原来水平的岩层，在受到地壳运动的影响后，产状发生了变动。其中最简单的形式就是岩层向同一个方向倾斜，形成倾斜岩层。

#### 3.2.1.1 水平岩层

指岩层倾角为 0°的岩层。绝对水平的岩层很少见，一般我们把岩层产状近于水平（一般倾角小于 5°）的岩层称为水平岩层，又称为水平构造（图 3-1a）。水平岩层一般出现在构造运动较为轻微的地区或大范围均匀抬升或下降的地区，一般分布在平原、盆地中部或部分高原地区，其岩层未见明显变形。如川中盆地上侏罗纪岩层在某些地区表现为水平岩层。水平岩层中较新的岩层总是位于较老的岩层之上。当岩层受切割时，老岩层出露在河谷低洼区，较新岩层出露在较高的地方。在同一高程的不同地点，出露的是同一岩层。

水平岩层在地面上的露头宽度与形状主要与地形特征及岩层厚度有关。水平岩层的形状一般与地形等高线相同；在地面坡度相同的情况下，厚度越大，露头宽度越大；反之，则相反。

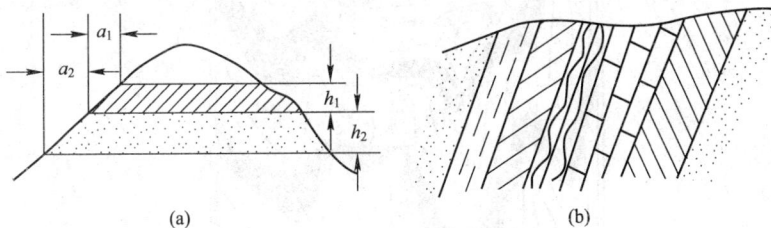

图 3-1　水平岩层与倾斜岩层
(a)水平岩层；(b)倾斜岩层
$a$—露头宽度；$h$—岩层厚度

#### 3.2.1.2 倾斜岩层

岩层层面与水平面之间有一定夹角时，称为倾斜岩层，又称为单斜构造

（图 3-1b）。自然界绝大多数岩层是倾斜岩层，倾斜岩层是构造挤压或大区域内的不均匀抬升或下降，使原来水平的岩层向某一方向倾斜形成的简单构造。局部来看，倾斜岩层往往是褶皱的一翼、断层的一盘或者是局部地层不均匀的上升或下降引起的。

倾斜岩层按倾角的大小分为缓倾岩层（$\alpha < 30°$）、陡倾岩层（$30° \leqslant \alpha < 60°$）和陡立岩层（$\alpha \geqslant 60°$）。

倘若岩层受到强烈变位，使岩层倾角近于 $90°$ 时，称为直立岩层，绝对直立的岩层很少见，习惯上将岩层倾角大于 $85°$ 的岩层称为直立岩层。直立岩层一般出现在构造强烈、紧密挤压的地区。

同样，倾斜岩层在地面上的露头宽度及形状也与地形特征及岩层厚度有关。由于地表面一般为起伏不平的曲面，倾斜岩层的地质分界线在地表的露头也就变成了与等高线相交的曲线。当其穿过沟谷或山脊时，露头线均呈"V"字形态，并符合如下"V"字形法则："相反—相同，相同＞相反，相同＜相同"。具体来说，就是根据岩层倾向与地面坡向的结合情况，"V"字形会有如下不同的表现：

（1）"相反—相同"：如果岩层倾向与地面坡向相反，在地形地质图上岩层界线与地形等高线的弯曲方向一致，且弯曲幅度小于地形等高线。反之亦然，在地形地质图上，如果地质界线的弯曲方向与地形等高线的弯曲方向相反，那么岩层倾向与地形坡向相同，如图 3-2 所示。

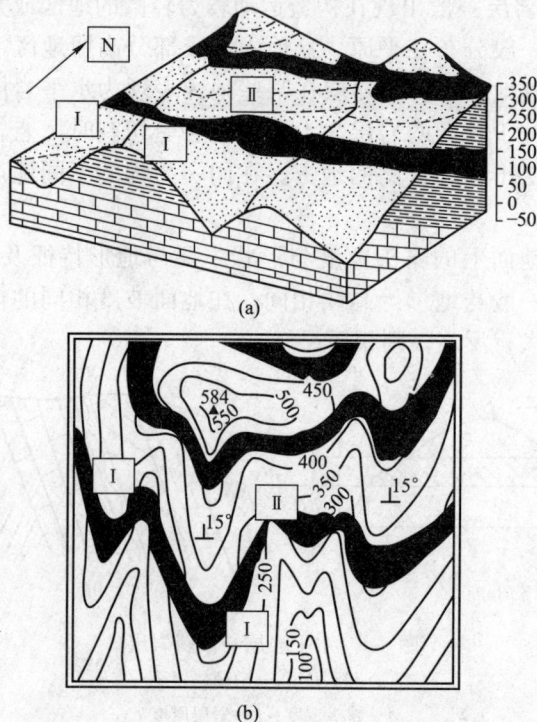

图 3-2　相反—相同立体图和平面图（地质图）

（2）"相同＞相反"：如果岩层倾向与地面坡向相同，且岩层倾角大于地面坡角，则在地形地质图上岩层界线与地形等高线的弯曲方向相反，如图 3-3 所示。

（3）"相同＜相同"：如果岩层倾向与地面坡向相同，且岩层倾角小于地面坡角，则在地形地质图上岩层界线的弯曲方向与地形等高线相同且弯曲幅度大于地形等高线，如图 3-4 所示。

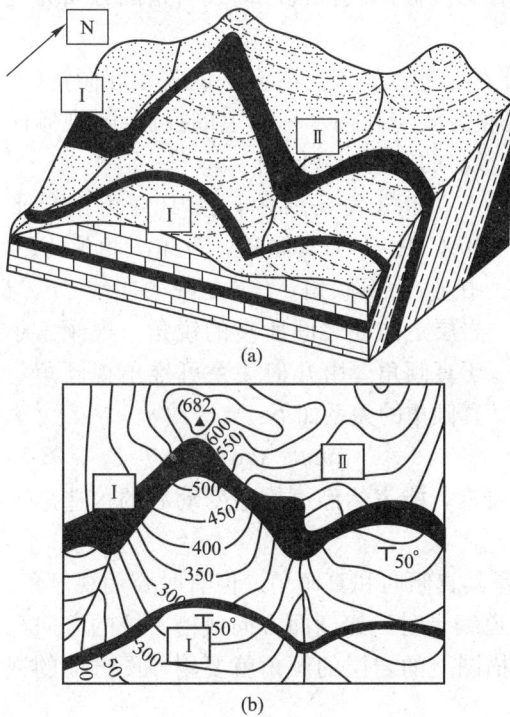

图 3-3　相同＞相反立体图和平面图（地质图）　　图 3-4　相同＜相同立体图和平面图（地质图）

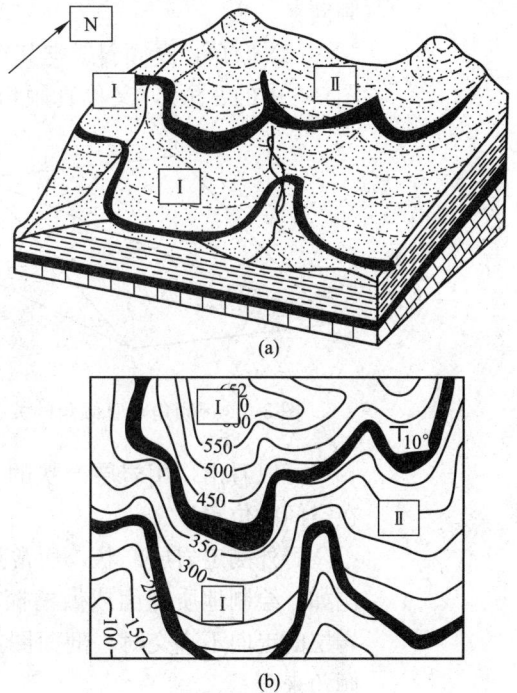

## 3.2.2　岩层产状要素及其测定

### 3.2.2.1　岩层产状要素

岩层的产状是指岩层在空间位置的展布状态，即岩层面在三维空间的延伸方位及其倾斜程度。倾斜岩层的产状可用岩层面的走向、倾向、倾角三个产状要素来表示（图 3-5）。

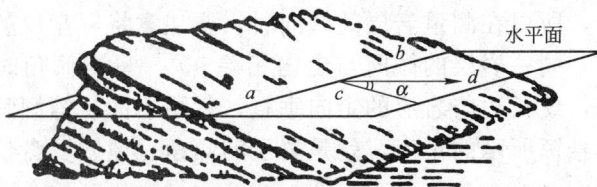

图 3-5　岩层产状要素
*ab*—走向线；*cd*—倾向；*α*—岩层的倾角

（1）走向：岩层面与水平面的交线叫走向线，如图 3-5 中的 ab 线，走向线两端延伸的方向就是岩层的走向。它表示岩层在空间的水平延伸方向。岩层走向可由走向线的任意一端的方向来表示。

（2）倾向：垂直走向线、沿岩层面向下倾斜的直线叫倾斜线（又称真倾斜线），它在水平面上的投影线称为倾向线，如图 3-5 中的 cd 线，倾向线所指的方向为倾向（又称真倾向）。沿着岩层面但不垂直走向线的向下倾斜的直线为视倾斜线，其在水平面上的投影线称为视倾向线，视倾向线所指的方向为视倾向。

（3）倾角：真倾斜线与其在水平面上的投影线（倾向线）的夹角叫倾角（如图 3-5 中的 $\alpha$ 角），又称真倾角。视倾斜线与其在水平面上的投影线（视倾向线）的夹角叫视倾角。

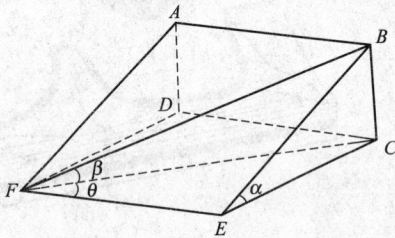

如图 3-6 所示，图中直角三角形 BEC 中 $\angle\alpha$ 为真倾角，直角三角形 BFC 中 $\angle\beta$ 为视倾角，$\angle\theta$ 是视倾向线 CF 与岩层走向线之间所夹的锐角。视倾角小于真倾角。由几何关系可推出视倾角与真倾角的关系如下：

$$\tan\beta = \tan\alpha \cdot \sin\theta \qquad (3-1)$$

图 3-6　视倾角与真倾角的关系

可以看出，用岩层产状的三个要素，能表达经过构造变动后的构造形态在空间的位置。

野外测定岩层产状，通常是测量其真倾向和真倾角，但有时要用视倾角。例如，绘制地质剖面或做槽探、坑道编录时，如剖面方向或槽、坑的方向与岩层的走向不直交时，剖面图或素描图上的岩层的倾角就要用作图方向的视倾角来表示。

### 3.2.2.2　岩层产状要素的测定

在野外岩层的产状要素通常是用地质罗盘仪直接在岩层面上测量的。地质罗盘仪的结构见图 3-7。

岩层产状的具体量测方法为：测量走向时，使罗盘仪的长边紧贴层面，将罗盘放平，使圆水准泡居中，读指北针所示的方位角，就是岩层的走向，走向线两端的延伸方向均是岩层的走向，所以同一岩层的走向有两个数值，相差 180°；测量倾向时，将罗盘仪的短边紧贴层面调整水平，使圆水准泡居中，读指北针所示的方位角，就是岩层的倾向。因为岩层的倾向只有一个，所以在测量岩层的倾向时，要注意将罗盘仪的北端朝向岩层的倾斜方向。同一岩层的倾向与走向相差 90°。量测倾角时，需将罗盘仪侧着竖起来，使长边与岩层的走向垂直，紧贴层面，等倾斜器上的水准泡居中后，读悬锤所示的角度，就是岩层的倾角。地质罗盘仪的测量方法见图 3-8。

岩层产状的测定除地质罗盘仪外，近年来随着智能手机的快速发展，其内置传感器逐渐增多，传感器所能实现的功能也日益多样化，手机也能当做

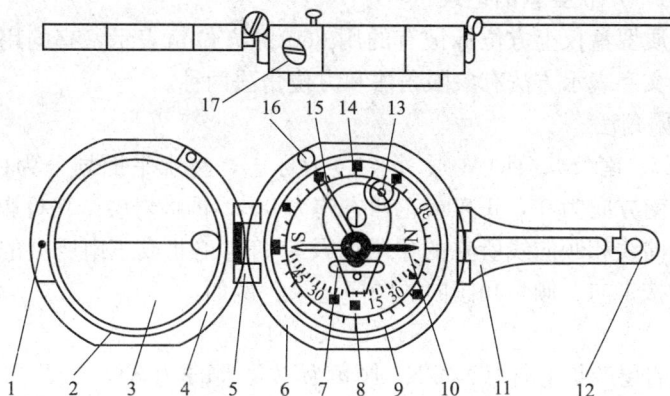

图 3-7　地质罗盘仪的结构

1—瞄准钉；2—固定圈；3—反光镜；4—上盖；5—连接合页；6—外壳；7—长水准器；
8—倾角指示器；9—压紧圈；10—磁针；11—长准照合页；12—短准照合页；
13—圆水准器；14—方位刻度环；15—拔杆；16—开关螺钉；17—磁偏角调整器

地质罗盘仪使用。当你的手机拥有电子罗盘(电子罗盘可以分为平面电子罗盘和三维电子罗盘，其中后者需要倾角传感器)、陀螺仪重力传感器时即可安装智能工具箱(Smart Tools)、工具箱(maxcom. toolbox)、瑞士军刀工具箱等软件，利用软件的罗盘功能测定岩层走向、倾向，用水平仪或量角器功能测定岩层倾角。该方法操作较地质罗盘便捷，实际应用中可以参考，建议在使用时宜与地质罗盘仪测定结果进行校正。

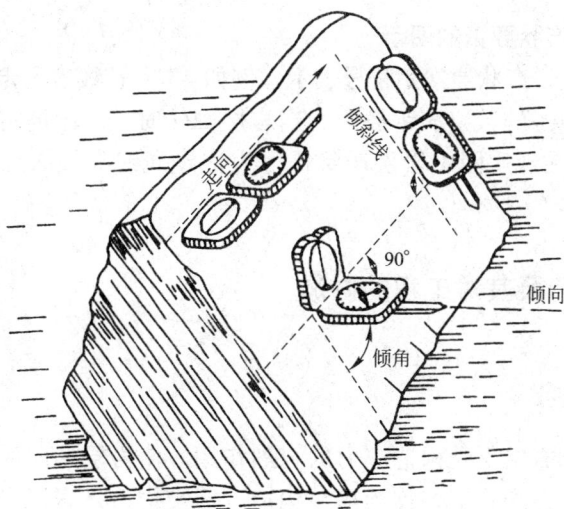

图 3-8　地质罗盘仪的测量方法

### 3.2.3　岩层产状的表述

岩层的产状要素有文字和符号两种表示方法，通常在地质报告中以特定的文字进行记录，而在地质图中以特定的符号进行表示。

### 3.2.3.1 产状要素的记录

由于地质罗盘仪上方位标记有的用 360°的方位角表示，有的用象限角表示，因此，文字表示方法有象限角法和方位角法两种。

（1）象限角法

以东(E)、南(S)、西(W)、北(N)为标志，将水平面划分为四个象限，以正北或正南方向为 0°，正东或正西方向为 90°，再将岩层产状投影在该水平面上，将走向线和倾向线所在的象限以及它们与正北或正南所夹的锐角记录下来。一般按走向、倾角和倾向的顺序记录。例如：

$$N45°E∠30°SE$$

表示该岩层产状走向为 N45°E，倾角为 30°，倾向为 SE，如图 3-9(a)所示。

（2）方位角法

将水平面按顺时针方向划分为 360°，以正北方向为 0°，再将岩层产状投影到该水平面上，将倾向线与正北方向所夹角度记录下来，一般按倾向、倾角的顺序记录。例如：

$$135°∠30°$$

表示该岩层产状为倾向距正北方向 135°，倾角为 30°，如图 3-9(b)所示。因岩层走向与岩层倾向之间的夹角为 90°，故由倾向加或减 90°就是走向。

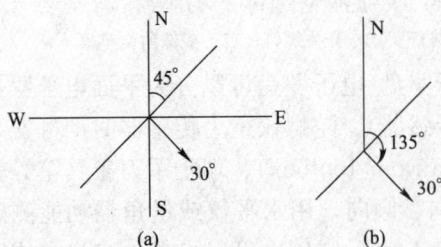

图 3-9 象限角法和方位角法

### 3.2.3.2 产状要素的图示

在地质图上，产状要素用符号表示，例如 45°，长线表示走向线，短线表示倾向线，短线旁的数字表示倾角。当岩层倒转时，应画倒转岩层的产状符号，例如 45°。在地质图中岩层产状符号应把走向线与倾向线交点画在测点位置。

## 3.3 褶皱构造及其对工程的影响

### 3.3.1 基本概念

组成地壳的岩层，受构造应力的强烈作用，使岩层形成一系列波状弯曲而未丧失其连续性的构造，称为褶皱构造。褶皱构造是岩层产生塑形变形的表现，是地壳表层广泛发育的基本构造之一。

绝大多数褶皱是在水平挤压作用下形成的；有的褶皱是在垂直作用力下形成的；还有一些褶皱是在力偶作用下形成的，且多发育在夹于两个坚硬岩层间的较弱岩层中或断层带附近。

褶皱是地壳上广泛分布的最常见的地质构造形态之一，它在沉积岩层中最为明显。研究褶皱的产状、形态、类型、成因及分布特点，对于查明区域地质构造和工程地质条件，具有重要意义。

### 3.3.1.1 褶皱的基本形式

褶皱构造中任何一个单独的弯曲称为褶曲，褶曲是组成褶皱的基本单元。褶曲有背斜和向斜两种基本形式，如图3-10所示。

（1）背斜

岩层弯曲向上凸出，核部地层时代老，两翼地层时代新。正常情况下，两翼岩层相背倾斜。如现场无法判断地层时代及其新老关系，则称为背形。

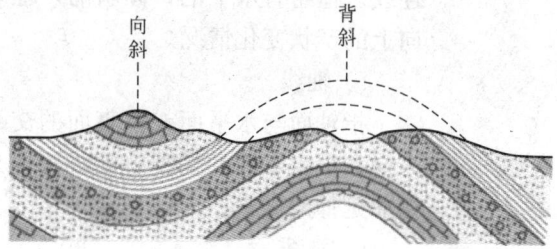

图3-10 褶皱的基本形态

（2）向斜

岩层弯曲向下凹陷，核部地层时代新，两翼地层时代老。正常情况下，两翼岩层相向倾斜。如现场无法判断地层时代及其新老关系，则称为向形。

若岩石未经剥蚀，则背斜成山，向斜成谷，地表仅见到时代最新的地层；若褶皱遭受风化剥蚀，则背斜山坡被削平，整个地形变得比较平坦，甚至背斜遭受强烈剥蚀形成谷地，向斜反而成为山脊。

背斜和向斜遭受风化剥蚀后，地表可见不同时代的地层出露。在平面上认识背斜和向斜，是根据岩层的新老关系作有规律的分布确定的。若中间为老地层，两侧依次对称出现新地层，则为背斜构造；如果中间为新地层，两侧依次对称出现老地层，则为向斜构造。

### 3.3.1.2 褶曲要素

为了描述和表示褶曲在空间的形态特征，需要统一规定褶曲各部分的名称。组成褶曲各个部分的单元称为褶曲要素，如图3-11所示，主要包括以下部分：

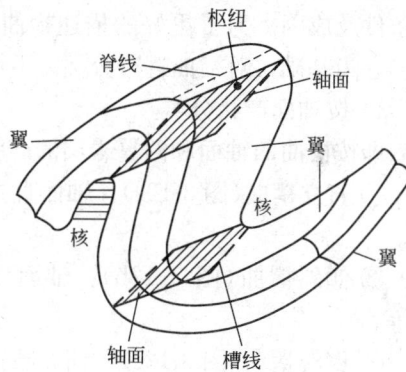

图3-11 褶曲要素

1）核部

指褶曲的中心部分岩层。通常把位于褶曲中央最内部的一个岩层称为褶曲的核。

2）翼部

指褶曲核部两侧对称出露的岩层。当背斜与向斜相连时，翼部是共有的。

3）轴面

指从褶曲顶平分两翼的面，即两翼的近似对称面，是一个假想面。根据褶曲的形态，轴面可以是一个简单的平面，也可以是一个复杂的曲面；可以是直立的面，也可以是一个倾斜、平卧或卷曲的面。

4）枢纽

指褶曲在同一岩层面最大弯曲点的连线，或者褶曲中同一层面与轴面的连线。枢纽有水平的，倾斜的，也有波状起伏的。它可以反映褶曲在延伸方向上的产状变化情况。

5）轴线

指轴面与水平面或垂直面的交线，代表褶曲在水平面或垂直面上的延伸方向。根据轴面的情况，轴线可以是直线，也可以是曲线。轴线的长度表示褶曲延伸的规模。

6）脊线

背斜横剖面上弯曲的最高点称为顶，背斜中同一岩层面上最高点的连线称为脊线。

7）槽线

向斜横剖面上弯曲的最低点称为槽，向斜中同一岩层面上最低点的连线称为槽线。

### 3.3.2　褶曲分类

褶皱是褶曲的组合形态，两个或两个以上褶曲构造的组合，称为褶皱构造。在褶皱比较强烈的地区，单个的褶曲比较少见，一般的情况都是线性的背斜与向斜相间排列，以大致一体的走向平行延伸，有规律的组合成不同形式的褶皱构造。如果褶皱剧烈，或在早期褶皱的基础上再经褶皱变动，就会形成更为复杂的褶皱构造。我国的一些著名山脉，如昆仑山、祁连山、秦岭等，都是这种复杂的褶皱构造山脉。

褶曲的几何形态多种多样，不同形态的褶曲反映了褶曲形成时不同的力学条件及成因。为了更好的描述褶曲在空间的分布，研究其成因，常以褶曲的形态为基础，对褶曲进行分类。下面介绍三种形态分类。

1）按轴面产状分类

即按褶曲的轴面和两翼岩层的产状分类，如图 3-12 所示。

① 直立褶曲（图 3-12a）：轴面直立，两翼岩层倾斜方向相反，倾角大致相等。

② 倾斜褶曲（图 3-12b）：轴面倾斜，两翼岩层倾斜方向相反，倾角不相等。

③ 倒转褶曲（图 3-12c）：轴面倾斜，两翼岩层倾斜方向相同，其中一翼为倒转岩层。

④ 平卧褶曲（图 3-12d）：轴面水平或近于水平，两翼岩层产状也近于水平，其中一翼为倒转岩层。

⑤ 翻卷褶曲（图 3-12e）：褶曲轴面弯曲的平卧褶曲。

在褶曲构造中，褶曲的轴面产状和两翼岩层的倾斜程度，常和岩层的受力性质及褶皱的强烈程度有关。在褶皱不太强烈和受力性质比较简单的地区，一般多形成两翼岩层倾角舒缓的直立褶曲或倾斜褶曲；在褶皱强烈和受力性质比较复杂的地区，一般两翼岩层的倾角较大，褶曲强烈，并常形成倒转或

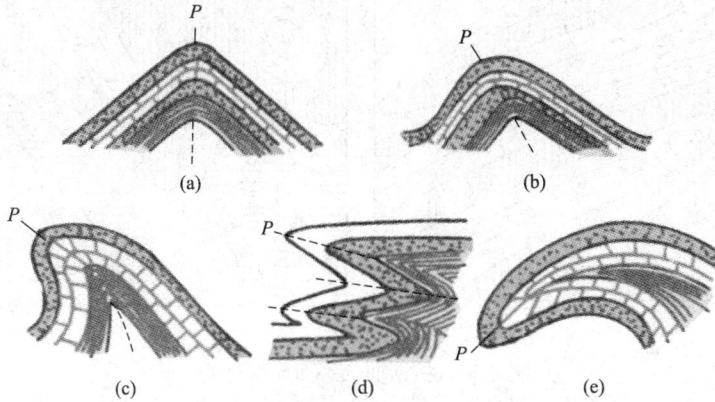

图 3-12 按轴面产状的褶曲分类

平卧褶曲。

2) 按枢纽产状分类

即按褶曲纵剖面形态分类，如图 3-13 所示。

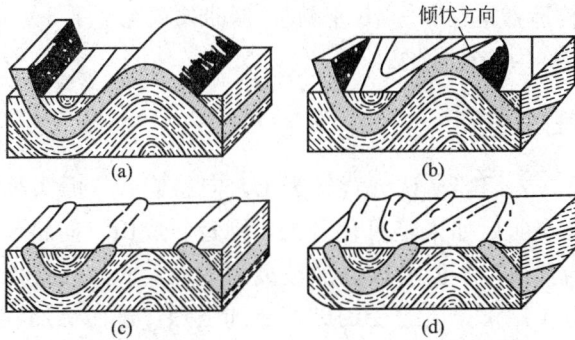

图 3-13 按枢纽产状的褶曲分类

（a）、（c）水平褶皱；（b）、（d）倾伏褶皱；（a）、（b）地面未经剥蚀；（c）、（d）地面受过剥蚀

① 水平褶曲（图 3-13a、c）：枢纽近于水平，呈直线状延伸较远，两翼岩层界线基本平行并对称分布。

② 倾伏褶曲（图 3-13b、d）：枢纽向一端倾伏，另一端昂起，两翼岩层界线不平行，在倾伏端汇成封闭曲线。若枢纽两端同时倾伏，则岩层界线呈环状封闭。

当褶曲的枢纽倾伏时，在平面上会看到，褶曲的一翼逐渐转向另一翼，形成一条圆滑的曲线。在平面上，褶曲从一翼弯向另一翼的曲线部分，称为褶曲的转折端，在倾伏背斜的转折端，岩层向褶曲的外方倾斜（外倾转折）。在倾伏向斜的转折端，岩层向褶曲的内方倾斜（内倾转折）。在平面上倾伏褶曲的两翼岩层在转折端闭合，是区别于水平褶曲的一个显著标志。

3) 按褶曲平面形态分类，如图 3-14 所示。

71

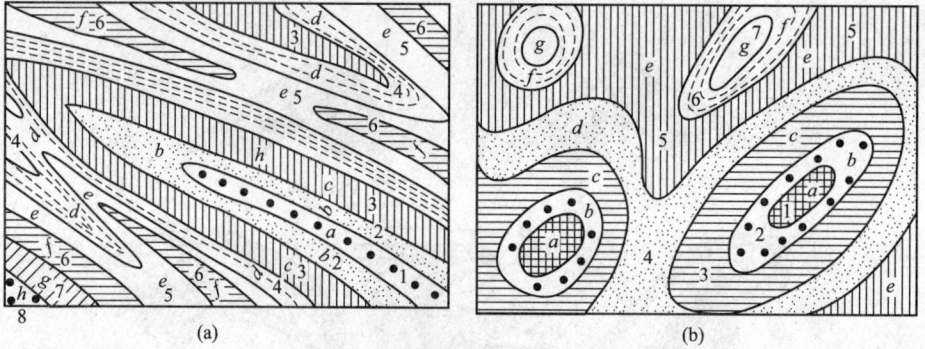

图 3-14　按褶曲的平面形态分类

① 线状褶曲（图 3-14a）：褶曲沿一定方向延伸很远，延伸的长度大而分布宽度小，褶曲长宽比大于 10∶1，在平面上呈长条状，称为线状褶曲。

② 短轴褶曲（图 3-14b 右侧）：褶曲两端延伸不远即倾伏，其长宽比在 3∶1～10∶1 时，称为短轴褶曲。呈长圆形的，如是背斜，称为短背斜；如是向斜，称为短向斜。

③ 穹隆与构造盆地（图 3-14b 左侧）：褶曲长宽比小于 3∶1 时，背斜称为穹隆构造，向斜称为构造盆地。

### 3.3.3　褶皱的野外识别

一般情况下，人们容易认为背斜为山，向斜为谷，但实际情况往往更加复杂。岩层形成褶曲后如未经风化剥蚀，则背斜成山，向斜成谷。因为背斜通常遭受长期的剥蚀，不但可以逐渐被夷为平地，而且往往由于背斜轴部的岩层在构造应力作用下，所遭受的破坏更加强烈，进而更加容易受剥蚀，通常可以发展为谷地。所以向斜山与背斜谷的情况在野外也是比较常见的。"高山为谷，深谷为陵"就是这个道理。因此，不能完全以地形的起伏情况作为识别褶皱构造的主要标志。

对褶皱进行野外识别，要依据岩石地层和生物地层的特征，确定哪个地层属于新地层，哪个是老地层。一般而言，新地层的岩层中所出现的生物化石年代较近；反之，老地层的岩层中所出现的生物化石年代较远。

野外观察褶皱时，一般可按下列顺序进行识别：

1) 判断有无褶皱存在：垂直岩层走向进行观察，当岩层重复出现对称分布时，即可判断有褶皱存在，若岩层虽有重复出现，并不对称分布，则可能是断层形成的，不能误认为褶皱；

2) 确定褶皱的基本类型：若新岩层在两边，老岩层在中间，即为背斜，若新岩层在中间，老岩层在两边，即为向斜。

3) 确定褶皱的形态分类：根据褶皱的形态特征确定其形态分类。

在进行褶皱定名时，应按褶曲横剖面分类、褶曲纵剖面分类和褶曲基本形式综合定名，如倾斜倾伏背斜。

### 3.3.4 褶皱构造对工程的影响

褶皱构造对工程的影响程度与工程类型及褶皱类型、褶皱部位密切相关，对于某一具体工程来说，所遇到的褶皱构造往往是其中的一部分，因此褶皱构造的工程地质评价应根据具体情况作具体的分析。

无论是背斜褶曲还是向斜褶曲，在褶曲翼部遇到的，基本上是单斜构造，也就是倾斜岩层的产状与路线或隧道轴线走向的关系问题。倾斜岩层对建筑物的地基，一般来说，没有特殊不良的影响，但对于深路堑、挖方高边坡及隧道工程等，需要根据具体情况作具体分析。

#### 3.3.4.1 褶皱核部的工程地质评价

由于褶皱核部是岩层受构造应力最为强烈、最为集中的部位。位于核部的岩体比较破碎，其中，背斜的核部不易存留地下水，而向斜的核部更易存留地下水。因此在褶皱核部，不论是公路、隧道或桥梁工程，容易遇到的工程地质问题，主要是由于岩层破碎产生的岩体稳定问题和向斜核部地下水的问题。这些问题在隧道工程中往往显得更为突出，容易产生隧道塌顶和涌水现象。

褶皱核部岩层由于受水平挤压作用，产生许多裂隙，直接影响岩体的完整性和强度，在石灰岩地区还往往使岩溶较为发育。所以核部布置各种建筑工程，如厂房、路桥、坝址、隧道等，必须注意岩层的坍落、漏水及涌水问题。

#### 3.3.4.2 褶皱翼部的工程地质评价

对于褶皱的翼部主要是单斜构造中倾斜岩层引起的顺层滑坡问题。倾斜岩层作为建筑物地基时，一般无特殊不良的影响，但对于深路堑、高切坡及隧道工程等则有影响。对于褶皱核部主要是岩体破碎产生的岩体稳定性问题和向斜核部地下水的问题。

对于深路堑、高切坡来说，当路线垂直岩层走向，或路线与岩层走向平行但岩层倾向与边坡倾向相反时（称为反向坡或逆向坡），就岩层产状与路线走向的关系而言，对边坡的稳定性是有利的；不利的情况是路线走向与岩层的走向平行，边坡与岩层的倾向一致，特别是在云母片岩、绿泥石片岩、滑石片岩、千枚岩等松软岩石分布地区，坡面容易发生风化剥蚀，产生严重碎落坍塌，对路基边坡及路基排水系统会造成经常性的危害；最不利的情况是路线与岩层走向平行且岩层倾向与边坡倾向一致形成顺向坡，而边坡的坡角大于岩层的倾角，特别是在石灰岩、砂岩与黏土质页岩互层，且有地下水作用时，如路堑开挖过深，边坡过陡，或者由于开挖过深使软弱构造面暴露，都容易引起斜坡岩层发生大规模的顺层滑动，破坏路基稳定。

对于隧道工程来说，从褶皱的翼部通过一般是比较有利的。如果中间有软弱岩层或软弱结构面时，则在顺倾向一侧的洞壁，有时会出现明显的偏压现象，甚至会导致支护结构的破坏，发生局部坍塌。

因此，在褶皱翼部布置工程项目时，应重点注意岩层的倾向、倾角的大小、是否存在软弱夹层等问题。

在不同的构造应力作用下，所产生的不同形式的褶皱对工程项目的影响程度也大不相同。在变质岩系中形成的复式流动褶皱，因产生于高温高压下，其褶皱不协调，在形成过程中经胶结闭合，所以工程地质特性良好。对于某些较为平缓的褶皱，虽然其工程性质随褶皱部位的不同而不同，但总的来说，不会出现大的工程地质问题。

## 3.4　断裂构造及其对工程的影响

岩石受构造应力作用超过其强度时就会发生裂缝或错断，岩石的连续完整性遭到破坏而形成的各种大小不一的断裂，称为断裂构造。根据断裂后两侧岩块沿断裂面有无明显的相对位移，又分为裂隙和断层两种类型。裂隙又称为节理，是岩层受力断裂后两侧岩块没有显著位移的小型断裂构造，通常是指岩体中的裂缝。断层是指岩层受力断裂后，两侧岩块发生了显著位移的断裂构造。

### 3.4.1　裂隙

裂隙是野外常见的构造现象，自然界的岩体中几乎都有裂隙存在，而且一般是成群出现的。凡是在同一时期同一成因条件下形成的彼此平行或近于平行的裂隙归为一组，称为裂隙组。裂隙的长度不一，有的裂隙仅几厘米长，有的达几米到几十米长；裂隙的间距也不一样。裂隙面有平整的，也有粗糙弯曲的。其产状可以是直立、倾斜或水平的。

#### 3.4.1.1　裂隙的类型

（1）按成因分类

1）构造裂隙：受地壳运动的构造应力作用形成的。

特点：延伸范围大，空间分布具有一定的规律性，成群出现。

2）非构造裂隙：包括原生裂隙，岩体受外力作用形成的裂隙，如风化、崩塌滑坡，边坡卸荷裂隙等等。

特点：范围小，延伸不远，深度小，无方向性。

在非构造裂隙中，风化作用产生的裂隙最为普遍，风化裂隙主要发育在岩体靠近地面的部分，一般很少达到地面以下 10～15m 深度。它的分布比较零乱，没有规律性，使岩石多成碎块，沿着裂隙面岩石的结构和矿物成分也有明显的变化。

（2）按形成时应力类型分类

1）张裂隙：沿着走向与倾向都延伸不远，多具有较大裂口，且裂隙间的间距较大，裂隙面较粗糙一般很少有擦痕。在褶皱构造中，主要发育于褶皱的轴部。张裂隙一般是渗漏的良好通道。

2）剪（扭）裂隙：延伸长方位稳定，且延伸较深较远；分布较为密集常沿着剪切面成群分布，形成扭裂带，且多是平直闭合的；裂隙面平滑有擦痕，有时两组裂隙在不同的方向同时出现，往往是呈"X"形分布。剪裂隙主要发育于褶皱的翼部和断层附近。由于剪裂隙交叉互相切割岩层成碎块体，破坏岩体的完整性，故裂隙面往往是易于滑动的软弱面。

（3）按裂隙面与所在岩层产状要素的关系分类

1）走向裂隙（图 3-15 中 $a$）：裂隙走向与所在岩层走向大致平行；

2）倾向裂隙（图 3-15 中 $b$）：裂隙走向与所在岩层走向大致垂直；

3）斜向裂隙（图 3-15 中 $c$）：裂隙走向与所在岩层走向斜交；

4）顺层裂隙（图 3-15 中 $d$）：裂隙面大致平行于岩层面。

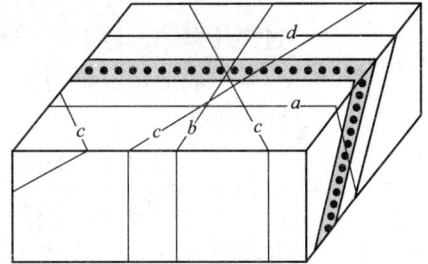

图 3-15 裂隙面与所在岩层产状的关系

$a$—走向裂隙；$b$—倾向裂隙；
$c$—斜向裂隙；$d$—顺层裂隙

### 3.4.1.2 裂隙对工程的影响

岩体中的裂隙，在工程上除了有利于开挖外，对岩体的强度和稳定性均有不利的影响。它破坏了岩体的整体性，加快岩体风化速度，增强岩体的透水性，因而使岩体的强度和稳定性降低。当裂隙主要发育方向与路线走向平行，倾向与边坡一致时，不论岩体的产状如何，路堑边坡都容易发生崩塌等不稳定现象。在地下开挖中，如果岩体存在裂隙，还会影响爆破作业的效果。所以，当裂隙有可能成为影响工程设计的重要因素时，应当对裂隙进行深入的调查研究，详细论证裂隙对岩体工程建筑条件的影响，采取相应措施，以保证建筑物的稳定和正常使用。

气温升降和岩石干湿变化，都会使岩石沿着已有的连接软弱部位（如未开裂的层理、片理、劈理、矿物颗粒的集合面以及矿物解理面等）形成新的裂隙，即风化裂隙；或者对原有裂隙进一步增宽、加深、延展和扩大。这种岩石裂隙的生成或加剧主要是水的楔入和冻胀作用的结果。

裂隙构造对石材矿山的影响非常显著。裂隙的发育程度直接关系到石材矿山的荒料率，直接影响矿山的生产经营。认识和查清裂隙构造的产状、性质、发育程度、分布规律，对于评价矿山的开采价值，确定矿山的开采方法，合理应用开采手段，指导矿山正常生产，最大限度发挥矿山企业的经济效益，都是非常必要的。

与褶皱或断层伴生的裂隙，常有规律分布于大尺度地质构造的不同部位，反映了各部分的应变状态。在地壳中，裂隙常作为矿液的流动通道和停积场所，直接控制着脉状金属矿床的分布。裂隙也是石油、天然气和地下水的运移通道和储聚场所。裂隙过多发育会影响到水的渗漏和岩体的不稳定，给水库、大坝或大型建筑带来隐患。

岩体裂隙的存在给工程带来了很多问题，但不能完全说岩石中的裂隙都是不利的，在能源方面也可能带来好处，以干热岩利用为例说明。干热岩是一种没有水或蒸汽的热岩体，普遍埋藏于距地表 2～6km 的深处，其温度范围，在 150～650℃之间。通过深井将高压水注入地下 2000～6000m 的岩层，使其渗透进入岩层的缝隙并吸收地热能量；再通过另一个专用深井（相距约200～600m左右）将岩石裂隙中的高温水、汽提取到地面；取出的水、汽温度可达150～200℃，通过热交换及地面循环装置用于发电；冷却后的水再次通过高压泵注入地下热交换系统循环使用。因此，干热岩的利用不会出现像热泉等常规地热资源利用的麻烦，即没有硫化物等有毒、有害或阻塞管道的物质出现。

当岩石中存在裂隙时，裂隙对工程的影响总结如下：

① 裂隙破坏了岩石的完整性，给风化作用创造了有利条件，加快岩石风化速度。

② 裂隙降低了岩石强度、地基承载力、稳定性。当裂隙主要发育方向与路线走向平行，倾向与边坡一致时，不论岩体的走向如何，路堑边坡都容易发生崩塌等不稳定现象。

③ 裂隙的存在有利于挖方采石，但影响爆破作业的效果。

④ 裂隙是地下水良好的通道，它增强了岩体的透水性，加快可溶岩的溶蚀，对工程不利，会在施工中造成涌水。

⑤ 裂隙发育的岩层是良好的供水水源点。

所以，当裂隙有可能成为影响工程设计的重要因素时，应当对裂隙进行深入的调查研究，详细论证裂隙对岩体工程建筑条件的影响，采取相应措施，以保证建筑物的稳定和正常使用。

### 3.4.1.3 裂隙的调查、统计和表示方法

裂隙是广泛发育的一种地质构造，工程地质勘察应对其进行调查，应包括以下内容：

(1) 裂隙的成因类型、力学性质。

(2) 裂隙的组数、密度和产状裂隙的密度一般采用线密度或体积裂隙数表示。线密度以"条/m"为单位计算。体积裂隙数（$J_v$）用单位体积内的裂隙数表示。

(3) 裂隙的张开度、长度和裂隙面壁的粗糙度。

(4) 裂隙的充填物质及厚度、含水情况。

(5) 裂隙发育程度分级。

此外，对裂隙十分发育的岩层，在野外许多岩体露头上可以观察到数十条以至数百条裂隙。它们的产状多变，为了确定它们的主导方向，必须对每个露头上的裂隙产状逐条进行测量统计，编制该地区裂隙玫瑰图、极点图或等密度图，由图上确定裂隙的密集程度及主导方向。一般在 $1m^2$ 露头上进行测量统计。

统计裂隙，有各种不同的图式。裂隙玫瑰图是其中比较常用的一种。裂隙玫瑰图可以用裂隙走向编制，也可以用裂隙倾向编制。

裂隙走向玫瑰图的作图程序如下：先对所测的裂隙按走向以每 5° 或每 10° 进行分组，算出每组裂隙的平均走向，然后作一个注有方位的半圆，以径向线的方位表示裂隙的走向，径向线的长度表示裂隙数，把每组裂隙的平均走

向及裂隙数用径向线方位及其长度表示并点绘于图中，最后用折线把径向线端点连接起来。图中的每一个"玫瑰花瓣"，代表一组裂隙的走向，"花瓣"的长度代表这个方向上裂隙条数，"花瓣"越长表示沿这个方向分布的裂隙越多，花瓣的胖瘦表示分散程度。如图 3-16 所示，比较发育的裂隙有 15°、75°和 312°三组。

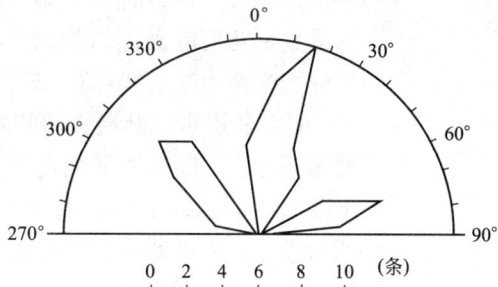

图 3-16  裂隙走向玫瑰图

#### 3.4.1.4  裂隙的工程地质评价

当岩层中存在裂隙，在工程上除了有利开挖外，对岩体的强度和稳定性都有不利的影响。裂隙有可能成为影响工程设计施工的重要影响因素，所以有时应对裂隙进行深入的调查研究，评价其工程地质性质。

对裂隙的工程地质评价主要包括裂隙的发育方向、发育程度和裂隙的性质三方面的内容。

（1）主要发育方向的评价

裂隙多数情况下看起来是杂乱无章的，但经统计后有一定的规律性，可以找出裂隙发育的主要方向。较为常用的裂隙统计图是裂隙玫瑰图，裂隙玫瑰图中可以用裂隙走向编制，也可以用裂隙倾向编制。

（2）裂隙发育程度的评价

评价裂隙发育程度的定量指标主要是裂隙间距、裂隙密度、裂隙率及完整系数等。

（3）裂隙性质的评价

裂隙的性质是指裂隙的延伸长度、贯通情况、裂隙面的粗糙程度、力学性质、充填情况等，这些性质影响着裂隙的工程性质。

### 3.4.2  断层

断层是地壳中最重要的地质构造之一，它分布很广，且有不同的形态和类型；它的规模有大有小，小的几十米，大的可以延长成百上千公里；相对位移从几厘米到几十公里不等。断层的形成（活动）往往伴随着地震的发生。

#### 3.4.2.1  断层要素

断层的各个组成部分称为断层要素，断层要素包括断层面、断层盘、断距等（图 3-17）。

（1）断层面：指两侧岩块发生相对位移的断裂面。断层面可以是直立的，但大多数的断层是倾斜的，断层的产状，就是指断层面的产状。有的

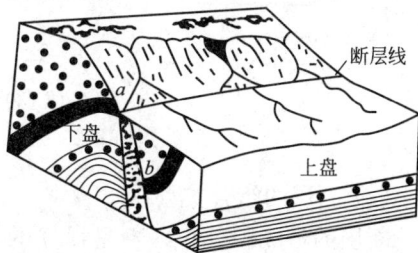

图 3-17  断层要素

断层，经常不是沿着一个简单的面发生的，而往往是沿着一个错动带发生，形成一定宽度的破碎岩块密集带，称为断层带，也称为破碎带。断层面与地面的交线称为断层线(图 3-17)。

(2) 断层盘：断层面两侧发生相对位移的岩块，即称为断层盘(图 3-17)，简称断盘。当断层面倾斜时，位于断层面上部的断盘称为上盘，位于断层面下部的断盘称为下盘。当断层面直立时，常用断块所在方位表示，如东盘、西盘等，如果以断盘位移的相对关系来划分的话，就把相对上升的一盘称为上升盘，相对下降的一盘称为下降盘。要注意的是：上升盘和上盘、下降盘和下盘并不完全一致的，上升盘可以是上盘，也可以是下盘。同样，下降盘可以是上盘，也可以是下盘。

(3) 断距：断距是指断层两盘沿断层面相对移动的距离，如图 3-17 中的 $ab$。

### 3.4.2.2　断层的类型

(1) 断层的基本类型

断层的基本类型是按断层两盘的相对位移来划分的，这种分类把断层分为：

1) 正断层(图 3-18a)：上盘沿断层面相对下降，下盘相对上升的断层。

正断层一般是由于岩体受到水平张应力及重力作用，使上盘沿断层面向下错动所形成的。这种断层属张性断层，断层面较陡，常大于 45°。

2) 逆断层(图 3-18b)：上盘沿断层面相对上升，下盘相对下降的断层。逆断层一般是由于岩体受到水平方向强烈挤压力的作用，使上盘沿断层面向上错动而成，属压性断层。

断层面的倾角从陡到缓都有，按其倾角大小，逆断层分为：①断层面倾角大于 45°的称为冲断层，或称高角度断层；②介于 25°～45°之间的称逆掩断层；③小于 25°的称辗掩断层。

3) 平移断层(图 3-18c)：又称平推断层，由于岩体受到水平扭应力作用，使两盘沿断层面发生相对水平位移的断层。

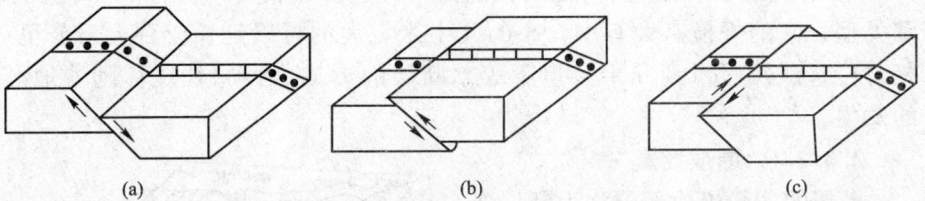

图 3-18　断层的基本类型
(a)正断层；(b)逆断层；(c)平移断层

(2) 断层的组合类型

断层的形成和分布，不是孤立的现象，常以一定的排列方式有规律地组合，常见的断层组合形式有以下几种(见图 3-19)：

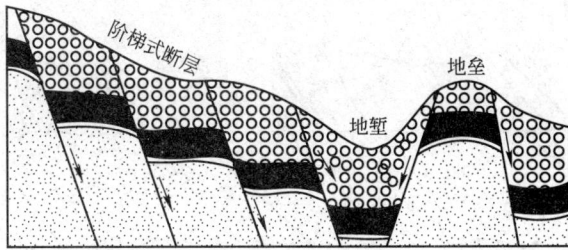

图 3-19　断层的组合类型

1）阶梯状断层：是由若干条产状大致相同的正断层平行排列而成。

2）地堑与地垒：是由走向大致相同、倾向相反、性质相同的两条或数条断层组成。

3）叠瓦式断层：是由一系列产状大致相同平行排列的逆断层的组合形成。

（3）按断层活动发生的时代分类

可分为老断层、新断层和活断层三类。

老断层：是指侏罗纪至白垩纪（燕山期）及其更老时代产生的而近期无明显活动的断层。

新断层：新生代（喜山期）形成的，它是新构造运动的产物。

活断层：是指影响到全新世（Q4）的断层，又称为活动断裂。即指现在正在活动或在最近地质时期发生过活动的断层。活断层对工程建设地区稳定性影响大，因此它是区域稳定性评价的核心问题。

### 3.4.2.3　断层存在的标志（断层的野外识别）

（1）地貌特征

当断层的断距较大时，上升盘的前缘在地貌上可能形成陡崖称为断层崖。当断层崖遭受与崖面垂直的水流侵蚀切割后，可形成一系列的三角形陡崖，叫做断层三角面。

断层的存在常常控制和影响水系的发育，河谷常沿断层带发育或突然转向。串珠状分布的湖泊、洼地和带状分布的泉点等往往也是断层存在的标志。

（2）构造线和地质体的不连续

任何线状或面状的地质体，如地层、岩脉、岩体、变质岩的相带、不整合面、侵入体与围岩的接触界面、褶皱的枢纽及早期形成的断层等，在平面或剖面上的突然中断、错开等不连续现象是判断断层存在的一个重要标志。如图 3-20 所示，断层横切岩层走向时，岩层沿走向突然中断。又由于该断层横切褶皱，导致褶皱核部地层的宽度发生变化，背斜核部相对变窄者为下降盘，而向斜核部相对变窄的为上升盘。

（3）地层的重复与缺失

地层发生不对称的重复现象（图 3-21a）或某些层位的缺失现象（图 3-21b），

一般是正或逆断层造成的。

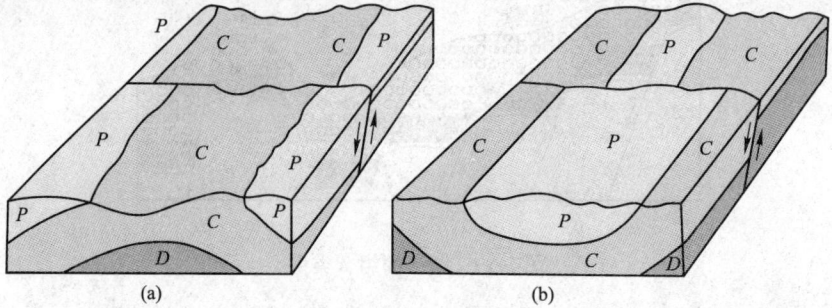

图 3-20 断层横切褶皱时岩层的产状变化

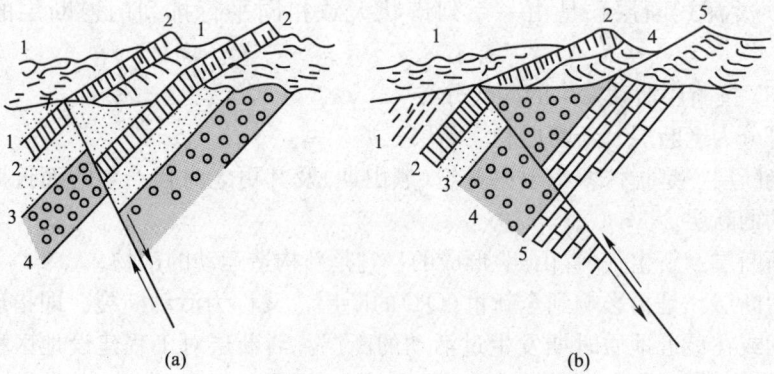

图 3-21 断层存在时地层产状的异常现象

（4）断层面（带）的构造特征

指由于断层面两侧岩块的相互滑动和摩擦，在断层面上及其附近留下的各种证据（图 3-22）。如擦痕、阶步、牵引构造、伴生节理、构造透镜体、断层角砾岩和断层泥等。

可以看出，断层伴生构造现象，是野外识别断层的可靠标志，此外还应注意泉水、温泉呈线状出露的地方，看是否有断层的存在。

以上是野外识别断层的主要标志，但不能孤立地根据一种标志进行分析，应综合多种证据，才能得到可靠的结论。

### 3.4.2.4 断层的工程地质评价

断层是在地球表面沿一个破裂面或破裂带两侧发生相对位移的现象。它是由于在构造应力作用下积累的大量应变能在达到一定程度时导致岩层突然破裂位移而形成的。破裂时释放出很大能量，其中一部分以地震波形式传播出去造成地震，会对工程造成影响。由于岩层发生强烈的断裂变动，导致岩体裂隙增多、岩石破碎、风化严重、地下水发育充分，从而降低了岩石的强度和稳定性，对工程建筑造成了不利的影响。

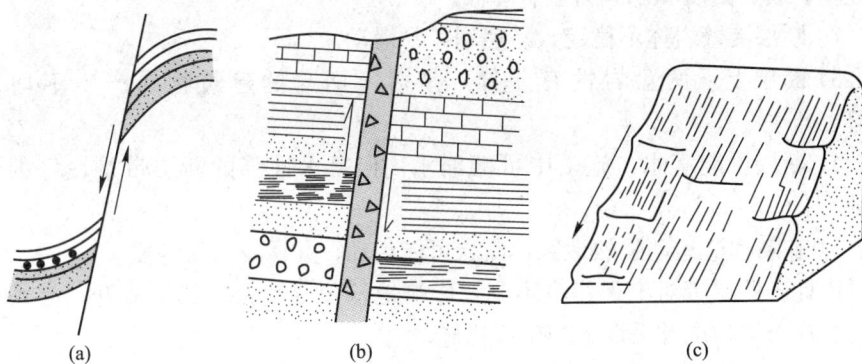

图 3-22　断层面(带)的构造特征
(a)牵引构造；(b)断层角砾；(c)断层擦痕、阶步

　　岩层(岩体)被不同方向、不同性质、不同时代的断裂构造切割，如果发育有层理、片理，则情况更复杂。作为不连续面的断层是影响岩体稳定性的重要因素，这是因为断层带岩层破碎强度低，另一方面它对地下水、风化作用等外力地质作用往往起控制作用。断层的存在降低了地基岩体的强度稳定性。断层破碎带力学强度低、压缩性大，建于其上的建筑物由于地基的较大沉陷，易造成断裂或倾斜。断裂面对岩质边坡、坝基及桥基稳定常有重要影响。断裂带在新的地壳运动影响下，可能发生新的移动，从而影响建筑物的稳定。

　　跨越断裂构造带的建筑物，由于断裂带及其两侧上、下盘的岩性均可能不同，易产生不均匀沉降。

　　隧道工程通过断裂破碎带时易发生坍塌。在断层发育地段修建隧道，是最不利的一种情况。由于岩层的整体性遭到破坏，加之地面水或地下水的侵入，其强度和稳定性都是很差的，容易产生洞顶塌落，影响施工安全。当隧道轴线与断层走向平行时，应尽量避免与断层的破碎带接触。隧道横穿断层时，虽然只有个别断落受到断层影响，但因工程地质及水文地质条件不良，必须预先考虑措施，保证施工安全。如果断层破碎带规模很大，或者穿越断层带时，会使施工十分困难，在确定隧道平面位置时，要尽量设法避开。

　　断层构造地带沿断裂面附近的岩块因强烈挤压而产生破碎，往往形成一条破碎带。因此，隧道工程通过断层时必须采取相应的工程加固措施，以免发生崩塌；水库等大型工程选址，应避开断层带，以免诱发断层活动，同时防止因坝基或地基不稳固产生地震、滑坡、渗漏等不良后果。在山地区域、溪沟、河流常沿断层面发育，有断层的地方，常有地下水出露，这对寻找地下水有一定的指导意义。

　　由于断层的存在，破坏了岩体的完整性，加速风化作用、地下水的活动及岩溶发育，对工程建筑产生的影响总结如下：

　　1)断层是软弱结构面(带)，该部位应力集中，裂隙发育，岩石破碎，整体性差，岩石强度和承载力显著降低。

2）断层陡壁岩体不稳定，易崩塌，易滑动。

3）断层上下两盘岩性有差异，坐落于两盘的建筑物易产生不均匀沉降。

4）断层可能富水，施工中可能涌水，但富水性强的断层带是良好的供水地。

5）在新构造运动强烈地区，断层可能活动，并诱发断层地震。

因此，断层带对工程建设不利，影响地基稳定性，应尽量避开，必须修建时，应查清情况并采取适当工程措施。

例如，在修建公路工程中，在确定路线布局、选择桥位和隧道位置时，要尽量避开大的断层破碎带。当隧道必须穿过断层时，虽然只有个别段落受断层的影响，但因地质及水文地质条件不好，必须预先考虑措施，保证施工安全。

我国西南川滇一带活断层广泛发育，地震频繁，但该区水力资源极为丰富，就不可避免地要在有活断层和强烈地震的地区修建水利枢纽。此时就应在不稳定地块中寻找相对稳定的地段，即所谓"安全岛"来作为建筑场地。同时应尽量将重大的建筑物布置在断层的下盘，并距离大断裂主断面数公里以外为宜。

一般来说，活断层上修建的水坝不宜采用混凝土重力坝和拱坝，宜采用石坝这类散体堆填坝。因为混凝土坝属刚性结构，当有少量错动时，就会破坏坝底面与地基间的联系或使混凝土体错裂，以至造成大坝失事。而土石坝是一种柔性结构，坝体又相当宽厚，它的两个部分即使被错开 $3 \sim 5m$，只要采用合理的结构措施，使错动后坝体内不残留开口裂缝，则大坝不会失事。而且修复也较容易，只要将错开的心墙部分作灌浆处理即可。保证错动后坝体不残留开口裂缝的结构措施，即是在坝基中有活断层的坝体部位堆填砂、砾石和碎石物质，当坝体被错动后瞬时形成的开口裂缝会立即被缝壁坍塌所封闭。所以在活断层上的土坝应采用多种土质坝（图 3-23）。为了防止坝体因错动而溢水，坝体应留有足够的超高。

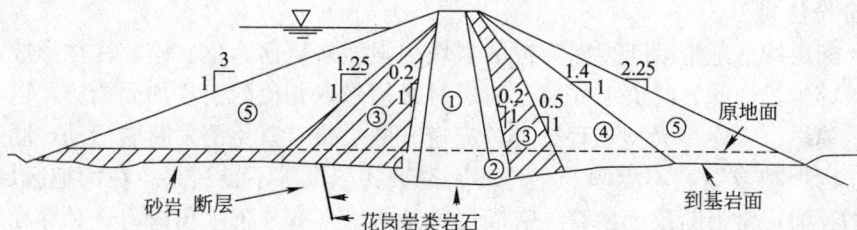

图 3-23 建于活断层上的多种土质坝剖面（据美国加利福尼亚水资源部）

①—黏土心墙；②—粉土质砂；③—由砂到砾石的过渡带，由河床砂、砾或碎石组成；

④—碾压的逐步过渡的堆石带；⑤—堆石

建于活断层上的桥梁，同样可采取适应于该地质条件的结构措施。例如日本山阳新干线的新神户车站建于一高架桥上，恰好位于六甲山活断层之上。断层带为宽达 8m 的断层黏土，一侧为花岗岩，另一侧为更新世洪积砂砾石层。断层活动使全新世沉积层错动达 70cm。高架桥基础主要砌置于砂砾石层和断层黏土之上，部分在断层另一侧的花岗岩上。采取的结构措施有：①采用钢筋混凝土框架基础；②花岗岩一侧基础之下挖除 1mm 厚的岩体，并置换以砂层，使整个基础底面的反力差减小；③将中央高架桥与两侧站台设计为相互分离的独立结构，其连接处允许产生扭转和水平变位；④按花岗岩一侧年平均上升 1mm，使用年限为 50 年时最大上升达 5cm 计算，中央高架桥本身设计为允许变形的。

## 3.5　识读地质图

地质图是将自然界的各种地质现象，如地层、地质构造等，用规定的符号，按一定的比例缩小并投影绘制在平面上的一种图件，是表示地壳表层岩相、岩性、地层年代、地质构造、岩浆活动、矿产分布等的地图的总称。它反映一个地区的各种地质条件，是工程实践中需要收集和研究的一项重要的地质资料。这对我们研究路线的布局，确定野外工程地质工作的重点等，都可以提供很好的帮助。

一副完整的地质图，包括平面图、剖面图和综合地层柱状图，并标明图名、比例、图例和接图等。平面图反映地表相应位置的地质特征，剖面图反映地表以下的地质特征，综合地层柱状图反映测区内所有出露地层的顺序、厚度、岩性和接触关系。

### 3.5.1　地质图的种类

地质图的种类，是根据工作的目的不同来划分的。常见的地质图有以下几种：

(1) 普通地质图：是表示某地区地形、地层分布、地层岩性和地质构造等基本地质内容的图件。它是把出露于地表的不同地质时代的地层分界线、主要构造线等地质界线投影到地形图上，并附有地质剖面图和综合地层柱状图。普通地质图是绘制其他地质图的基本图件，能提供建筑地区地层岩性和地质构造等基础资料。

(2) 构造地质图：用线条和符号，专门反映褶皱、断层等地质构造的图件。

(3) 第四纪地质图：是根据一个地区的第四系地层的成因类型、岩性及其形成时代，地貌的类型、形态特征而编制的综合图件。

(4) 基岩地质图：假想把第四纪松散沉积物"剥掉"，只反映第四纪前期基岩的时代、岩性和分布的图件。

(5) 水文地质图：是表示一个地区水文地质资料的图件。可分为岩层含水性图、地下水化学成分图、潜水等水位线图、综合水文地质图等类型。

(6) 工程地质图：为各种工程专用的地质图。它是根据工程地质条件编制而成的，在相应的比例尺的地形图上表示各种工程地质勘察成果的综合图件。

工程地质图一般是在普通地质图的基础上，增加各种与工程有关的工程地质内容而成。根据不同种类的工程编制不同的工程地质图。例如房屋建筑工程地质图、水库坝址工程地质图、矿山工程地质图、铁路工程地质图、公路工程地质图、机场工程地质图等。还可以根据具体工程项目细分。如铁路工程地质图还可分为线路工程地质图、工点工程地质图。其中，工点工程地质图又可分为桥梁工程地质图、隧道工程地质图、站场工程地质图等。各工程地质图都包含相应的平面图、纵剖面图、横剖面图等。

## 3.5.2 地质图的规格与符号

### 3.5.2.1 地质图的规格

地质图上的内容包括图名、图例、比例尺、编制单位、编制日期等。

图例是用各种颜色和符号，说明地质图上所有出露地层的新老顺序、岩石成因和产状及其构造形态。在图例中严格要求自上而下或自左而右，按地层从新到老进行排列；先地层、岩浆岩，后地质构造等。所用的岩性符号、地质构造、地层代号等符号及颜色等都有严格规定。

比例尺是反映地质图精度的指标，比例尺越大，精度越高，对内容的反映越详细、越准确。比例尺采用的大小根据实际工程项目的具体条件决定，如项目地质条件越复杂，所采用的比例尺越大。

责任表中要说明地质图的编制单位、编审人员、资料来源及成图日期等。

### 3.5.2.2 地质图符号

地质图符号是被用来表示地层的岩性、地质年代和地质构造等情况所规定的特定的符号，包括地层年代符号、岩石符号、地质构造符号。

(1) 地层年代符号

在小比例尺的地质图上，沉积地层的年代符号是采用国际通用的标准色来表示，在彩色的底子上，再注明地层年代和岩性符号。在每一系中，用浅色表示新地层，深色表示老地层。对于岩浆岩的分布采用不同颜色并采用岩性符号表示。

在较大比例尺的地质图上，一般多用单色线条或岩石花纹符号再加注地质年代符号的表示方法。当基岩被第四纪松散沉积层覆盖时，一般根据沉积层的成因类型，用第四纪沉积成因分类符号表示。

(2) 岩石符号

用岩石符号表示各类岩石，包括岩浆岩、沉积岩、变质岩。由反映岩石成因特征的花纹及点线组成，并表示在地质图上具体岩石的相应位置上。

（3）地质构造符号

地质构造符号用来表示岩层经构造变动而形成的各种地质构造。用岩层产状符号表明岩层变动后的空间形态，并用褶皱线、断层线、不整合面等的符号说明具体构造的具体位置及空间分布。常见各种地质构造的表示方法见表 3-1。

常见各种地质构造的表示方法　　　　　表 3-1

| 地质构造 | 岩层特征 | 表示方法 | 备注 |
|---|---|---|---|
| 岩层产状 | 水平岩层 | ┼ | 长线表示走向，短线表示倾向 |
| | 倾斜岩层 | 30° | 长线表示走向，短线表示倾向，数字表示倾角 |
| | 直立岩层 | ┼ | 箭头表示新岩层 |
| | 倒转岩层 | | 箭头表示倒转后的倾向 |
| 褶皱 | 向斜 | ╱ 或 ⬭ | |
| | 背斜 | ╱ 或 ⬬ | |
| | 倒转向斜 | 或 ⬭ | |
| | 倒转背斜 | 或 ⬬ | |
| 断层 | 正断层 | F 30° | 长线（红色）表示断层位置和断层的走向，垂直长线带箭头短线表示岩层的倾向，数字表示倾角，不带箭头的短线表示该盘为下降盘 |
| | 逆断层 | F 30° | |
| | 平移断层 | F 30° | 平行于长线（红色）的箭头表示两盘的相对位移方向 |

## 3.5.3　地质条件及地质构造在地质图上的反映

### 3.5.3.1　不同产状岩层在地质图上的特征

（1）水平岩层

因地面起伏不平，故水平岩层的露头形态与地形等高线平行或者重合。

在地势高处出露新岩层，在地势低处出露老岩层。

（2）直立岩层

直立岩层因其岩层面与地面交线位于同一水平面上，故在水平面上的投影为一条直线。

（3）倾斜岩层

倾斜岩层的情况相对较为复杂，主要呈许多"V"字形或"U"字形。由于岩层产状的不同，在地形图上的投影形状也不同：①当岩层倾向与地面倾斜方向相反时，在沟谷处"V"字形尖端指向沟谷上游，但岩层界限的弯曲程度要比地形等高线的弯曲程度要小；②当岩层倾向与地面倾斜方向相同时，若岩层倾角大于地形坡角，则岩层界限的弯曲方向和地形等高线弯曲方向相反；③当岩层倾角小于地形坡角时，则岩层界限的弯曲方向与等高线相同，但弯曲度大于地形等高线的弯曲度。

具体参见 3.2.1.2 节。

### 3.5.3.2　地质构造在地质图上的特征

（1）褶皱

可根据图例符号识别褶皱；也可根据新老岩层的对称分布情况确定褶皱。

1）水平褶皱

在地势平坦条件下，两翼地层在地质图上呈条带出露，核部地层只有一条单独出露地层。对于向斜，核部地层年代新，翼部年代较老；背斜则相反，核部地层年代较老，翼部地层年代较新。

2）倾覆褶皱

在地势较平坦条件下，两翼地层在地质图上呈抛物线形并对称出露，判断向背斜同样根据对称情况判断。

若地层有起伏，则情况更为复杂。但新老地层对称关系不变。

（2）断层

可根据图例符号识别，或根据岩层分布重复、缺失、中断、宽窄变化或错动等现象识别。

通常情况下，断层切割地层的关系比较复杂，有断层走向与岩层走向大致平行、垂直或斜交。若断层线两侧出现同一岩层的不对称重复或缺失，则出露老岩层的一侧为上升盘，出露新岩层一侧为下降盘。

当断层与褶皱轴线垂直时，在背斜，上升盘核部岩层出露范围变宽，下降盘核部岩层出露范围变窄。向斜情况与此则相反。对于平移断层，断层线两侧仅表现为褶皱轴线及岩层错开。

（3）地层接触关系

1）整合接触：各时代地层连续无缺，岩层产状一致，地层界限彼此平行呈带状分布。

2）平行不整合：上下岩层产状一致，地层界限彼此平行，但有地层缺失。

3）角度不整合：上下两套地层的地质年代不连续，地层缺失，上下岩层产状呈角度斜交。

### 3.5.4 阅读地质图

#### 3.5.4.1 阅读步骤及注意事项

（1）看图名和比例尺，了解图的位置及精度。

（2）看图例，图例中从新到老的年代顺序列出了图中所出露的地层符号和地质构造符号。注意地层间地质年代是否连续，是否存在地层缺失。

（3）正式读图时，先分析地形，通过地形等高线或河流水系的分布特点，了解地区山川形势和地形起伏情况。

（4）阅读岩层分布、新老关系、产状及其与地形的关系，分析地质构造情况，如褶皱的发育情况，断层的性质，断层与断层、断层与地层或褶皱的切割关系等。

（5）若该地区有岩浆岩出露，应弄清岩浆活动的时代，侵入或喷发的顺序，确定岩浆岩体的产状。

（6）归纳分析图区地质构造发展史。

阅读地质图，要综合地层柱状图和地质剖面图，以帮助分析地区内地质构造的特征。

#### 3.5.4.2 地质图的阅读实例

以下引用刘春原主编的《工程地质学》并以黑山寨地区地质图为例，进一步介绍阅读地质图的方法，如图 3-24 所示。

（1）比例尺：本图是 $1.2km^2$ 的 $1:10000$ 大比例尺地质图，图上 1cm 代表实地距离 100m。

（2）地形地貌：本区地势西北高，高程 550m 以上，东南边较低，高程约 100m；东部有一高程约 300m 的残丘，区内相对高差约 470m，顺地形坡向有两条北北西向河谷分布。

（3）地层岩性：从图例的地层时代可知主要是古生界至新生界的沉积岩层分布，从老到新主要有：下泥盆统 $D_1$ 石灰岩、中泥盆统 $D_2$ 页岩、上泥盆统 $D_3$ 石英砂岩、下石炭统 $C_1$ 页岩夹煤层、中石炭统 $C_2$ 石灰岩、下三叠统 $T_1$ 页岩、中三叠统 $T_2$ 石灰岩、上三叠统 $T_3$ 泥灰岩、白垩系 K 钙质砂岩、第三系 R 砂、页岩互层。其中古生界地层分布面积较大，中生界、新生界地层出露在北、西部。

除沉积岩层外，还有花岗岩（γ）出露在东北部，侵入在三叠纪以前的地层中，属海西运动时期的产物。

（4）地质构造

1）岩层产状：R 为水平岩层；图内西北部出露的 T、K 为单斜岩层，产状 $330°\angle35°$；D、C 地层大致沿东西或北东东向延伸。

2）褶皱：由北到南主要分布三个褶皱，依次为背斜、向斜、背斜。褶皱轴向约为 NE75°～80°。其中：

东北部背斜：核部出露最老地层为 $D_1$，北翼为 $D_2$，产状 $345°\angle36°$；南翼地层由老到新依次为 $D_2$、$D_3$、$C_1$、$C_2$，产状 $165°\angle36°$；两翼对称，为直立背斜。

中部向斜：黑山寨向斜，核部出露最新地层为 $C_2$，北翼为上述背斜的南翼；南翼地层由新到老依次为 $C_1$、$D_3$、$D_2$、$D_1$，产状 $345°\angle56°$；两翼不对称，为倾斜向斜。

南部背斜：核部为 $D_1$；两翼对称分布地层从老到新为 $D_2$、$D_3$、$C_1$，两翼产状不对称，为倾斜背斜。

图中从 $D_1$ 至 $C_2$ 的地层全部经历了褶皱变动，而 $T_1$ 以后的地层没受影响，表明以上三个褶皱发生在中石炭世之后，下三叠世之前。但 $T_1 \sim T_3$ 及 K 地层呈单斜构造，产状与 D、C 地层不同，可能是另一个向斜或背斜的一翼，褶皱应该是另一次发生在 K 以后、R 以前的构造运动所造成。

3）断层：区内出现两条大的正断层（$F_1$、$F_2$），因岩层沿走向延伸方向不连续，断层走向 $345°$，断层面倾角较大，断层面产状 $F_1$：$75°\angle65°$，$F_2$：$225°\angle65°$，两断层都是横切褶皱轴的正断层。另外，从断层两侧向斜核部 $C_2$ 地层露头宽度变化分析，可以表明 $F_1$ 和 $F_2$ 间的岩层相对下移，所以 $F_1$、$F_2$ 断层的组合关系为地堑。

此外，区内还有 $F_3$、$F_4$ 两条断层，其中 $F_3$ 走向 $300°$、$F_4$ 走向 $30°$，为图中小规模的平移断层。

从图中分析可知，以上断层没有错断 $T_1$ 以后的地层，表明区内断层形成于中石炭世之后，下三叠世之前。

4）地层接触关系

整合接触：由 $T_1$ 至 $T_3$、$C_2$ 至 $D_1$ 地层连续、产状一致，为整合接触。

平行不整合：K 与 $T_3$ 之间缺失 J，但产状大致平行，为平行不整合接触。

角度不整合：R 与 K、$T_1$ 与 $C_1$、$C_2$ 与 $D_1$ 之间均缺失地层，且产状不一致，为角度不整合接触。

此外，花岗岩（$\gamma$）切穿泥盆系 D 及下石炭统 $C_1$ 地层并侵入其中，为侵入接触；但它未切穿上覆 $T_1$ 地层，即 $\gamma$ 与 $T_1$ 为沉积接触。

(5) 构造发展简史

在以上对区内地层岩性及地质构造分析的基础上，进一步可分析得出如下区内的构造发展简史：

在 D 至 $C_2$ 期间，地壳处于缓慢升降运动，本区处于沉积平面以下接受沉积。$C_2$ 后，地壳剧烈变动，地层产生褶皱、断裂，并伴有岩浆活动，地壳随后上升，形成陆地。受到剥蚀。至 $T_1$ 又被海侵，接受海相沉积，至 $T_3$ 后期地壳大面积上升，再次成陆。J 期间，地壳暂处宁静，受风化剥蚀，至 K 又缓慢下降。处于浅海环境，形成钙质砂岩；在 K 后期，地壳再次变动，东南部受到大幅度抬升，岩层发生倾斜；中生代后期至今地壳无剧烈构造变动。

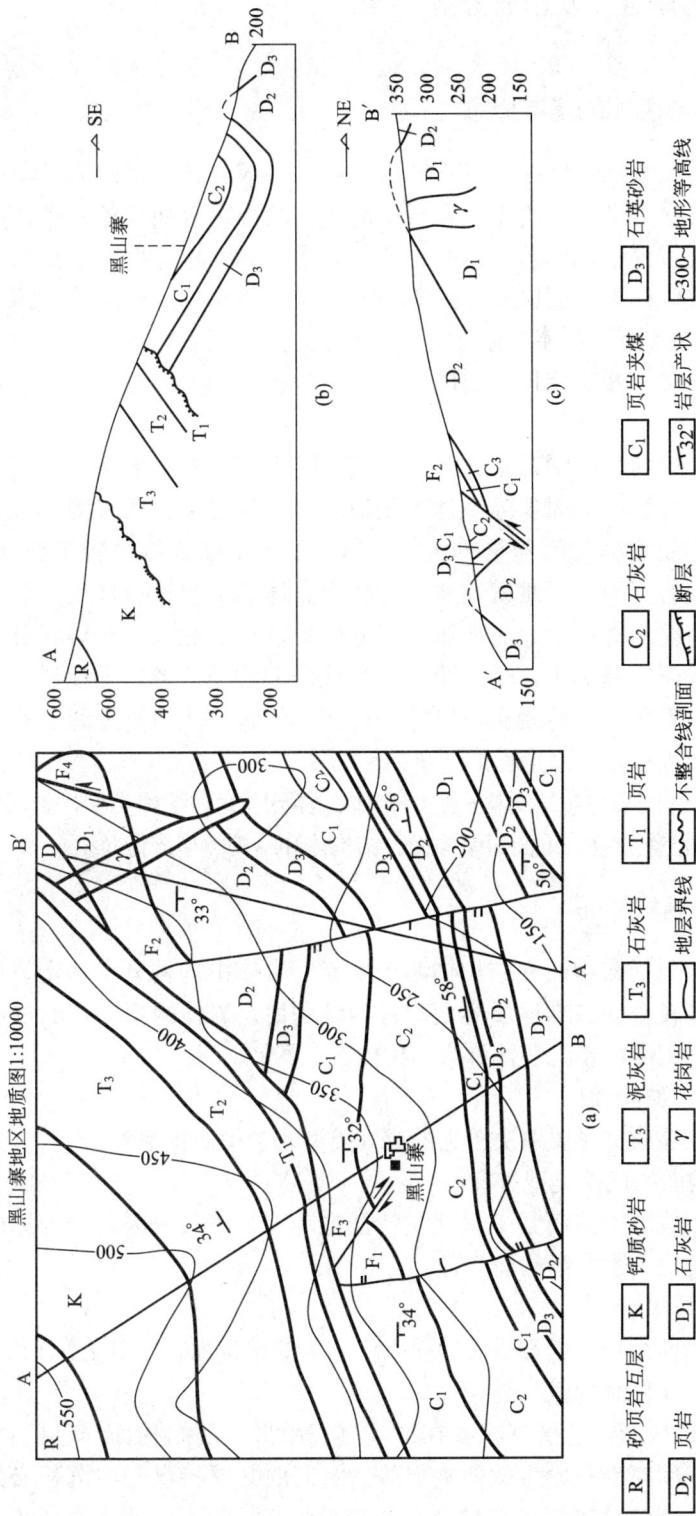

图 3-24　黑山寨地区地质图 1：10000

(a) 平面图；(b)、(c) 剖面图

## 3.6 岩体力学性质及围岩分类

### 3.6.1 岩体与围岩的基本概念

岩体是指在地质时代相同或不同的岩石和经成岩作用、构造运动以及风化、地下水等次生作用而产生于岩石中的不连续面组合而成的整体，是在漫长的地质历史过程中形成的，由一种或多种岩石和结构面网络组成的，具有一定的结构并赋存于一定的地质环境（地应力、地下水、地温）中的地质体。

由于工程活动，岩体原有的应力平衡状态发生变化，造成开挖空间周围的应力重新分布，开挖空间周围应力状态发生改变的那部分岩体，工程上称之为围岩。

由于地壳中的岩石中总是或多或少存在或大或小的不连续面，故严格说来均为岩体。显然，工程实际中遇到的边坡、地基岩土、洞室围岩等，涉及的这些介质都是岩体，而不是单块的岩石。如果不把岩石与岩体加以区分，笼统地以单块岩石的工程地质性质代替整个岩体的工程地质性质，那么可能与工程实际情况相去较远。对岩体的工程性质进行研究，是在对岩石的工程地质性质深入研究基础上，进一步研究岩体的非均质、各向异性，以及其自然历史形成过程和赋存的地质环境等工程实际问题，从而更强调了对岩体的工程地质性质进行正确而全面的评价。

工程中岩体的描述包括结构面、结构体、岩层厚度和结构类型，岩层厚度的概念在上一章已作介绍，下面对结构面、结构体和结构类型进行介绍。

### 3.6.2 岩体结构特征

岩体结构包括结构面和结构体两个要素。岩体中各种具有一定方向，延展较大，厚度较小的二维地质界面均称为结构面。岩体内不同产状的各种结构面将岩石切割成的单元块体称为结构体。

#### 3.6.2.1 结构面

结构面的性质又主要取决于它的成因类型、结构面特征等。

（1）结构面的成因类型

结构面因成因不同而其工程地质特征也不同，按其成因划分为原生结构面、构造结构面和次生结构面三种。

1）原生结构面

原生结构面是指在岩石形成过程中所形成的结构面，可分为沉积结构面、岩浆结构面和变质结构面三类。

① 沉积结构面：是指沉积岩在形成过程中形成的结构面，包括岩层面、层理面、沉积间断面、原生软弱夹层等。它们的共同特点是与沉积岩的成层性有关，一般延伸性较强，常贯穿整个岩体，产状随岩层变化而变化，其特征随岩石性质、岩石厚度、水文地质条件以及风化条件的不同而不同。例如，

在陆相沉积岩中常呈透镜体、扁豆体等，对工程不利；而海相沉积岩中分布较稳定清晰，工程地质条件较好。无论是在陆相沉积岩中还是在海相沉积岩中，常夹杂有性质相对较差的岩层，在后期构造运动及地下水作用下，形成软弱夹层，对工程岩体稳定性威胁很大。

② 岩浆结构面：是指岩浆侵入、喷溢及冷凝过程中形成的原生节理、流纹面、凝灰岩夹层等。流纹面在新鲜岩体中不易剥开，但易被风化剥离脱落。玄武质熔岩、流纹质熔岩及凝灰岩中的柱状节理，辉绿岩中的球状节理等结构面容易形成裂隙水的通道或被次生的泥质物填充。

③ 变质结构面：是在区域变质作用中形成的结构面，可分为变余结构面和变成结构面两大类。变余结构面主要指在变质程度较浅的层状岩石中残留下来的原岩的层面，在层面往往有片状矿物（如绢云母、绿泥石、滑石等）。变成结构面或称重结晶结构面是由于发生了深度的重结晶作用和变质结晶作用改变了原岩层理的面貌，使片状和柱状矿物大量集中并高度定向排列，易于风化并在地下水作用下泥化，形成软弱结构面。

2）构造结构面

由于地壳运动，在构造应力作用下所形成的破裂面，包括断层、裂隙、劈理及其他小型构造动力结构面。构造结构面是成岩后形成的次生结构面的一种。

断层中常存在断层泥、构造黏土岩、糜棱岩，断距较大时还有角砾岩等或在地下水作用下产生泥化现象，形成软弱结构面，导致工程岩体的滑动破坏。裂隙、劈理等小型构造动力结构面，一般无填充物，主要影响岩体的完整性及力学性质。

3）次生结构面

次生结构面是指岩体形成以后，在外营力（如风化、卸荷、人工爆破、地下水等）作用下产生的结构面。包括风化裂隙、卸荷裂隙、次生夹泥层及泥化夹层等。发育特点呈不平整、不连续、无序状，并构成软弱结构面。

① 风化裂隙：由风化作用形成的结构面。一般仅限于地表风化带，常在原生结构面及构造结构面基础上发育，如图 3-25 所示。

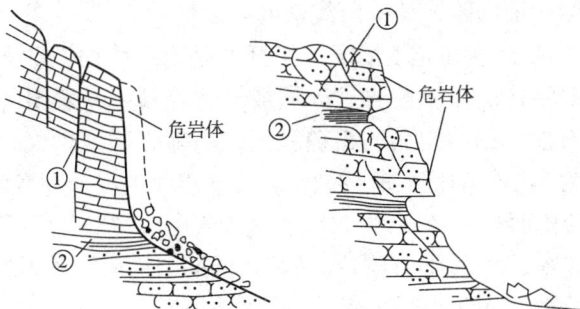

图 3-25　风化裂隙
① 构造结构面；② 原生结构面（软弱夹层）

② 卸荷裂隙：由于岩体表面被剥蚀卸荷产生的裂隙。垂直卸荷形成水平或近似水平的卸荷裂隙；侧向卸荷产生垂直或略倾斜的卸荷裂隙，如图 3-26 所示。

③ 次生夹泥层：是指由于流水或重力作用，使黏土物质沉积填充已有裂

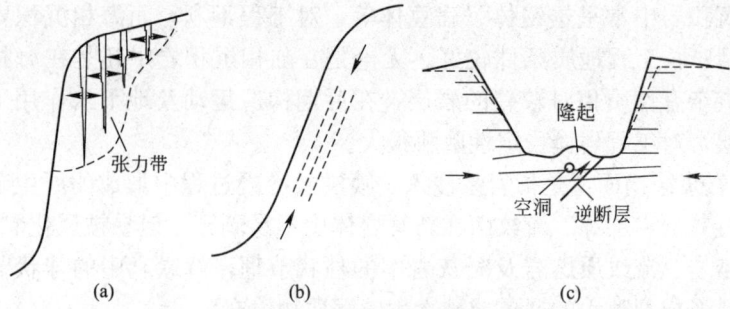

图 3-26 河谷卸荷裂隙

隙而形成。

此外,结构面按破裂面的受力类型还可分为剪性结构面和张性结构面。

(2) 结构面的特征

结构面的特征主要包括结构面的规模、形态、物质组成、延展性、密集程度、张开度和充填胶结特征等,它们对结构面的物理力学性质有很大影响。

1) 结构面的规模:存在于岩体中的结构面规模大小区别很大,大者如延展数十千米、宽达数十米的破碎带,小者如延展数十厘米至数十米的节理,甚至是很微小的不连续裂隙。据《工程地质手册》,可以将结构面按规模从大到小划分为 I~V 级。

2) 结构面的形态:指的是结构面的平整、光滑和粗糙程度,岩体中结构面的形态非常复杂,常见形态可以归纳为平直、波状起伏、锯齿、台阶以及不规则等五种类型。

3) 结构面的延展性:即连续性,延展性较强的结构面在一定范围内切割整个岩体,对岩体稳定性影响较大,而岩体中存在比较短小或不连续的结构面时,岩体强度的一部分仍为岩石强度控制,稳定性相对较好。延展性可用连续性系数表示。

4) 结构面的密集程度:反映岩体被结构面切割的程度,即岩体的完整性程度,可以用结构面间距或结构面线密度来衡量。

5) 结构面的张开度和充填情况:张开度是指结构面两壁离开的距离,具有一定张开度的结构面往往被岩土碎屑或矿物充填。一般闭合结构面的力学性质取决于岩石性质和结构面的粗糙程度;而随张开度增大,结构面的力学性质逐渐转化为充填物的性质所控制,包括充填物的成分和厚度等。

(3) 软弱结构面

可以把岩体中强度比围岩(岩块)显著降低的结构面统称为软弱结构面,如普遍存在于沉积岩层中的层间滑动面。软弱结构面中具有一定厚度的软弱结构面又称为软弱夹层,如在坚硬岩层中夹带的力学强度低、泥质或炭质含量高、遇水软化、延伸较长和厚度较薄的软弱岩层。按成因,软弱结构面(夹层)可以划分为原生软弱结构面(夹层)、构造软弱结构面(夹层)和次生软弱结构面(夹层)。

软弱结构面(夹层)因为强度低,对岩体工程稳定性起控制作用,在工程实际中很容易破坏而引起工程事故,如斜坡破坏形成滑坡、崩塌,地下洞室围岩断裂破坏，岩石地基与路基失稳等。

### 3.6.2.2 结构体

由于结构面的组合、密度、产状、长度等不同，因此，由结构面所切割而成的结构体的形状、大小也不同。常见的有块状、柱状、板状、锥状、菱面体等，如图 3-27 所示。不同的结构体对工程稳定性影响不同；相同的结构体对不同工程稳定性影响也不同。

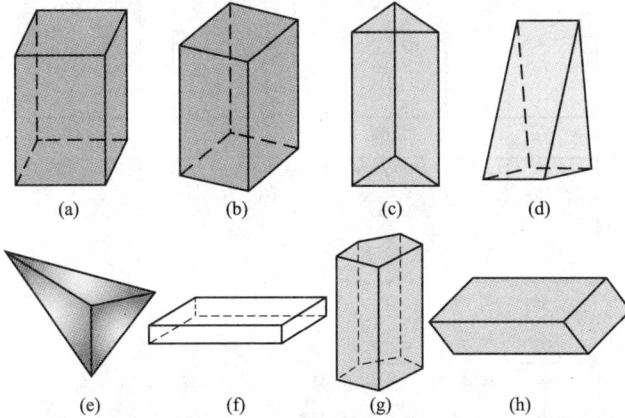

图 3-27　单元结构体的主要形状

(a)长方柱体；(b)菱形柱体；(c)三棱柱体；(d)楔形体；
(e)锥形体；(f)板柱体；(g)多角柱体；(h)菱形块体

结构体形状与岩层产状有一定关系，例如：平缓产状的层状岩体中，一般由层面(或顺层裂隙)与平面上的"X"形断裂组合，常将岩体切割成方块体和三角形柱体等，如图 3-28 所示；在陡立的岩层地区，由于层面(或顺层错动面)、断层与剖面上的"X"形断裂组合，往往形成块体、锥形体和各种柱体，如图 3-29 所示。

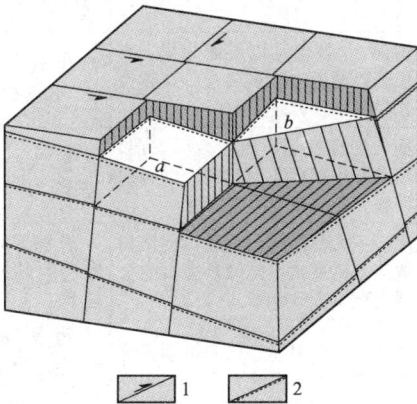

图 3-28　平缓岩层中结构体的形状

1—扭性断裂；2—层面
a—方块体；b—三角形柱体

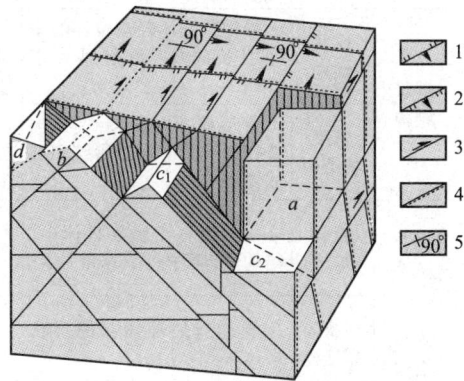

图 3-29　陡立岩层中结构体的形状

a—方柱(块)体；b—菱形柱体；
$c_1$，$c_2$—三棱柱体；d—锥形体

1—压性断裂；2—张性断裂；3—扭性断裂；
4—层面；5—直立岩层产状符号

3.6　岩体力学性质及围岩分类

### 3.6.2.3 岩体结构的类型

(1) 岩体的结构形式与结构类型

不同产状与不同规模大小的结构面和结构体在空间上的组合，构成了不同的岩体结构形式。具有不同结构的岩体必然具有不同的工程地质性质。岩体结构可以划分为4个基本类型，其中包括8个亚类，见图3-30，其基本特征归纳如表3-2所示。

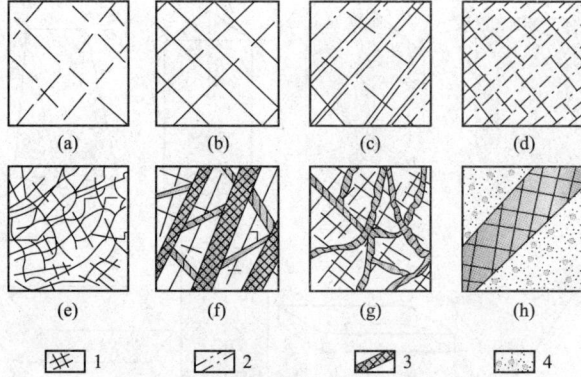

图 3-30 岩体的结构形式和结构类型

(a)整体结构；(b)块状结构；(c)层状结构；(d)薄层状结构；(e)镶嵌结构；

(f)层状破坏结构；(g)破裂结构；(h)散粒结构

1—节理；2—层理；3—断层；4—断层破碎带

**岩体结构的基本类型** 表 3-2

| 结构类型 | | 地质背景 | 结构面特征 | 结构体特征 |
|---|---|---|---|---|
| 类 | 亚类 | | | |
| 整体块状结构 | 整体结构 | 岩性单一，构造变形轻微的巨厚层沉积岩、变质岩和火成熔岩，巨大的侵入体 | 结构面少，一般不超过3组，延续性差，多呈闭合状态，一般无充填物或含少量碎屑 | 巨型块状 |
| | 块状结构 | 岩性单一，受轻微构造作用的厚层沉积岩、变质岩和火成岩侵入体 | 结构面一般为2～3组，裂隙延续性差，多呈闭合状态。层间有一定的结合力 | 块状、菱形块状 |
| 层状结构 | 层状结构 | 受构造破坏轻或较轻的中厚层状岩体（单层厚大于30cm） | 结构面2～3组，以层面为主，有时有层间错动面和软弱夹层，延续性较好，层面结合力较差 | 块状、柱状、厚板状 |
| | 薄层状结构 | 单层厚小于30cm，在构造作用下发生强烈褶皱和层间错动 | 层面、层理发达，原生软弱夹层、层间错动和小断层不时出现。结构面多为泥膜、碎屑和泥质充填物 | 板状、薄板状 |
| 碎裂结构 | 镶嵌结构 | 一般发育于脆硬岩体中，结构面组数较多，密度较大 | 以规模不大的结构面为主，但结构面组数多、密度大，延续性差，闭合无充填或充填少量碎屑 | 形态不规则，但棱角显著 |
| | 层状碎裂结构 | 受构造裂隙切割的层状岩体 | 以层面、软弱夹层、层间错动带等为主，构造裂隙较发达 | 以碎状、板状、短柱状为主 |
| | 碎裂结构 | 岩性复杂，构造破碎较强烈；弱风化带 | 延续性差的结构面，密度大，相互交切 | 碎屑和大小不等的岩块，形态多样，不规则 |
| 散状结构 | | 构造破碎带、强烈风化带 | 裂隙和劈理很发达，无规则 | 岩屑、碎片、岩块、岩粉 |

（2）结构岩体的工程地质特性

岩体的工程地质性质首先取决于岩体结构类型与特征，其次才是组成岩体的岩石的性质(或结构体本身的性质)。譬如，散体结构的花岗岩岩体的工程地质性质往往要比层状结构的页岩岩体的工程地质性质要差。因此，在分析岩体的工程地质性质时，必须首先分析岩体的结构特征及其相应的工程地质性质，其次再分析组成岩体的岩石的工程地质性质，有条件时配合必要的室内和现场岩体(或岩块)的物理力学性质试验，加以综合分析，才能确切地把握和认识岩体的工程地质性质。

下面简述不同结构类型岩体的工程地质性质：

1）整体块状结构岩体的工程地质性质

整体块状结构岩体因结构面稀疏、延续性差、结构体块度大且常为硬质岩石，故整体强度高、变形特征接近于各向同性的均质弹性体，变形模量、承载能力与抗滑能力均较高，抗风化能力一般也较强，所以这类岩体具有良好的工程地质性质，往往是较理想的各类工程建筑地基、边坡岩体及洞室围岩。

2）层状结构岩体的工程地质性质

层状结构岩体中结构面以层面与不密集的节理为主，结构面多为闭合到微张开、一般风化微弱、结合力不强，结构体块度较大且保持着母岩岩块性质，故这类岩体总体变形模量和承载能力均较高。作为工程建筑地基时，其变形模量和承载能力一般均能满足要求。但当结构面结合力不强，又有层间错动面或软弱夹层存在，则其强度和变形特性均具各向异性特点，一般沿层面方向的抗剪强度明显地低于垂直层面方向的抗剪强度。一般来说，在边坡工程中，这类岩体当结构面倾向坡外时要比倾向坡内时的工程地质性质差得多。

3）碎裂结构岩体的工程地质性质

碎裂结构岩体中节理、裂隙发育、常有泥质充填物质，结合力不强，其中层状岩体常有平行层面的软弱结构面发育，结构体块度不大，岩体完整性破坏较大。其中镶嵌结构岩体因其结构体为硬质岩石，尚具较高的变形模量和承载能力，工程地质性能尚好；而层状碎裂结构和碎裂结构岩体则变形模量、承载能力均不高，工程地质性质较差。

4）散体结构岩体的工程地质性质

散体结构岩体节理、裂隙很发育，岩体十分破碎，岩石手捏即碎，属于碎石土类，可按碎石土类研究。

### 3.6.3 岩体的力学性质

如前所述，岩体经历过多次反复地质作用，经受过变形，遭受过破坏，形成一定的岩石成分和结构，赋存于一定的地质环境中。与岩石不同的是，由于存在着结构面和软弱夹层，它们又延展到相当广阔的空间范围，所以必然显著地影响岩体的工程性质(包括物理、水理及力学性质)，使岩体具有显著的不均匀性和各向异性，一般也存在着明显和不连续性和非线性。总的说来，岩体较岩块易于变形，并且岩体强度显著低于岩块强度。

具体地说，岩体的力学性质主要包括：岩体应力的变形特征、岩体的强度特征、具蠕变与松弛两方面的流变特性，以及岩体的水力学性质。

### 3.6.3.1　影响岩体力学性质的因素

影响岩体力学性质的基本因素有：①岩石力学性质；②结构面力学性质；③岩体的赋存环境因素，特别是地下水和地应力的作用。

其中，岩石的力学性质在第 2 章有较详细的介绍。

在结构面对岩体力学性质的影响方面，参见本章前一小节可知，岩体是由各种形状的岩块和结构面组成的地质体，因此其强度必然受到岩块和结构面强度及其组合方式——岩体结构的控制。一般情况下，岩体的强度既不同于岩块的强度，也不同于结构面的强度。但是，如果岩体中结构面不发育，呈整体或完整结构时，则岩体的强度大致与岩块强度接近；或者如果岩体将沿某一特定结构面滑动破坏时，则其强度将取决于该结构面的强度。这是两种极端的情况，比较好处理。难办的是节理裂隙切割的裂隙化岩体强度确定问题，其强度介于岩块与结构面强度之间。

下面重点来讨论一下岩体的赋存环境，包括地应力、地下水对岩体的力学性质的影响。

（1）地应力对岩体力学性质的影响

地壳中的岩体总是处于一定的应力场中，地应力主要由自重应力和构造应力组成，有时还存在流体应力和温差应力等。地应力具有双重性，一方面它是岩体的赋存条件，另一方面又赋存于岩体之内，和岩体组成成分一样左右着岩体的特性，是岩体力学特性的组成成分。

1）地应力影响岩体的承载能力，对赋存于一定地应力环境中的岩体来说，地应力对岩体形成的围压越大，其承载能力越大。

2）地应力影响岩体的变形和破坏机制，许多低围压下呈脆性破坏的岩石在高围压下呈塑性变形，这种变形和破坏机制的变化说明岩体赋存的条件不同，岩体的本构关系也不同。

3）地应力影响岩体中的应力传播的法则，严格来说岩体是非连续介质，但由于岩块间存在摩擦作用，赋存于高应力地区的岩体，在地应力围压的作用下则变为具有连续介质特征的岩体，即地应力可以使不连续变形的岩体转化为连续变形的岩体。

（2）地下水对岩体力学性质的影响

地下水普遍赋存于岩体之中，地下水对岩体的影响可分为物理作用、化学作用和力学作用。

1）地下水对岩体的物理作用主要是软化、分割、润滑、泥化、崩解、冻融和热熔等，一般表现为孔隙水对岩体的综合软化效应。当岩石受水浸湿后，水分子改变了岩石的物理状态，使岩石内部颗粒间的表面发生了变化，导致强度降低，加剧岩层移动过程。

2）地下水对岩体的化学作用主要是指地下水与岩体之间的离子交换、溶解作用(岩溶)、水化作用(膨胀岩的膨胀)、水解作用、溶蚀作用、氧化还原作用等。

3）地下水对岩体的力学作用主要通过孔隙静水压力和孔隙动水压力作用对岩体的力学性质施加影响。前者减小岩体的有效应力而降低岩体的强度，后者对岩体产生切向的推力以降低岩体的抗剪强度。孔隙和微裂隙中含有重力水的岩石突然受载而水来不及排出时，岩石孔隙或裂隙中将产生高孔隙水压，减小了颗粒之间的压应力，从而降低了岩石的抗剪强度，甚至使岩石的微裂隙端部处于受拉状态，从而破坏岩石的连接。地下水在松散破碎岩体及软弱夹层中运动时对土颗粒施加体积力，可将岩石中可溶物质溶解带走，在孔隙动水压力的作用下可使岩体中的细颗粒物质产生移动，甚至被携出岩体之外，从而使岩石强度大为降低，变形加大，前者称为溶蚀作用，后者称为潜蚀作用。

### 3.6.3.2 岩体的变形特性

（1）岩体的变形特征

岩体变形是评价工程岩体稳定性的重要指标，也是岩体工程设计的基本准则之一。

1）按变形量的来源，岩体的变形包括结构面的变形和结构体的变形两部分。实测的岩体应力—应变曲线，是这两种变形叠加的结果，如图 3-31 所示。

如果从变形性质方面考虑，岩体的变形又可分为弹性变形与塑性变形。图 3-32 中分别给出了岩石(岩块)、结构面(软弱面)与岩体的三条应力—应变曲线，可以分析其规律如下：①岩石以弹性变形为主，结构面以塑性变形为主，而岩体的变形是二者的叠加，应力—应变曲线比前二者都复杂，②岩体应力—应变可分为四个阶段，$OA$ 段由于节理压密曲线呈凹状缓坡，$AB$ 段由于结构面压密主要表现弹性变形，$BC$ 段则主要表现塑性变形，$C$ 点以后岩体进入破坏阶段。

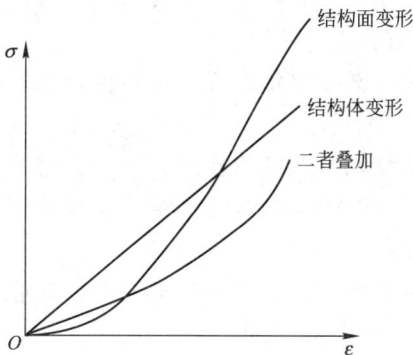

图 3-31 岩体的变形组成　　图3-32 岩石、结构面与岩体应力—应变关系

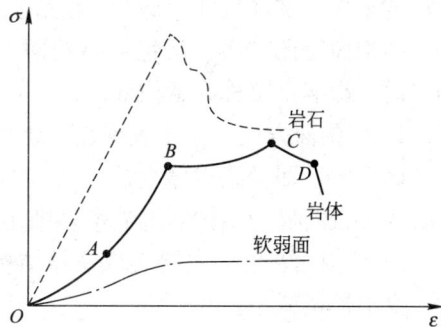

2）从变形与受力方向之间的关系来看，岩体的变形则可分为法向变形与剪切变形。如图 3-33 所示，按荷载—变形关系曲线($p\text{-}W$)的形状和变形特征可将法向变形分为 4 类，即：直线型（图 3-33a）、上凹型（图 3-33b）、

上凸型(图 3-33c)和复合型(图 3-33d)。

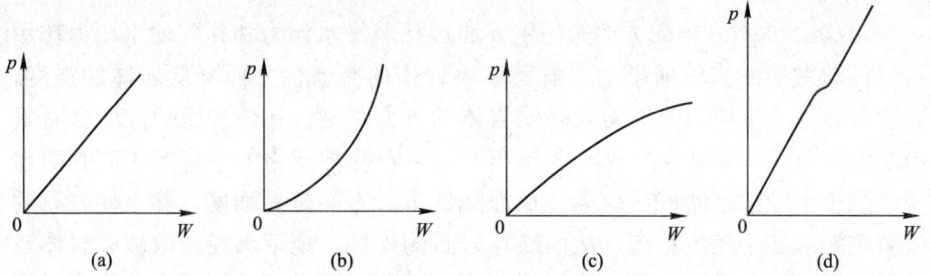

图 3-33　荷载—变形关系曲线

岩体的剪切变形曲线十分复杂。沿结构面剪切和剪断岩体的剪切曲线明显不同；沿平直光滑结构面和粗糙结构面剪切的剪切曲线也有差异。根据剪切应力—应变关系曲线($\tau-u$)的形状，一般可归纳为图 3-34 所示的沿软弱结构面剪切(图 3-34a)、及沿粗糙结构面、软弱岩体及风化岩体剪切(图 3-34b)和剪断坚硬岩体(图 3-34c)3 类，图中 $\tau_r$ 为残余强度、$\tau_p$ 为峰值强度。

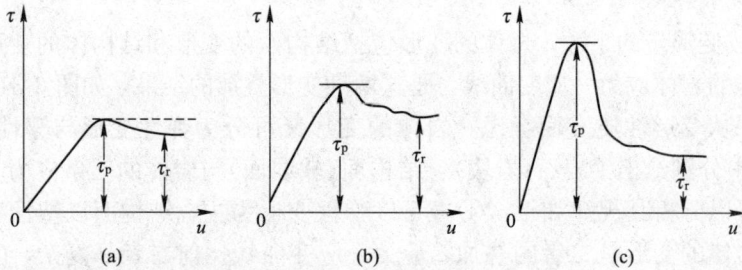

图 3-34　岩体剪切应力—应变关系曲线

(2) 影响岩体变形的因素

影响岩体变形的因素较多，主要包括组成岩体的岩性、结构面发育特征及荷载条件，试件尺寸、试验方法和温度等等。

结构面特征方面，又包括结构面的方位、密度、充填特征及其组合关系等方面的影响，统称为结构效应。

1) 结构面方位：主要表现在岩体变形随结构面及应力作用方向间夹角的不同而不同，即导致岩体变形的各向异性。这种影响在岩体中结构面组数较少时表现较明显，结构面组数增多则逐渐减弱。

2) 结构面密度：主要表现在随结构面密度增大，岩体完整性变差，变形大，变形模量减小。

3) 结构面的张开度及充填特征

一般说来，张开度较大且无充填或充填较薄时，岩体变形较大，变形模量较小；反之，则岩体变形较小，变形模量较大。

### 3.6.3.3　岩体的强度特性

岩体强度是指岩体抵抗外力破坏的能力，与岩块一样，也有抗压强度、抗拉强度和剪切强度之分。但对于裂隙岩体来说，其抗拉强度很小，工程设计上一般不允许岩体中有拉应力出现；加上岩体抗拉强度测试技术难度大，所以，目前对岩体抗拉强度的研究很少。因此，本节主要讨论岩体的剪切强度和抗压强度。

(1) 岩体的剪切强度

岩体内任一方向剪切面，在法向应力作用下所能抵抗的最大剪应力，称为岩体的剪切强度。通常又可细分为抗剪断强度、抗剪强度和抗切强度三种。抗剪断强度是指在任一法向应力下，横切结构面剪切破坏时岩体能抵抗的最大剪应力；在任一法向应力下，岩体沿已有破裂面剪切破坏时的最大应力，称为抗剪强度，这实际上就是某一结构面的抗剪强度；剪切面上的法向应力为零时的抗剪断强度，称为抗切强度。

岩体的强度取决于结构面的强度和岩石的强度。

1) 岩体的抗剪强度包络线介于结构面强度包络线和岩石强度包络线之间，如图 3-35所示。

2) 岩体的剪切强度特征

试验和理论研究表明：岩体的剪切强度主要受结构面、应力状态、岩块性质、风化程度及其含水状态等因素的影响。在高应力条件

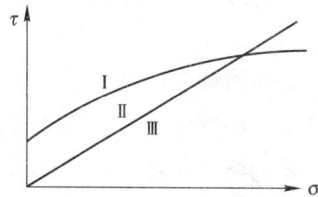

图 3-35 岩石、结构面与
岩体的抗剪强度
I—岩石；II—岩体；III—节理

下，岩体的剪切强度较接近于岩块的强度，而在低应力条件下，岩体的剪切强度主要受结构面发育特征及其组合关系的控制。由于作用在岩体上的工程荷载一般多在 10MPa 以下，所以与工程活动有关的岩体破坏，基本上受结构面特征控制。

(2) 岩体的抗压强度

岩体的压缩强度也可分为单轴抗压强度和三轴压缩强度。目前，在生产实际中，通常是采用原位单轴压缩和三轴压缩试验来确定。这两种试验也是在平巷中制备试件，并采用千斤顶等加压设备施加压力，直至试件破坏。采用破坏荷载来求岩体的单轴或三轴压缩强度(具体试验方法可参考有关规程)。

岩体强度受加载方向与结构面夹角 $\theta$ 的控制，因此，表现出岩体强度的各向异性。

### 3.6.3.4 岩体的流变特性

流变性质就是指材料的应力—应变关系与时间因素有关的性质，材料变形过程中具有时间效应的现象称为流变现象。

岩体的变形不仅表现出弹性和塑性，而且也具有流变性质，岩体的流变包括蠕变、松弛和弹性后效。蠕变是当应力不变时，变形随时间增加而增长的现象。松弛是当应变不变时，应力随时间增加而减小的现象。弹性后效是加载或卸载时，弹性应变滞后于应力的现象。

99

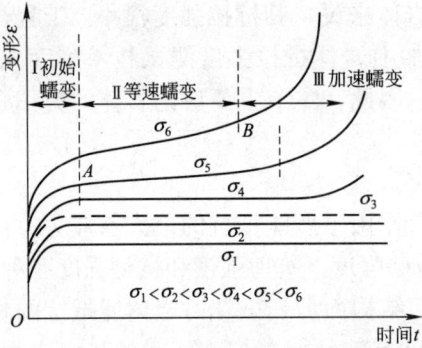

图 3-36　不同应力条件下岩体的蠕变曲线

不同应力条件下岩体的蠕变曲线如图 3-36 所示。

由上图分析可知，岩体蠕变曲线的形状取决于岩体应力的大小。当岩体在低于某数值（$<\sigma_3$）的恒定荷载持续作用下，其变形量虽然随时间增长有所增加，但蠕变变形的速率则随时间增长而减少，最后变形趋于一个稳定的极限值，这种蠕变称为稳定蠕变；而当荷载较大时（$>\sigma_3$），蠕变不能稳定于某一极限值，而是无限增长直到破坏，这种蠕变称为不稳定蠕变，从图中可以看出，不稳定蠕变过程可分为三个阶段：

第一蠕变阶段：$OA$ 段，应变速率随时间增加而减小，故又称为减速蠕变阶段或初始蠕变阶段。

第二蠕变阶段：$AB$ 段，应变速率保持不变，故又称为等速蠕变阶段。

第三蠕变阶段：$B$ 点以后，应变速率迅速增加直至岩石破坏，故又称为加速蠕变阶段。

### 3.6.3.5　岩体的水力学性质

岩体的水力学性质指岩体与水共同作用所表现出来的力学性质，如第 2 章及本章前面小节所述，水在岩体中的作用归纳起来表现为两种效应：一是水对岩石的物理化学作用，表现为综合软化效应，可以用软化系数来衡量；二是水与岩体相互耦合作用下的力学效应，包括空隙水压力与渗流动水压力等力学效应。前者在第 2 章中已有讨论，这里重点讨论一下后者。

根据有效应力原理，在空隙水压力作用下，首先是减少了岩体内的有效应力，从而降低了岩体的抗剪强度；此外，岩体渗流与应力之间的相互作用强烈，对工程稳定性也具有重要影响。

（1）岩体的渗透特性：岩体以裂隙渗流为主，岩体中的微裂隙或孔隙储水，裂隙则导水。渗流其特点有：渗透性大小取决于岩体结构面的性质及岩块的岩性，裂隙网络渗流具有定向性、高度的非均质性和各向异性，并且裂隙渗流受应力场的影响较明显。研究表明，一般岩体中的渗流规律符合达西定律，但复杂裂隙中的渗流，在裂隙交叉处，具有水流偏向宽大裂隙一侧的"偏流效应"。

（2）岩体渗透系数：是反映岩体水力学特性的核心参数。渗透系数可以按不同岩体类型根据经验进行确定，但要比较准确获取岩体的渗透系数，则往往采用现场的压水试验或抽水试验等方法。一般认为，抽水试验是测定岩体渗透系数比较理想的方法但它只能用于地下水位以下的情况，而地下水位以上则用压水试验。压水试验和抽水试验的具体内容可参见地下水一章的相关内容。

（3）地下水对岩体产生的力学作用：包括空隙静水压力和动水压力对岩体

的力学性质的影响。如前所述，前者通过减小岩体的有效应力而降低岩体强度，在裂隙岩体中的空隙水压力可使裂隙产生扩容变形；后者对岩体产生切向的推力以降低岩体的抗剪强度。在岩体裂隙或断层中的地下水对裂隙施加两种力，一是垂直于裂隙壁的空隙静水压力，使裂隙产生垂向变形；二是平行于裂隙壁的空隙动水压力，使裂隙产生切向变形。

### 3.6.4 岩体的工程分类

#### 3.6.4.1 岩体工程分级与分类的目的

工程岩体的分级是为一定的具体工程服务，根据岩体特性进行试验，得出相应的设计计算指标或参数，以便使工程建设达到经济、合理、安全的目的。分类与分级的目的是对各类岩体的承载力及稳定性作出评价，以指导建筑物的设计、施工及基础处理。

根据用途不同，岩体的工程分级有通用的分级与专用的分级两类。通用的分类方法是对各类岩体都适用，不针对具体工程而采用的分类，专用的分类方法针对各种不同类型工程而制定的分类方法，如针对洞室、边坡、岩基等岩体分类。

#### 3.6.4.2 岩体工程分级与分类

（1）简易分类

在现场凭经验和观察就可以确定的，大致可以分为三类，如表3-3所示。

**工程岩体简易分类表**　　　　　　　　　　　　　　　　表3-3

| 类型 | 特征描述 |
| --- | --- |
| 1. 很弱的岩体 | 手搓即碎；$E=0\sim0.12\times10^4\text{MPa}$ |
| 2. 固结较好、中硬的岩体 | 敲击掉块，直径约2.5～7.5cm；$E=0.12\sim0.4\times10^4\text{MPa}$ |
| 3. 坚硬的或极硬的岩体 | 敲击掉块，直径大于7.5cm |

（2）岩石质量指标（RQD）分类

所谓岩石质量指标 RQD(Rock Quality Designation)是指钻探时岩芯的复原率，或称岩芯采取率，RQD 定义为单位长度的钻孔中10cm以上的岩芯占有的比例，即：

$$RQD=\frac{L_P(>10\text{cm 的岩芯断块累计长度})}{L_t(\text{岩芯进尺总长度})}\times100\% \qquad (3-2)$$

根据 RQD 值的大小，将岩体质量划分为五类，如表3-4所示。

**岩石质量指标**　　　　　　　　　　　　　　　　表3-4

| RQD | <25 | 25～50 | 50～75 | 75～90 | >90 |
| --- | --- | --- | --- | --- | --- |
| 岩石质量描述 | 很差 | 差 | 一般 | 好 | 很好 |
| 等级 | Ⅰ | Ⅱ | Ⅲ | Ⅳ | Ⅴ |

（3）巴顿岩体质量（Q）分类

由挪威地质学家巴顿(N. Barton，1974年)等人提出，其分类指标 Q 为：

$$Q = \frac{RQD}{J_n} + \frac{J_r}{J_a} + \frac{J_w}{SRF} \tag{3-3}$$

式中　　$J_n$——节理组数；

$J_r$、$J_a$、$J_w$——节理的粗糙度系数、蚀变影响系数及节理水折减系数；

　　$SRF$——应力折减系数；

其他符号意义同前。

上式反映了岩体质量的三个方面，$\dfrac{RQD}{J_n}$ 表示岩体的完整性，$\dfrac{J_r}{J_a}$ 表示结构面的形态、充填物特征及其次生变化程度，$\dfrac{J_w}{SRF}$ 表示水与其他应力存在时对岩体质量的影响。根据上述参数的实测资料，查表(可详见相关文献)确定各自的数值，然后代入公式求得岩体的 $Q$ 值。以 $Q$ 值为依据将岩体分为 9 类，如表 3-5 所示。

岩体质量$Q$值分类表　　　　　　　　　　　　　　　表 3-5

| $Q$ 值 | <0.01 | 0.01～0.1 | 0.1～1.0 | 1.0～4.0 | 4.0～10 | 10～40 | 40～100 | 100～400 | >400 |
|---|---|---|---|---|---|---|---|---|---|
| 岩体质量描述 | 特别坏 | 极坏 | 坏 | 不良 | 中等 | 好 | 良好 | 极好 | 特别好 |
| 岩体类型 | 异常差 | 极差 | 很差 | 差 | 一般 | 好 | 很好 | 极好 | 异常好 |

(4) 我国通用规范分级分类

1)《工程岩体分级标准》

按照我国《工程岩体分级标准》GB 50218—94，目前正在修订新版的方法，工程岩体分级分两步进行。首先从定性判别与定量测试两个方面分别确定岩石的坚硬程度和岩体的完整性，并计算出岩体基本质量指标 $BQ$：

$$BQ = 90 + 3R_c + 250K_v \tag{3-4}$$

式中　$R_c$——岩石饱和单轴抗压强度，$K_v$ 为完整性系数。

以上得到的岩体基本质量指标 $BQ$ 主要考虑了组成岩体岩石的坚硬程度和岩体完整性。然后结合工程特点，考虑地下水、初始应力场以及软弱结构面走向与工程轴线的关系等因素，对岩体基本质量指标 $BQ$ 加以修正，以修正后的岩体基本质量指标 $BQ$ 作为划分工程岩体级别的依据。

最后按修正后 $BQ$ 值和岩体质量定性特征将岩体划分为 5 级，如表 3-6 所示。

岩体质量分级　　　　　　　　　　　　　　　　　　表 3-6

| 基本质量级别 | 岩体质量的定性特征 | 岩体基本质量指标($BQ$) |
|---|---|---|
| Ⅰ | 坚硬岩，岩体完整 | >550 |
| Ⅱ | 坚硬岩，岩体较完整；<br>较坚硬岩，岩体完整 | 550～451 |
| Ⅲ | 坚硬岩，岩体较破碎；<br>较坚硬岩或软、硬岩互层，岩体较完整；<br>较软岩，岩体完整 | 450～351 |

| 基本质量级别 | 岩体质量的定性特征 | 岩体基本质量指标($BQ$) |
|---|---|---|
| Ⅳ | 坚硬岩，岩体破碎；<br>较坚硬岩，岩体较破碎或破碎；<br>较软岩或较硬岩互层，且以软岩为主，岩体较完整或破碎；<br>软岩，岩体完整或较完整 | 350～251 |
| Ⅴ | 较软岩，岩体破碎；<br>软岩，岩体较破碎或破碎；<br>全部极软岩及全部极破碎岩 | <250 |

2)《岩土工程勘察规范》

《岩土工程勘察规范》GB 50021—2001(2009 版)中，先按岩石抗压强度大小划分出"坚硬"～"极软"等坚硬程度等级，再考虑结构面的发育程度(完整性系数 $K_v$ 的大小)评定出"完整"～"极破碎"等岩体的完整程度，在此基础上最后按表 3-7 将岩体划分Ⅰ～Ⅴ5 个等级。

**《岩土工程勘察规范》工程岩体分级** 表 3-7

| 坚硬程度 ＼ 完整程度 | 完整 | 较完整 | 较破碎 | 破碎 | 极破碎 |
|---|---|---|---|---|---|
| 坚硬 | Ⅰ | Ⅱ | Ⅲ | Ⅳ | Ⅴ |
| 较坚硬 | Ⅱ | Ⅲ | Ⅳ | Ⅳ | Ⅴ |
| 较软 | Ⅲ | Ⅳ | Ⅳ | Ⅴ | Ⅴ |
| 软 | Ⅳ | Ⅳ | Ⅴ | Ⅴ | Ⅴ |
| 极软 | Ⅴ | Ⅴ | Ⅴ | Ⅴ | Ⅴ |

### 3.6.5 结构岩体稳定性的赤平投影分析法

#### 3.6.5.1 概述

岩体稳定性分析是岩体工程中的重要研究内容之一，常用的定性或定量分析方法有自然历史分析法、工程地质模拟法、力学计算法(含块体极限平衡法和数值模拟)和图解法等。其中块体极限平衡法分析的一般步骤是：几何边界条件分析→受力条件分析→确定计算参数→计算稳定性系数→确定安全系数，进行稳定性评价。

对于结构岩体而言，其失稳破坏往往是一部分不稳定的结构体沿着某些结构面(即为切割面)拉开，并沿着另外一些结构面(即为滑动面)向着一定的临空面滑移的结果，这就说明了切割面、滑动面和临空面是岩体稳定性破坏必备的几何边界条件。其中切割面是指起切割岩体作用的面，如平面滑动的侧向切割面；滑动面是指起滑动(即失稳岩体沿其滑动)作用的面，包括潜在破坏面；临空面指临空的自由面，它为滑动岩体提供活动空间。

几何边界条件分析的内容是查清岩体中的各类结构面及其组合关系，确定出可能的滑移面、切割面。目的是确定可能滑动岩体的位置、规模及形态，

103

定性地判断岩体的破坏类型及主滑方向。几何边界条件的分析可通过赤平投影、实体比例投影等图解法或三角几何分析法进行。

### 3.6.5.2　赤平投影及其 CAD 绘制

（1）赤平投影原理

赤平投影又称赤平极射投影，是用二维的平面图形来表达三维空间几何要素的一种投影方法。其特点是只反映物体的线和面的产状和角距关系，而不涉及它们的具体位置、长短大小和距离远近。它是利用一个球体作为投影工具(图 3-37)，以通过球心的水平面为赤道平面作为投影平面，将球面上的任一点、线、面，以上极或下极为发射点投影到赤道平面。赤道平面简称赤平面，它与球面的交线为基圆。

因目的不同，投影的发射点（极点）有时为下极，只投影上半球的物体，称上半球投影(图 3-37a)；有时为上极，只投影下半球的物体，称下半球投影(图 3-37b)；若以一极点同时投影上、下两半球物体时，则可能部分将投影到赤平面之外。所以实际应用中一般只从一极投影相对半球的物体，例如在构造地质学中多采用下半球投影，而在工程地质学中分析边坡岩体、隧道围岩稳定性时多采用上半球投影。以下主要以上半球投影为例介绍。

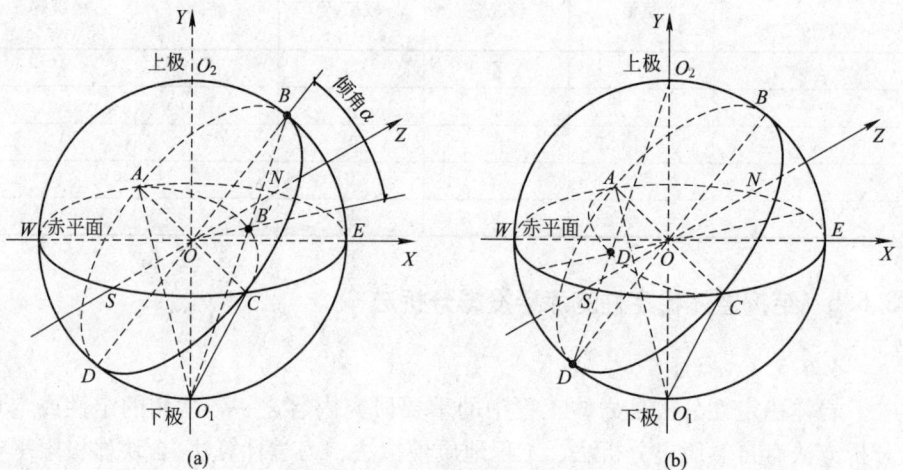

(a)　　　　　　　　　　(b)

图 3-37　赤平投影原理图

（2）点、线、面的赤平投影原理

① 点的投影：如图 3-37(a)中上半球面上任意一点 $B$，与下极点 $O_1$ 的连线在赤平面上的交点 $B'$ 即为 $B$ 点的赤平投影。

② 线的投影：如图 3-37(a)中通过球心 $O$ 点的直线 $DB$，它与赤平面夹角为 $\alpha$（即为 $DB$ 线的倾伏角），$OB$ 线在赤平面上的投影为 $OB'$。从图中可以看出，$B'O$ 的方向（即点 $B'$ 指向赤平面圆心 $O$ 点的方向）与 $BO$ 线的倾伏向一致。$OB'$ 线段长度随倾伏角 $\alpha$ 的大小而变化，$\alpha$ 愈大，$OB'$ 线段愈短；反之，愈长。当 $\alpha = 90°$ 时，$OB' = 0$，当 $\alpha = 0°$ 时，$OB' = OM$。

③ 面的投影：如图 3-37(a)中 $ABCD$ 为一通过球心 $O$ 点的倾斜平面（如层

面、裂隙面、断层面等结构面),它与球面的交线为一个圆,其上半球平面 $ABC$ 的赤平投影 $AB'C$ 为一圆弧。从图可知,$AC$ 的方向代表 $ABC$ 平面的走向,$B'O$ 的方向代表与 $ABC$ 平面的倾向。由此可见,对于上半球投影,一个空间面的投影圆弧线的凹向代表其倾向;对于下半球投影,则投影圆弧线的凸向代表其倾向,但走向线不变(如图 3-37)。

同线的投影一样,$OB'$ 线段长短代表 $ABC$ 平面倾角的大小。当基圆半径为 $R$ 时,根据三角形边角关系,则 $OB'$ 的长度可由下式计算得到:

$$OB' = R\tan\left(45° - \frac{1}{2}\alpha\right) \tag{3-5}$$

若已知 $OB'$ 的长度可由下式反算得到倾角:

$$\alpha = 90° - 2\arctan(OB'/R) \tag{3-6}$$

由此可见,如有一已知的结构面投影图线,则可以利用赤平投影原理求得其走向、倾向和倾角。

(3)赤平投影 CAD 绘制

为了准确、迅速地作图或量度方向,可采用投影网,如图 3-38 所示的吴尔福投影网(简称吴氏网)。赤平投影的绘制一般是采用透明纸蒙在投影网上进行绘制的方法,但也可以用 AutoCAD 软件绘制,下面以一实例简要介绍赤平投影 CAD 绘制过程。

例:设二个结构面($L_1$、$L_2$)的产状分别为 126°∠30°、30°∠50°,用 AutoCAD 软件绘制其赤平投影及求解二结构面交线的倾伏向及倾伏角。

结构面赤平投影绘制及交线求解步骤如下(图 3-39):

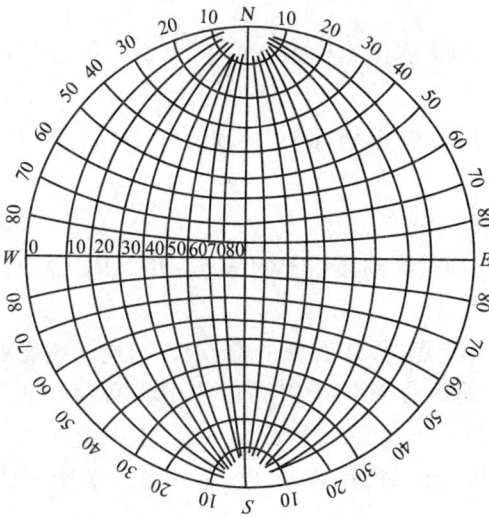

图 3-38 吴氏网

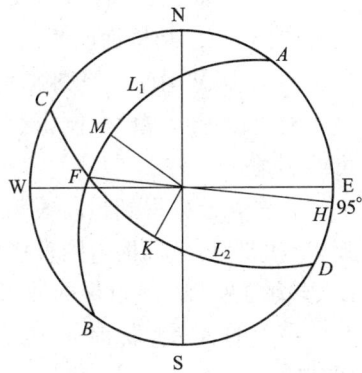

图 3-39 结构面赤平投影绘制及交线求解

1)绘制一个半径为 5cm 的基圆

输入 CIRCLE 命令,输入圆心(0,0),再输入半径 50(以下均以 1mm 为一个绘图单位),同时画出铅直和水平两条直径,并标出 E、S、W、N。

2）计算结构面投影圆弧中点与基圆圆心的距离

根据公式（3-5）可得：

$L_1$ 结构面投影圆弧顶点与基圆心的距离为 $OM = 50\tan\left(45° - \dfrac{30°}{2}\right) = 28.9\text{mm}$

$L_2$ 结构面投影圆弧顶点与基圆心的距离为 $OK = 50\tan\left(45° - \dfrac{50°}{2}\right) = 18.2\text{mm}$

3）绘制走向线

AutoCAD 软件中使用极坐标法绘制点与线。极坐标就是极径和极角，极径就是指输入点与上一输入点之间的距离，极角是指输入点与上一输入点之间连线与 $X$ 轴的正向之间的夹角，逆时针为正，顺时针为负。世界极坐标值输入方法：距离＜角度；相对极坐标值输入方法：@距离＜角度。"＜"符号左侧数值代表线段的长度，右侧数值代表线段与 $X$ 轴的夹角角度值。因此，极角与方位角的换算关系为，极角等于 90°减方位角。

以 $L_1$ 结构面走向线 $AB$ 的绘制为例：

因 $L_1$ 结构面走向为其倾向加减 90°，即其走向为 36°或 216°，因此走向线 $AB$ 端点的极坐标值为 $A$（50，54°）和点 $B$（50，－126°）。

用 AutoCAD 软件 LINE 命令：先输入 LINE，然后回车或空格，接着输入 "50＜54°"，然后回车，再输入 "@100＜234°"，回车结束画线命令，随后标出 $A$、$B$ 两点。

同理，绘制出 $L_2$ 结构面走向线 $CD$ 线。

4）绘制结构面的投影圆弧中点

由已知条件及上述结果可知，

$L_1$ 结构面投影圆弧线 $AMB$ 顶点 $M$ 的极坐标为（28.9，－216°），$MO$ 线的方向则为 $L_1$ 结构面的倾向。

$L_2$ 结构面投影圆弧线 $CKD$ 顶点 $K$ 的极坐标为（18.2，－120°），$KO$ 线的方向则为 $L_2$ 结构面的倾向。

5）绘制结构面投影圆弧线

通过以上步骤已绘制出绘制结构面投影圆弧线上的三点，用 ARC 命令即可绘制圆弧。

若事先计算得到走向线与基圆的交点（投影圆弧的端点）、结构面投影圆弧中点的直角坐标值，则直接可用 ARC 命令绘制结构面的投影圆弧线。如以 $L_1$ 结构面为例，各点坐标计算如下：

一点的直角坐标值通用计算式为，$x$＝极距×cos（极角），$y$＝极距×sin（极角）。

$A$ 点坐标：$x_A = 50\cos(90° - 36°) = 29.4$，$y_A = 50\sin(90° - 36°) = 40.5$

$B$ 点与 $A$ 点以基圆圆心成中心对称，则 $B$ 点坐标为 $x_B = -29.4$，$y_B = -40.5$

$M$ 点坐标：$x_M = 28.9\cos(90° - 306°) = -23.4$，$y_M = 28.9\sin(90° - 306°) = 17.0$

已知上述点坐标值后，输入 ARC 命令后，输入投影圆弧端点 $A$、中点 $M$ 和端点 $B$ 的坐标后即可绘制出投影圆弧线。

## 2. 结构面交线的倾伏向及倾伏角

通过绘制 $L_1$、$L_2$ 结构面投影圆弧线后，标注其交点为 $F$ 点，连接 $FO$ 线并延伸至基圆交点为 $H$ 点，$OH$ 所处的方位角即为交线的倾伏向为 $95°$，据测 $FO$ 线段长度为 $31mm$，由式(3-6)可计算出交线的倾伏角值为 $26°$。

### 3.6.5.3 结构岩体稳定性的赤平投影分析

如前所述，赤平极射投影可用于定性评价结构岩体的稳定性分析。下面以边坡岩体为例，介绍岩体稳定的结构分析方法。

从边坡岩体的结构特点来看，分析边坡岩体的主要任务是：初步判断岩体结构的稳定性和推断稳定倾角，同时为进一步进行定量分析提供边界条件及部分参数。诸如确定滑动面、切割面、临空面的方位及其组合关系和不稳定结构体(滑动体)的形态、大小以及滑动的方向等。按边坡岩体内结构面组数的多少，可分为一组、两组、三组和多组结构面边坡。

(1) 一组结构面边坡

一组结构面边坡多见于层状岩体，结构面即为岩层层面，其稳定性可分如下两种情况进行讨论：

1) 水平结构面：边坡岩体内只有一组水平或近水平产状的结构面，边坡的稳定性一般较好，但如果是软硬岩石互层可能由于差异风化而形成凹凸不平的边坡面，从而降低边坡的稳定性。

2) 倾斜结构面：边坡岩体的稳定性决定于结构面的产状和边坡临空面的产状之间的组合关系，其赤平投影分析如图 3-40 所示。

① 当岩层(结构面)的走向与边坡的走向一致时，在赤平极射投影图上，可分为三种情况：当结构面投影弧弧形与边坡投影弧弧形的方向相反时，边坡属于稳定边坡(如图 3-40a)；当二者的方向相同，而结构面的投影弧弧形位于坡面投影弧之外时，边坡属于不稳定边坡(如图 3-40b)；二者的方向相同且结构面的投影弧弧形位于边坡面投影弧之内时，边坡属于基本稳定(如图 3-40c)。

② 当岩层(单一结构面)走向与边坡走向斜交时，边坡的稳定性与结构面和边坡的交角大小有关，工程实践表明：当交角大于 $40°$ 时(如图 3-40d)，一般较稳定，坚硬岩层滑动可能性小；而当交角小于 $40°$ 时(如图 3-40e)，边坡岩体不很稳定，可能产生局部滑动。

(2) 二组结构面边坡

两组结构面边坡指边坡岩体内有两组产

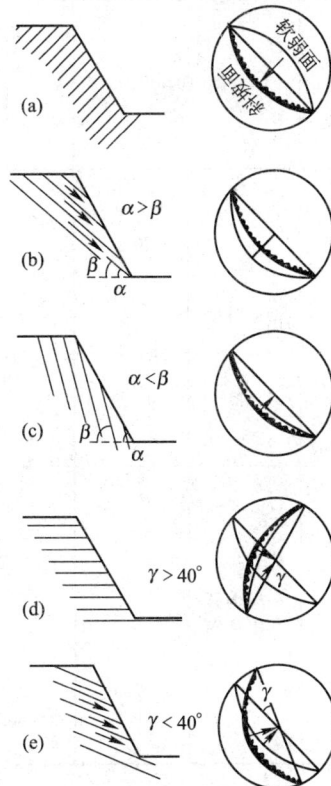

图 3-40  一组结构面边坡稳定性的赤平投影分析

$\alpha$ 为坡角；$\beta$ 为倾角

状不同相互斜交的结构面，如 X 形断裂的组合，或岩层面与一组断裂的组合等。其稳定性的赤平投影(见表 3-8)可分为如下两种情况进行讨论：

1) 两组结构面的走向与边坡走向一致或基本一致：当两组结构面均内倾时，边坡稳定性较好；当两组结构面均外倾时，情况与前述一组结构面外倾相似，但岩体更破碎些；当结构面一组内倾而另一组外倾且外倾结构面倾角 $\beta$ 小于坡角 $\alpha$ 时，边坡不稳定，其他情况稳定性较好。

2) 两组结构面与边坡走向斜交：一般说来，当两组结构面均内倾时对边坡稳定较有利，均外倾时不利，一组内倾而另一组外倾时，则边坡稳定性受外倾结构面控制，其评价原则与上述各种情况之结构面外倾相同。若两组结构面及其交线均内倾时(表 3-8 中 1)，边坡稳定，滑动可能性小；若两组结构面及其交线均外倾且交线大于坡角时，因交线未在边坡出露(表 3-8 中 3)，故滑动可能性小，但要注意深层滑动的可能性；若两组结构面及其交线均外倾且交线倾角小于坡角时，则形成对边坡十分不利的形态的结构体(表 3-8 中 2)，此时两组结构面及其交线已在边坡临空面出露，当其他条件具备时，分离体即沿交线下滑而形成滑动或崩塌。

二组结构面边坡稳定性的赤平投影分析　　　　　　　　　　表 3-8

| 序号 | 结构面与边坡的关系 | | 平面图 | 剖面图 | 赤平投影图 | 边坡稳定情况 |
|---|---|---|---|---|---|---|
| 1 | 两组内倾 | | | | | 较稳定，坚硬岩石滑动可能性小 |
| 2 | 两组外倾 | $\beta<\alpha$ | | | | 不稳定，较破碎易滑动 |
| 3 | | $\beta>\alpha$ | | | | 较稳定，可能深层滑动 |
| 4 | 一组内倾一组外倾 | $\beta<\alpha$ | | | | 不稳定，较易滑动 |
| 5 | | $\beta>\alpha$ | | | | 可能产生深层滑动，内斜结构面倾角越小越易滑动 |

(3) 三组结构面

三组结构面边坡的稳定情况与三组结构切割岩体所形成的结构体形式有关。其中不稳定的结构体主要有楔形、菱形、槽形等。这些结构体的底面成为滑动面，侧面较陡立时，一般属于拉裂面或具部分滑动性质。当底面在边坡有临空面出露且倾角大于结构体本身的内摩擦角时，边坡不稳定。

（4）多组结构面

在强风化带、构造破碎带、片理发育的结晶片岩和层理、节理十分发育的页岩地带，常见到边坡多组结构面切割，结构面纵横交错，结构体形式复杂多样，岩体十分破碎，边坡稳定性很差。此时，对于坚硬岩体，可以先用赤平投影法找出最不稳定的滑动体或结构面，然后用实体比例投影法确定不稳定滑动的边界条件，最后在工程地质分析的基础上采用力学计算方法进一步求得边坡的安全系数。对于极软弱和风化破碎的岩体边坡，则可借鉴土质边坡的分析评价方法进行稳定性分析，请参见《土力学》教材中的相关知识。

## 复习思考练习题

3-1　何谓地壳运动？地壳运动与地质构造有何关系？

3-2　什么是岩层的产状？简要说明产状三要素的定义及其表示方法。

3-3　岩层的主要接触关系类型有哪些？

3-4　简述褶皱的概念、类型、特征及其野外识别标志。

3-5　试述褶皱构造与工程的关系。

3-6　简述裂隙的成因分类、力学性质分类。

3-7　裂隙的工程地质评价主要解决哪三个问题？

3-8　简述裂隙与工程的关系。

3-9　简述断层的概念、断层要素、常见类型及其特征。

3-10　野外识别断层存在的标志有哪些？

3-11　简述褶皱构造及断裂构造对工程建设的影响。

3-12　简述岩体与围岩的基本概念，岩体与岩石的关系？

3-13　结构面的成因类型有哪些？

3-14　什么是软弱结构面？对工程岩体有何影响？

3-15　试分析影响岩体力学性质的各因素。

3-16　试分析岩体的变形特性与影响因素。

3-17　岩体的剪切强度有何特征？

3-18　试分析岩体的蠕变特征。

3-19　试分析地下水对岩体产生的力学作用。

3-20　对岩体进行工程分级与分类有何意义？

3-21　结合赤平投影图解，试分析一组倾斜结构面各种情况的边坡稳定性？

3-22　画出下面两组结构面及边坡的赤平极射投影图（上半球投影），求出结构面交线产状，画出相应的示意剖面图（两组结构面的交线与边坡面的关系示意图），并评价该边坡的稳定性。

|  | 走向 | 倾向 | 倾角 |
|---|---|---|---|
| 结构面 J1 | NE75° | SE | 30° |
| 结构面 J2 | NW320° | NE | 49° |
| 边坡面 | NE20° | SE | 60° |

**3-22** 有一南北走向的隧道，其工程场地位于某向斜西翼，岩层呈单斜产出，岩层倾向 115°，岩层倾角 22°，裂隙发育情况如下：①J1 组倾向 290°，倾角 60°～70°，为软弱结构面，裂隙微张—闭合，一般钙质充填，裂面平直，延伸 3～6m，间距 2～4m/条；②J2 组倾向 210°，倾角 65°～75°，为软弱结构面，裂隙微张，宽度一般 5～10mm，局部宽度超过 20mm，多为黏性土充填，裂面较平直或微弯曲，延伸 5～8m，间距 3～5m/条。试评价结构面对隧道侧壁稳定性的影响。

# 第4章
## 地貌及第四纪地质

**本章知识点**

> 【知识点】各种地貌形态的特征和成因；第四纪分期、第四纪堆积物主要成因类型及其工程地质性质。
>
> 【重点】各类地貌及堆积物的工程地质性质。
>
> 【难点】地貌及第四纪堆积物的成因分析。
>
> 【导读问题】山地、平原两家有哪些成员？各有什么性格？

地壳表面各种不同成因、不同类型、不同规模的起伏形态称为地貌。专门研究地表地貌形态特征、成因、分布和形成发展规律的学科称为地貌学。地形与地貌是两个不同的概念，地形专指地表既成形态的某些外部特征，如高低起伏、坡度大小和空间分布等，它不涉及这些形态的地质结构，以及这些形态的成因和发展。这些形态在地形图中以等高线表达。

由于地形地貌条件对一切工程建设的交通运输和工程布置都有决定性影响。同时，又常常是新构造运动的反映，并且对区内自然地质作用及地下水的活动有控制作用。因此地形地貌条件是对工程建设活动影响最大的条件之一。

任何一种外力地质作用，在塑造地貌形态的同时，也形成第四纪沉积物。专门研究第四纪的沉积物、生物、气候、地层、构造运动和地壳发展历史规律的学科称为第四纪地质学。因此，地貌学与第四纪地质学都以地表自然环境的重要组成部分及其演变历史为研究对象，都是研究地表环境的学科。

## 4.1 地貌形态及地貌单元

地貌形态类型指根据地表形态划分的地貌类型。我国的陆地地貌习惯上划分为平原、丘陵、山地、高原和盆地五大形态类型。地貌成因类型指根据地貌成因划分的地貌类型。由于地貌形成因素的复杂性，目前也没有统一的成因分类方案。根据外营力，通常划分为流水地貌、湖成地貌、干燥地貌、风成地貌、黄土地貌、岩溶地貌、冰川地貌、冰缘地貌、海岸地貌、风化与坡地重力地貌等。外力地貌一般又可以划分为侵蚀的和堆积的两种类型。根据内营力，通常划分为大地构造地貌、褶曲构造地貌、断层构造地貌、火山与熔岩流地貌等。

### 4.1.1　地貌形态

从工程地质角度研究地形地貌，首先要阐明研究区的宏观地貌类型及所属地貌单元或建筑场地所处的地貌部位，然后再给出与工程有关的具体地貌及地形特征和相应的要素数据。

对地貌类型的划分，一般采取成因与形态相结合的原则，在工程地质研究中更注重形态特征。

地貌形态由地形面、地形线、地形点三个基本要素组成。按海拔高程和相对高差，宏观地貌可分为平原、山地两大基本类型。我国地貌总体上具有地势西高东低呈阶梯状分布、山脉众多起伏显著、地貌类型复杂多样等基本特征，我国的地貌形态具体划分见表 4-1。

基本地貌形态划分简表　　　　　　　　　表 4-1

| 形态类别 | | 绝对高度(m) | 相对高度(m) | 平均坡度(°) | 例子 |
|---|---|---|---|---|---|
| 山地 | 高山 | 大于 3500 | 大于 1000 | 大于 25 | 喜马拉雅山、天山 |
| | 中山 | 3500～1000 | 1000～500 | 10～25 | 大别山、庐山、雪峰山 |
| | 低山 | 1000～500 | 500～200 | 5～10 | 川东平行岭谷、华蓥山 |
| | 丘陵 | 小于 500 | 小于 200 | | 闽东沿海丘陵 |
| 平原 | 高原 | 大于 600 | 大于 200 | | 青藏、内蒙、黄土、云贵高原 |
| | 高平原 | 大于 200 | | | 成都平原 |
| | 低平原 | 0～200 | | | 东北、华北、长江中下游平原 |
| | 洼地 | 低于海平面高度 | | | 吐鲁番洼地 |

在公路工程中，把表 4-1 中的丘陵进一步划分为重丘和微丘，其中相对高度大于 100m 的为重丘，小于 100m 的为微丘。

### 4.1.2　地貌单元

地貌单元是指地貌成因—形态分类的单元，可按表 4-2 进行划分。

地貌单元分类　　　　　　　　　表 4-2

| 成因 | 地貌单元 | | | 主导地质作用 |
|---|---|---|---|---|
| | | 名称 | *相对高度(m) | |
| 构造、剥蚀 | 山地 | 高山 | >1000 | 构造作用为主，强烈的冰川刨蚀作用 |
| | | 中山 | 400～1000 | 构造作用为主，强烈的剥蚀切割作用和部分的冰川刨蚀作用 |
| | | 低山 | 175～400 | 构造作用为主，长期强烈的剥蚀切割作用 |
| | 丘陵 | | <175 | 中等强度的构造作用，长期剥蚀切割作用 |
| | 剥蚀残山 | | | 构造作用微弱，长期剥蚀切割作用 |
| | 剥蚀准平原 | | | 构造作用微弱，长期剥蚀和堆积作用 |

| 成因 | 地貌单元 | | 主导地质作用 |
|---|---|---|---|
| 山麓斜坡堆积 | 洪积扇 | | 山谷洪流沉积作用 |
| | 堆积裙 | | 山坡片流坡洪积作用 |
| | 山前平原 | | 山谷洪流洪积作用为主，夹有山坡片流坡积作用 |
| | 山间凹地 | | 周围的山谷洪流洪积作用和山坡片流坡积作用 |
| 河流侵蚀堆积 | 河谷 | 河床 | 河流的侵蚀切割作用或冲积作用 |
| | | 河漫滩 | 河流的冲积作用 |
| | | 牛轭湖 | 河流的冲积作用或转变为沼泽堆积作用 |
| | | 阶地 | 河流的侵蚀切割作用或冲积作用 |
| | 河间地块 | | 河流的侵蚀作用 |
| 河流堆积 | 冲积平原 | | 河流的冲积作用 |
| | 河口三角洲 | | 河流的冲积作用，间有滨海堆积或湖泊堆积 |
| 大陆停滞水堆积 | 湖泊平原 | | 湖泊堆积作用 |
| | 沼泽地 | | 沼泽堆积作用 |
| 大陆构造-侵蚀 | 构造平原 | | 中等构造作用，长期堆积和侵蚀作用 |
| | 黄土塬、梁、峁 | | 中等构造作用，长期黄土堆积和侵蚀作用 |
| 海水冲蚀、堆积 | 海岸、海岸阶地 | | 海水冲蚀或堆积作用 |
| | 海岸平原 | | 海水堆积作用 |
| 岩溶作用 | 岩溶盆地、坡立谷 | | 地表水、地下水强烈的溶蚀作用 |
| | 峰林地区、石芽残丘 | | 地表水强烈的溶蚀作用 |
| | 溶蚀准平原 | | 地表水长期的溶蚀作用及河流的堆积作用 |
| 冰川作用 | 冰斗、幽谷、冰蚀凹地 | | 冰川刨蚀作用 |
| | 冰碛丘陵、冰积平原、终碛堤 | | 冰川堆积作用 |
| | 冰前扇地 | | 冰水堆积作用 |
| | 冰水阶地 | | 冰水侵蚀作用 |
| | 冰碛阜 | | 冰川接触堆积作用 |
| 风成作用 | 沙漠 | 石漠 | 风的吹蚀作用 |
| | | 沙漠 | 风的吹蚀和堆积作用 |
| | | 泥漠 | 风的堆积作用和水的再次堆积作用 |
| | 风蚀盆地 | | 风的吹蚀作用 |
| | 砂丘 | | 风的堆积作用 |

　*注：此处的相对高度是指2km距离内的相对高度。

## 4.2　山地地貌

### 4.2.1　山地地貌的形态要素

　　山地地貌具有山顶、山坡、山脚等明显的形态要素。

　　山顶是山地地貌的最高部分，形态主要有尖顶、圆顶、平顶三类。山顶呈长条状延伸时称山脊。山脊标高较低的鞍部，即相连的两山顶之间较低的山腰部分称为垭口。

　　山坡是山地地貌的重要组成部分。在山地地区，山坡分布的地面最广。山坡的形状有直线形、凹形、凸形以及复合形等各种类型，这取决于新构造运动、岩性、岩体结构及坡面剥蚀和堆积的演化过程等因素。

　　山脚是山坡与周围平地的交接处。由于坡面剥蚀和坡脚堆积，使得山脚地貌一般并不明显，在那里通常有一个起着缓坡作用的过渡地带，它主要由一些坡积裙、冲积锥、洪积扇及岩堆、滑坡堆积体等流水堆积地貌和重力堆积地貌组成。

## 4.2.2　山地地貌的类型及其工程地质性质

　　山地地貌可以按形态或成因分类。按形态分类一般是根据山地的海拔高度、相对高度和坡度等特点进行划分，如表 4-1 所示。根据地貌成因，山地地貌可划分为以下类型。

### 4.2.2.1　构造变动形成的山地

（1）平顶山

平顶山是由水平岩层构成的一种山地，多分布在顶部岩层坚硬（如灰岩、胶结紧密的砂岩或砾岩）和下卧层软弱（如页岩）的硬软相互层发育地区，在侵蚀、溶蚀和重力崩塌作用下，使四周形成陡崖或深谷，由于顶面硬岩抗风化能力强而兀立如桌面。由水平硬岩层覆盖的分水岭，有可能成为平坦的高原。

（2）单斜山

单斜山是由单斜岩层构成的沿岩层走向延伸的一种山地。单面山的前坡称剥蚀坡，后坡称构造坡。单斜山两侧山坡不对称者为单面山，两侧都陡峻者为猪背山。

（3）褶皱山

褶皱山是由褶皱岩层所构成的一种山地。在褶皱形成的初期，往往是背斜形成高地（背斜山），向斜形成凹地（向斜谷），地形是顺应构造的，所以称为顺地形。但随着外力剥蚀作用的不断进行，有时地形也会发生逆转现象，背斜因长期遭受强烈剥蚀而形成谷地，而向斜则形成山地，这种与地质构造形态相反的地形称为逆地形。一般在年轻的褶皱构造上顺地形居多，在较老的褶皱构造上，由于侵蚀作用进一步发展，逆地形则比较发育。此外，在褶皱构造上还可能同时存在背斜谷和向斜谷，或者深化为猪背岭或单斜山、单斜谷。

（4）断块山

断块山是由断裂构造所形成的山地。它可能只在一侧有断裂，也可能两侧均为断裂所控制。断块山在形成的初期可能有完整的断层面及明显的断层线，断层面构成了山前的陡崖，断层线控制了山脚的轮廓，使山地与平原或山地与河谷间的界线相当明显而且比较顺直。以后由于长期强烈的剥蚀作用，断层面被破坏而形成三角面甚至模糊不清。

（5）褶皱断块山

褶皱断块山是由褶皱和断裂构造的组合形态所构成的山地，这里曾经是构造运动剧烈和频繁的地区。

山地的工程地质性质随着不同构造而不同：平顶面山不易产生滑坡，但软硬相互层发育的平顶山容易产生崩塌。单斜山的前坡及断块山由于地形陡峻，若岩层裂隙发育，风化强烈，则容易产生崩塌，且其坡脚常分布有较厚的坡积物和倒石堆，稳定性差。单斜山的后坡由于山坡平缓，坡积物较薄，常常是布设路线的理想部位，但当后坡岩层倾角大时会因工程开挖形成顺向坡而易失稳(图 4-1a)。褶皱山不同部位会因岩层面与临空面的组合关系不同而导致斜坡的稳定性不同(图 4-1b、c)。

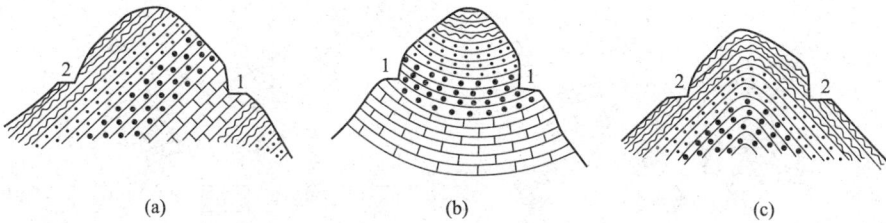

图 4-1　单斜山及褶皱山

(a)单斜山；(b)向斜山；(c)背斜山

1—反向坡；2—顺向坡

#### 4.2.2.2　火山作用形成的山地

火山作用形成的山地，常见有锥状火山和盾状火山。

锥状火山是多次火山活动造成的，其熔岩黏性较大、流动性小，冷却后便在火山口附近形成坡度较大的锥状外形，如日本的富士山。

盾状火山是由黏性较小、流动性大的熔岩冷凝形成，故其外形呈基部较大、坡度较小的盾状，如冰岛、夏威夷群岛的火山。

#### 4.2.2.3　剥蚀作用形成的山地

这种山地是在山体地质构造的基础上，经长期外力剥蚀作用所形成的，例如，地表流水侵蚀作用所形成的河间分水岭，冰川刨蚀作用所形成的刃脊、角峰，地下水溶蚀作用所形成的峰林等。由于此类山地的形成是以外力剥蚀作用为主，山体的构造形态对地貌形成的影响已退居不明显地位，所以此类山地的形成特征主要取决于其岩性、外力的性质及剥蚀作用的强度和规模。

### 4.2.3　垭口与山坡

#### 4.2.3.1　垭口类型及其工程地质性质

对于越岭的铁路、公路工程来说，若能寻找到合适的垭口，可以降低路线高程和减少展线工程量。根据垭口形成的主导因素，垭口有三个基本类型。

1. 构造型垭口

这是由构造破碎带或软弱岩层经外力剥蚀所形成的垭口，常见的有下列三种：

① 断层破碎带型垭口(图 4-2)：这种垭口的工程地质条件比较差。岩体的整体性被破坏，经地表水侵入和风化，岩体破碎严重，一般不宜采用隧道方案，如采用路堑，也需控制开挖深度或考虑边坡防护，以防止边坡发生崩塌。

② 背斜张裂带型垭口(图 4-3)：这种垭口虽然构造裂隙发育，岩体破碎，但工程地质条件比断层破碎带型垭口好，这是因为垭口两侧岩层外倾，有利于排除地下水，也有利于边坡稳定，一般可采用较陡的边坡坡度，使挖方工程量和防护工程量都比较小。如果选用隧道方案，施工费用和洞内支护也比较节省，是一种较好的垭口类型。

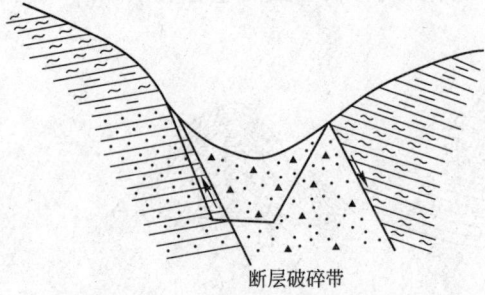

图 4-2　断层破碎带型垭口

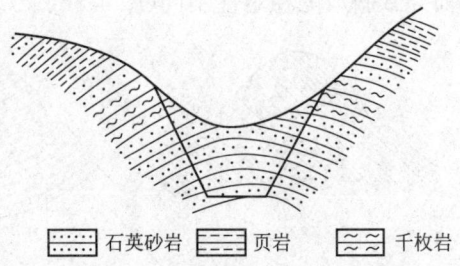

┊┊┊石英砂岩　═══页岩　〰〰千枚岩

图 4-3　背斜张裂带型垭口

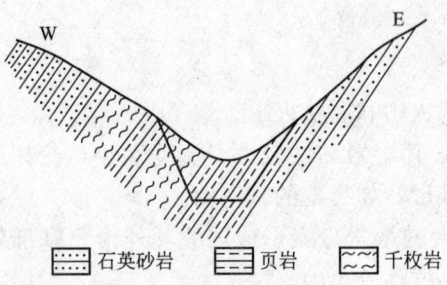

┊┊┊石英砂岩　═══页岩　〰〰千枚岩

图 4-4　单斜软弱层型垭口

③ 单斜软弱层型垭口(图 4-4)：这种垭口主要由页岩、千枚岩等易于风化的软弱岩层构成。两侧边坡多不对称，一坡岩层外倾可略陡一些。由于岩性松软，风化严重，稳定性差，故不宜深挖，若采取路堑深挖方案，与岩层倾向一致的一侧边坡的坡角应小于岩层的倾角，两侧坡面都应有防风化或支护的措施。

穿越这一类垭口，宜优先考虑隧道方案，可以避免因风化带来的路基病害，还有利于降低越岭线的高程，缩短展线工程量或提高线形纵坡标准。

2. 剥蚀型垭口

此类垭口的共同特点是松散覆盖层很薄，基岩多半裸露。形态特征与山体地质构造无明显联系。形态特点主要取决于岩性、气候及外力的切割程度等因素。在气候干燥寒冷地带，岩性坚硬和切割较深的垭口本身较薄，宜采用隧道方案；采用路堑深挖也比较有利，是一种最好的垭口类型。在气候温湿地区和岩性较软弱的垭口，则本身较平缓宽厚，采用深挖路堑或隧道对穿都比较稳定，但工程量比较大。在石灰岩地区的溶蚀性垭口，无论是路堑还是隧道方案，都应注意溶洞或其他地下溶蚀地貌的影响。

3. 剥蚀—堆积型垭口

这是以剥蚀和堆积作用为主导因素所形成的垭口。其开挖后的边坡稳定性主要取决于堆积层的地质特征和水文地质条件。这类垭口外形浑缓，垭口宽厚，宜于公路展线，但松散堆积层的厚度较大，有时还发育有湿地或高地沼泽，水文地质条件较差，故不宜降低过岭标高，通常多以低填或浅挖的方式通过。

### 4.2.3.2　山坡类型及其工程地质性质

山坡是山地地貌形态的基本要素之一，不论越岭线或山脊线，路线的绝大部分都是设置在山坡或靠近岭顶的斜坡上的，所以在路线勘测中总是把越岭垭口和展线山坡作为一个整体通盘考虑的。山坡的形态特征是新构造运动、山坡地质构造和外动力地质条件的综合反映，对线路的选择具有重要的影响。

山坡的外部形态特征包括山坡的高度、坡度及纵向轮廓等。山坡的外形是各种各样的，下面根据山坡的纵向轮廓和山坡的坡度，将山坡简略地进行分类。

(1) 按山坡的纵向轮廓分类(图 4-5)

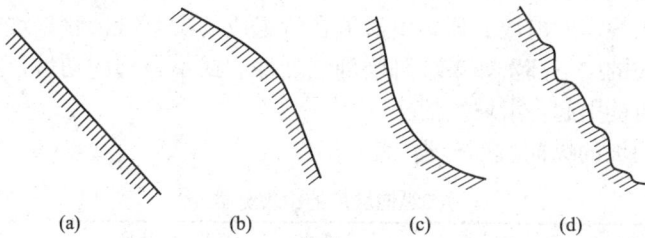

图 4-5　各种形态的山坡
(a)直线形坡；(b)凸形坡；(c)凹形坡；(d)阶梯形坡

1) 直线形坡

在野外见到的直线形山坡，一般可分为三种情况：

① 山坡岩性单一，经长期的强烈冲刷剥蚀，形成纵向轮廓比较均匀的直线形山坡，这种山坡的稳定性一般较高。

② 由单斜岩层构成的直线形山坡，与单面山相同，其外形在山地的两侧不对称，一侧坡度陡峻，另一侧则与岩层层面一致，坡度均匀平缓，从地形上看，有利于布设路线，但开挖路基后在不利的岩性和水文地质条件下，很容易发生大规模的顺层滑坡，因此不宜深挖。

③ 由于山体岩性松软或岩体相当破碎，在气候干寒，物理风化强烈的条件下，经长期剥蚀碎落和坡面堆积而形成的直线形山坡，这种山坡在青藏高原和川西峡谷比较发育，其稳定性最差，选作傍山公路的路基，应注意避免挖方内侧的坍方和路基沿山坡滑坍。

2) 凸形坡

这种山坡上缓下陡，自上而下坡度渐增，下部甚至呈直立状态，坡脚界限明显。这类山坡往往是由于新构造运动加速上升，河流强烈下切所造成。其稳定性主要决定于岩体结构，一旦发生山坡变形则会形成大规模的崩塌。

线路一般选择在凸形坡上部的缓坡，但应注意考察岩体结构，避免因人工扰动和加速风化导致失稳。

3）凹形坡

这种山坡上部陡，下部急剧变缓，坡脚界线很不明显。山坡的凹形曲线可能是新构造运动的减速上升所造成，也可能是山坡上部的破坏作用与山麓风化产物的堆积作用相结合的结果。分布在松软岩层中的凹形山坡，不少都是在过去特定条件下由大规模的滑坡、崩塌等山坡变形现象形成的，凹形坡面往往就是古滑坡的滑动面或崩塌体的依附面。地震后的地貌调查表明，凹形山坡在各种山坡地貌形态中是稳定性比较差的一种。在凹形坡的下部缓坡上也可进行路线布线，但设计路基时，应注意稳定平衡；沿河谷的路基应注意冲刷防护。

4）阶梯形坡

阶梯形山坡有两种不同的情况，一种是由软硬不同的水平岩层或微倾斜岩层组成的基岩山坡，由于软硬岩层的差异风化而形成阶梯状的山坡外形，山坡的表面剥蚀强烈，覆盖层薄，基岩外露，稳定性一般比较高；另一种由于山坡曾经发生过大规模的滑坡变形，由滑坡台阶组成的次生阶梯状斜坡。这种斜坡多存在于山坡的中下部，如果坡脚受到强烈冲刷或不合理的切坡，或者受到地震的影响，可能引起古滑坡复活。

（2）按山坡的纵向坡度分类（表4-3）

按纵向坡度的山坡分类　　　　　　　　　　　　　表4-3

| 类型 | 微坡 | 缓坡 | 陡坡 | 垂直坡 |
|---|---|---|---|---|
| 纵向坡度(°) | <15 | 16～30 | 31～70 | >70 |

稳定性高、坡度平缓的山坡便于展线，对于布设路线是有利的，但应注意考察其工程地质条件。平缓山坡特别是在山坡的一些凹洼部分，通常有厚度较大的坡积物和其他重力堆积物分布，坡面径流也容易在这里汇聚；当这些堆积物与下伏基岩的接触面因开挖而被揭露后，遇到不良水文情况，就可能引起堆积物沿基岩顶面发生滑动。

## 4.3　平原地貌

平原地貌是地壳在升降运动微弱或长期稳定的条件下，经外力作用的充分夷平或补平而形成的。其特点是地势开阔、地形平坦、地面起伏不大。一般来说，平原地貌有利于选线，在选择有利地质条件的前提下，可设计成比较理想的线形。

按高程，平原可分为高原、高平原、低平原和洼地，如表4-1所示。按成因，平原可分为构造平原、剥蚀平原和堆积平原。

### 4.3.1　构造平原

构造平原主要是由地壳构造运动形成且又长期稳定的结果。其特点是微弱起伏的地形面与岩层面一致，堆积物厚度不大。构造平原可分为海成平原和大陆拗曲平原。海成平原是因地壳缓慢上升、海水不断后退所形成，其地形面与岩层面基本一致；上覆堆积物多为泥沙和淤泥，工程地质条件不良，并与下伏基岩一起略微向海洋方向倾斜。大陆拗曲平原是因地壳沉降使岩层发生拗曲所形成，岩层倾角较大，在平原表面留有凸状或凹状的起伏形态；其上覆堆积物常为残积土，多与下伏基岩有关。

由于基岩埋藏不深，所以构造平原的地下水一般埋藏较浅。在干旱或半干旱地区，若排水不畅，常易形成盐渍化。在多雨的冰冻地区则常易造成道路的冻胀和翻浆。

## 4.3.2　剥蚀平原

剥蚀平原是在地壳上升微弱、地表岩层高差不大的条件下，经外力的长期剥蚀夷平所形成。其特点是地形面与岩层面不一致，上覆堆积物很薄，基岩常裸露于地表；在低洼地段有时覆盖有厚度稍大的残积物、坡积物和洪积物等。按外力剥蚀作用的动力性质不同，剥蚀平原又可分为河成剥蚀平原、海成剥蚀平原、风力剥蚀平原和冰川剥蚀平原，其中较为常见的是前两种。河成剥蚀平原是由河流长期侵蚀作用所造成的侵蚀平原，亦称准平原，其地形起伏较大，并沿河流向上游逐渐升高，有时在一些地方则保留有残丘。海成剥蚀平原由海流的海蚀作用所造成，其地形一般极为平缓，略微向现代海平面倾斜。

剥蚀平原形成后，往往因地壳运动变得活跃，剥蚀作用重新加剧，使剥蚀平原遭到破坏，故其分布面积常常不大。剥蚀平原的工程地质条件一般较好，剥蚀作用将起伏不平的小丘夷平，某些覆盖层较厚的洼地也比较稳定，宜于修建公路路基，或作为小桥涵的天然地基。

## 4.3.3　堆积平原

堆积平原是地壳在缓慢而稳定下降的条件下，经各种外力作用的堆积填平所形成，其特点是地形开阔平缓，起伏不大，往往分布有厚度很大的松散堆积物。按外力堆积作用的动力性质不同，堆积平原又可分为河流冲积平原、山前洪积冲积平原、湖积平原、风积平原和冰碛平原，其中较为常见的是前面三种。

### 4.3.3.1　河流冲积平原

河流冲积平原是由河流沉积作用所形成。它大多分布于河流的中、下游地带，因为在这些地带河床常常很宽，堆积作用很强，且地面平坦，排水不畅，每当雨季洪水溢出河床，其所携带的大量碎屑物质便堆积在河床两岸，形成天然堤。当河水继续向河床以外的广大面积淹没时，流速不断减小，堆积面积越来越大，堆积物的颗粒更为细小。经过长期堆积，形成广阔的冲积平原。

河流冲积平原地形开阔平坦，宜于发展工业交通建设。但其下伏基岩埋藏一般很深，第四纪堆积物很厚，细颗粒多，地下水位浅，地基土的承载力较低。在地形比较低洼或潮湿的地区，历史上曾是河漫滩、湖泊或牛轭湖，常有较厚的淤泥分布。在冰冻潮湿地区，道路的冻胀、翻浆问题比较突出。低洼地面容易遭受洪水淹没。在道路勘测设计和路基、桥梁基础工程中，应注意选择较有利的工程地质条件，采取可靠的工程技术措施。

#### 4.3.3.2　山前洪积冲积平原

山前区是山区和平原的过渡地带，一般是河流冲刷和沉积都很活跃的地区。汛期到平时洪水冲刷，在山前堆积了大量的洪积物；汛期过后，常年流水的河流中冲积物增加。洪积物或冲积物多沿山麓分布，靠近山麓，地形较高，环绕着山前成一狭长地带，形成规模大小不一的山前洪积冲积平原。由于山前平原是由多个大小不一的洪（冲）积扇互相连接而成，因而呈高低起伏的波状地形。在新构造运动上升的地区，堆积物随洪（冲）积扇向山麓的下方移动，使山前洪积冲积平原的范围不断扩大；如果山区在上升过程中曾有过间歇，在山前平原上就产生了高差明显的山麓阶地。

山前洪积冲积平原堆积物的岩性与山区岩层的分布有密切关系，其颗粒为砾石和砂，以至粉粒或黏粒。由于地下水埋藏较浅，常有地下水溢出，水文地质条件较差，往往对工程建筑不利。

#### 4.3.3.3　湖积平原

湖积平原是由河流注入湖泊时，将所挟带的泥沙堆积在湖底使湖底逐渐淤高，湖水溢出、干涸后沉积层露出地面所形成。在各种平原中，湖积平原的地形最为平坦。

湖积平原中的堆积物，由于是在静水条件下形成的，故淤泥和泥炭的含量较多，其总厚度一般也较大，其中往往夹有多层呈水平层理的薄层细砂或黏土，很少见到圆砾或卵石，且土颗粒由湖岸向湖心逐渐由粗变细。

湖积平原地下水一般埋藏较浅。其沉积物由于富含淤泥和泥炭，常具可塑性和流动性，孔隙度大，压缩性高，因此承载力很低。

## 4.4　河流地貌

### 4.4.1　河流地质作用

河流是在河谷中流动的常年水流，河谷由谷底、河床、谷坡、坡缘及坡麓等要素构成（图 4-6）。河流地质作用包括三个方面：①侵蚀作用，切割地面、冲刷河岸和破坏河谷岩土体；②搬运作用，将冲刷下来的物质及所携带的物质向下游方向搬运的过程；③沉积作用，在河床坡降平缓的地带及河口附近流速变缓，所搬运的物质便沉积下来，形成各种流水沉积地貌，如河流阶地、冲积平原等。其中流水的侵蚀作用对河谷两岸岩土体的破坏性最为明显，下面着重介绍河流的侵蚀作用。

（1）水流的侵蚀作用类型

水流的侵蚀作用包括溶蚀和机械侵蚀两种方式。溶蚀作用在可溶性岩石分布的地区内比较显著，它能溶解岩石中的一些可溶性矿物，其结果使岩石结构逐渐松散，同时加速了机械侵蚀作用。对工程地质来说，由于流水的机械侵蚀作用，可使河床移动、河谷变形甚至河流改道，也可使河岸冲刷破坏和水土流失，甚至造成岸坡失稳(岸坡坍塌，崩塌和滑坡)，严重地威胁河谷两岸的建筑物和构筑物的安全。

机械侵蚀按其对岩土体破碎方式和作用方向又可进行下述分类：

① 据破坏岩土体的方式

冲蚀：水流冲击岩石使其破碎；

磨蚀：河水夹带的泥、砂、砾石等在运动过程中摩擦破坏河床。

② 据侵蚀作用的方向

垂直侵蚀：在河流上游地区，一般坡度较陡、流速较大，河流向下切割能使河床底部逐渐加深。在向下切割的同时，河流向起源方向发展，缩小和破坏分水岭，这种作用称为向源侵蚀。

侧向侵蚀：在流水速度较小或河道弯曲时，流水冲刷河道两岸。

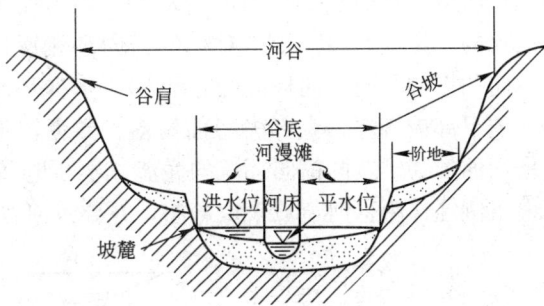

图 4-6　河谷要素图

(2) 水流是侵蚀河床及两岸的机理：

1) 流水对河床的侵蚀

组成河床的土石颗粒在流水作用下逐渐松动，最后可以和水流共同运动(图 4-7)。当水流作用于土石颗粒的水压力($P$)超过阻止其运动的摩擦力($T=fw$，$f$ 为摩擦系数，$w$ 为土石颗粒重力)时，土石粒就开始随水流一起移动，这就形成冲刷。这时水流的流速为土石粒开始移动的临界流速($v_{cr}$)。亦称此流速为河床开始被冲刷时的流速。根据水力学原理，泥砂开始被冲刷的流速 $v_{cr}$ 的公式为：

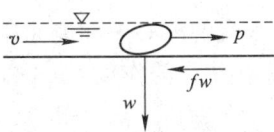

$$v_{cr}=A\sqrt{d} \tag{4-1}$$

如 $v_{cr}$ 以 m/s 为单位，而泥砂粒直径 $d$ 以 mm 为单位，则根据实际观测，当 $d<400$mm 时，$A$ 值取 0.2。在工程地质调查中，式(4-1)可根据流速估计被冲刷的粒径或根据粒径估计流速。

图 4-7　颗粒滚动时力的平衡

水流速度 $v$ 超过 $v_{cr}$ 时，河床上的泥砂就开始滚动或间歇性跃动，推移前进。当流速大到某一程度时，泥砂粒跃起混入水中，呈悬移运动，这种泥砂称为悬移质泥砂。

流水对河床冲刷的重要条件是只有当水流未被泥砂饱和时才会产生冲刷。如果上游河段流来的水流中含有泥砂量小于这一河段的输砂能力，则由于输砂能力未被充分利用就会冲刷；如果输砂量超过了这一河段的输砂能力则产生沉积。

2）流水对岸坡的侵蚀

河岸的掏蚀与破坏起因是河床的冲刷。而河床在平面图上常呈蛇曲形。由于河床蛇曲，在河曲范围内的流向和流速有别于河床平直地段范围内的流向和流速，在河曲地段范围内河流的水流成横向环流。

实际观测证明，河流中最大流速是在水面下水深的 3/10 处，最大流速各点的流线叫主流线。在平面上它的位置与河床最深处的延伸方向是一致的。主流线上的动能最大。平直河道中主流线位于中央，流速大，故水位较两侧略低，于是水流从两岸斜向流回主流线，然后变为下降水流沿河底分别流回两岸。形成向下游推进的螺旋形对称横向环流，形成河流不断的向下侵蚀切割（图 4-8a）。河流流动的过程中，由于河床的岩性、微地形及地质构造的影响，河流不可能是平直的，会发生弯曲。在弯曲的河道中主流线交错地偏向河流的左岸或右岸，于是对称的横向环流遭到破坏，而形成不对称的主流线偏向凹岸的单向横向环流（图 4-8b）。横向环流引起凹岸的侧向侵蚀冲刷，岸坡的下部被掏空，上部失稳而垮落，致使河流不断向凹岸及下游推移。侧蚀作用的产物，随同横向环流的底流，不断地在凸岸或下游适当地点堆积下来。由于侧蚀作用，河道愈来愈弯曲，并导致河谷不断加宽（图 4-8c）。

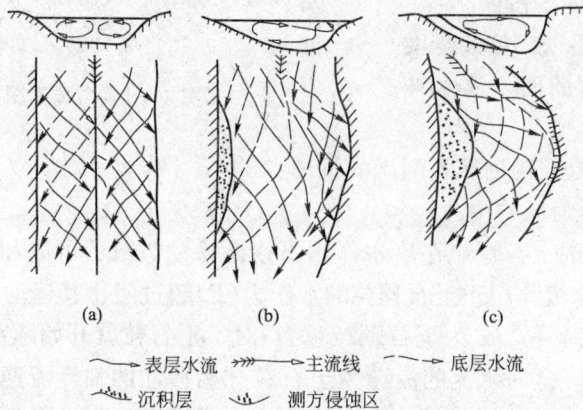

| ⟶ 表层水流 | ⟶ 主流线 | ⟶ 底层水流 |
| --- | --- | --- |
| 沉积层 | 测方侵蚀区 | |

图 4-8　河谷表层和底层水流

(a)平直河床对称环流；(b)初期阶段不对称环流；(c)后期阶段不对称环流

河流产生横向环流的原因，主要是与河流弯曲处水流的离心力和地球自转所产生的惯性力有关。在河曲处，运动的水质点受离心力 $P$ 的作用（图 4-9a）。离心力 $P$ 可从式(4-2)求得：

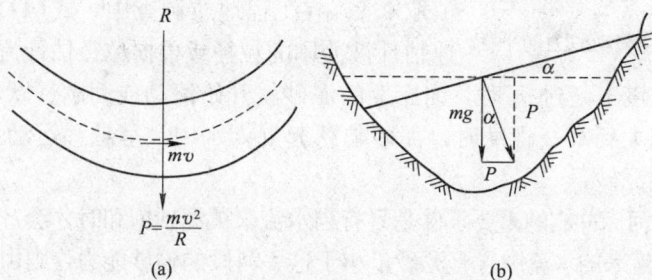

$$P = \frac{mv^2}{R}$$

(a)          (b)

图 4-9　河流横向环流形成示意图解

$$P = \frac{mv^2}{R} \tag{4-2}$$

式中  $m$——水的质量；

$v$——水质点的纵向流速；

$R$——水质点运动迹线的曲率半径。

由于这一离心力的作用，使水质点向凹岸运动（图 4-9b）。结果，水面形成倾向凸岸的横向水力坡度 $I_n$，它可从式（4-3）求得：

$$I_n = \tan\alpha = \frac{v^2}{Rg} \tag{4-3}$$

离心力 $P$ 的大小与流速平方成正比，而流速又是表面大深处小，所以 $P$ 也应是越深越小（图 4-10a）。形成横向水力坡度就产生了附加压力，其方向与离心力相反，且在所有的深度上一致，等于 $I_n\gamma$（图 4-10b）。在这种压力下，上层水流就流向凹岸，而下层水流就流向凸岸，形成螺旋状横向环流（图 4-10c）。

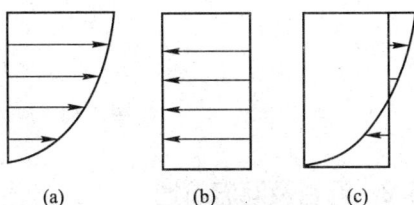

图 4-10　表面流与底流的流向图解

横向环流引起凹岸的侧向侵蚀，凸岸堆积（图 4-11）。这种凹岸侧蚀与凸岸堆积不断地向下游扩展。在河流的一岸，是由凹岸凸岸相间排列的。如果在河流的一岸凹岸受到强烈的侧蚀，不断地向下游方向推进，则其下游的一个凸岸在不久的将来就要遭到同样的命运，由凸岸变为凹岸。而相对的一岸，也将要接受被横向环流所带来的大量物质，而逐渐由凹岸变为凸岸。这样导致河谷越来越宽；河道越来越弯曲。当河流弯曲较大时，河流发展成蛇曲（图 4-12a）。当河曲发展到一定程度时，洪水在河曲的上下段河槽间最窄的陆地处很容易被冲开，河流则可顺利地取直畅流，这种现象称为河流的截弯取直现象（图 4-12b）。而原来被废弃的这部分河曲，逐渐淤塞断流，形成牛轭湖。再发展形成沼泽，沉积了湖泊相的淤泥和有机质土。

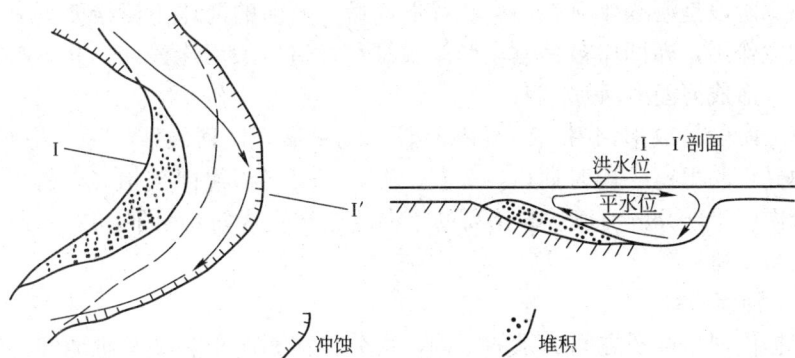

图 4-11　河曲冲蚀与堆积

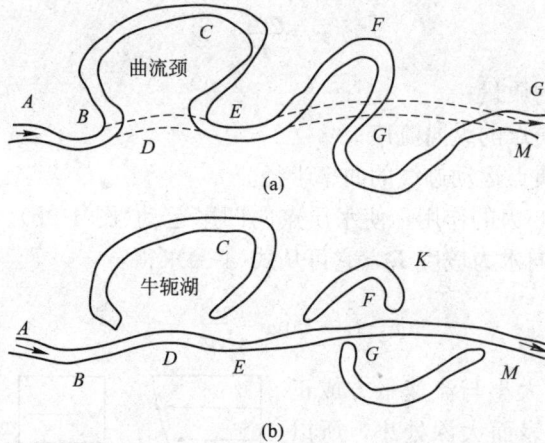

图 4-12 河流的蛇曲与改道

### 4.4.2 河谷及河流阶地

（1）河谷

河谷是指由河流长期侵蚀和堆积作用塑造而成的底部经常有水流动的线状延伸凹地。从其成因来看可分为构造谷和侵蚀谷。

构造谷一般是受地质构造控制的，它沿地质构造线发展。如果河流确实是在构造运动所生成的凹地内流动，流水开凿出自己的河谷，这种河谷称为真正的构造谷，例如向斜谷、地堑断裂谷等。如果河流沿着构造软弱带流动，河谷完全是由本身的流水冲刷出来的，这种河谷称为适应性的构造谷，也称侵蚀构造谷，如断层谷、背斜谷、单斜谷等。

侵蚀谷是由水流侵蚀而成，侵蚀谷不受地质构造的影响，它可以任意切穿构造线。侵蚀谷发展为成形河谷一般可分三个阶段：

第一阶段是峡谷：当冲沟坳谷底部出现经常性水流之后，水流急剧下切，使河谷切成 V 字形状态，谷底纵剖面倾斜度很大，谷壁陡峻，水流汹涌，多瀑布与急流。

第二阶段是河漫滩河谷：当峡谷形成后，弯曲的河床主流线使河床受到侧蚀加宽作用，即凹岸被冲刷，凸岸被堆积，造成浜河床浅滩，其不断扩大和固定，形成河漫滩河谷。

第三阶段是成形河谷：河漫滩河谷继续发展，使河漫滩不断加宽加高。但是地壳运动稳定一段时期后，又复上升，于是老河漫滩被抬高，河水在原河漫滩内侧重新开辟河道。被抬高的河漫滩则转变为阶地（图 4-13）。河流阶地不会被水所淹没。

（2）河流阶地

根据侵蚀与堆积之间关系的不同，可分为堆积阶地、基座阶地和侵蚀阶地三大类型（图 4-14）。

1）堆积阶地：这种阶地完全由冲积所组成，土层深厚，阶地面不见基岩。堆积阶地可分为上迭阶地、内迭阶地及嵌入阶地。

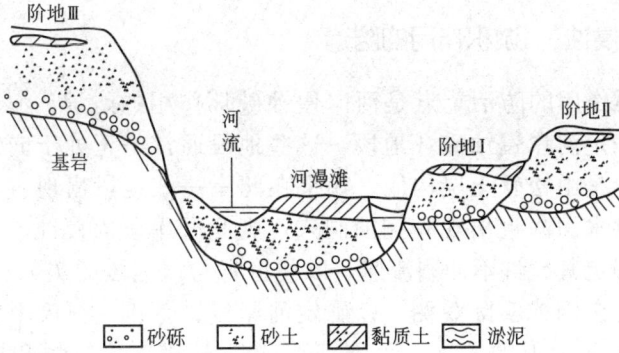

图 4-13　河谷地貌及阶地

① 上迭阶地(图 4-14a)

上迭阶地是新阶地完全坐落在老阶地之上，其生成是由于河流的几次下切都不能达到基岩，下切侵蚀作用逐次减小，堆积作用规模也一次次地减小。这说明每一次升降运动的幅度都是逐渐减小的。

② 内迭阶地(图 4-14b)

内迭阶地是新的阶地套在老的阶地内，每一次新的侵蚀作用都只切到第一次基岩所形成的谷底。而所堆积的阶地范围一次比一次小，厚度也一次比一次小。这说明地壳每次上升的幅度基本一致，而堆积作用却逐渐衰退。

③ 嵌入阶地(图 4-14c)

嵌入阶地的阶地面和陡坎都不露出基岩，但它不同于上迭和内迭阶地。因为嵌入阶地的生成，后期河床比前一期下切要深，而使后期的冲积物嵌入到前期的冲积物中。这说明每一次地壳上升幅度一次比一次剧烈。

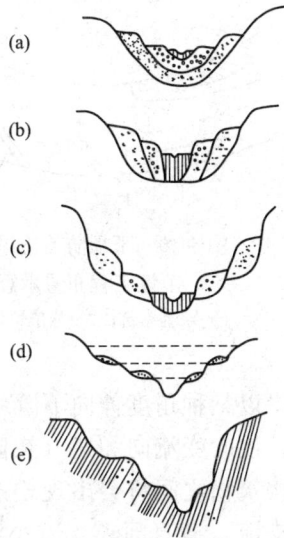

图 4-14　阶地类型
(a)上迭阶地；
(b)内迭阶地；(c)嵌入阶地；
(d)基座阶地；(e)侵蚀阶地

堆积阶地作为建筑地基要看其冲积物性质以及土层分布情况。在工程地质勘察中应特别注意查明是否有掩埋的古河道或牛轭湖堆积的透镜体。

2) 基座阶地(图 4-14d)基座阶地是属于侵蚀阶地到堆积阶地的过渡类型。阶地面上有冲积物覆盖着，但在阶地陡坎的下部仍可见到基岩出露。形成这种阶地是由于河水每一次的深切作用比堆积作用大得多。作为厂房地基，因土层薄可减轻基础沉降。若桩尖落在基岩上，沉降量更小。

3) 侵蚀阶地(图 4-14e)：这种阶地的特点是阶面上的基岩毕露，或覆盖的冲积物很薄。一般多分布于山间河谷原始流速较大的河段，或者分布在河流的上游。侵蚀阶地的生成是因地壳有一段宁静时期，而后由于地壳上升、河流下蚀很快，而形成侵蚀阶地。侵蚀阶地由于基岩出露地表，作为建筑地基或桥梁和水坝的接头是属好的地质条件。

〈125〉

### 4.4.3　河流侵蚀、淤积作用的防治

河流地质作用的防治重点是河岸侵蚀破坏作用的防护，河岸侵蚀破坏防护首先要确定河岸侵蚀破坏地段。这些地段通常是正处于向宽度发展时期，并且河岸是由松软土层构成。如果在凹岸一些地段出现直立的高陡边坡，而且近洪水面附近出现有掏蚀洞穴，则此凹岸段为侵蚀破坏地段。此时要取土样确定其允许不冲刷流速，以便将它与该地段的实际流速相对比。此外还要进行访问或实际观测，以确定河岸侵蚀范围、河流平水位和高水位、河岸破坏和后退的速度，预测河岸侵蚀对邻近建筑物和构筑物的威胁性。

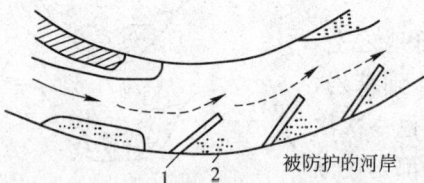

图 4-15　丁坝防治边岸掏蚀调
节性工程布置示意图
1—导流建筑；2—松散物质游积带

对河岸侵蚀破坏地段的防护措施可分两类：一类是直接防护库岸不受冲蚀作用的措施。如抛石、铺砌、混凝土块堆砌、混凝土板、护岸挡墙、岸坡绿化等护岸工程。另一类是调节径流以改变水流方向、流速和流量的措施。如为改变河水流向，则可兴建各类导流工程如丁坝、顺坝和横墙等。这些工程是从河岸以某种角度伸向下游（图 4-15），水流在其前进途中遇到这些工程而受阻，便改变流向和避开被防护的岸边或降低其流速。在河岸地段，这些工程构筑物之间将会出现松散物质的堆积，形成浅滩。同时在束窄河道、封闭支流、截直河道、减小河流的输沙率等均可起到防止淤积的作用。也常采用顺坝、丁坝或二者组合使河道增加比降和冲刷力，达到防止淤积的目的。

## 4.5　第四纪地质

第四纪是新生代最晚的一个世纪，也是包括现代在内的地质发展历史的最新时期，其下限定为 258.8 万年（据 2008 年国际地质大会）。第四纪地质的分期情况如表 4-4 所示。

第四纪地质年代表　　　　　　　　　　　　表 4-4

| 地质年代 | | | 绝对年龄（百万年） |
|---|---|---|---|
| 纪 | 世 | | |
| 第四纪 Q | 全新世 $Q_h/Q_4$ | | 0.0117 |
| | 更新世 $Q_p$ | 晚更新世 $Q_3$ | 0.126 |
| | | 中更新世 $Q_2$ | 0.781 |
| | | 早更新世 $Q_1$ | 2.588 |

### 4.5.1　第四纪地质概况

第四纪是地质历史的最新时期，因此在这个时期的地质历史事件及其地质作用对现在的工程建设地质环境影响最大。最重大的事件是大约在二百多万年前地球上出现了人类。北京附近周口店的石灰岩洞穴中发现了大约生活在四五十万年以前的北京猿人头盖骨化石及其使用的工具。

第四纪地质有以下主要特征：第四纪时期地壳有过强烈的活动，为了与第四纪以前的地壳运动相区别，把第四纪以来发生的地壳运动称为新构造运动。地球上巨大块体大规模的水平运动、火山喷发、地震等都是地壳运动的表现。第四纪气候多变曾多次出现大规模冰川。

### 4.5.2　第四纪沉积物

#### 4.5.2.1　第四纪沉积物的概念及成因类型

第四纪沉积物是指第四纪所形成的各种堆积物。即地壳的岩石经风化、风、地表流水、湖泊、海洋、冰川等地表地质作用的破坏、搬运和堆积而形成的现代沉积层。

第四纪沉积物由于其形成时间短，固结成岩作用不充分，一般称为"堆积物"、"沉积物"或"沉积层"，由于沉积环境比较复杂，多具有岩性松散、成因多样、岩性岩相变化快、厚度差异大等特点，并构成各种堆积地貌。

由于岩石不断受到风化和重力作用破坏，为其他营力塑造地貌创造了前提，也为各种第四纪松散堆积物提供了物源，风化和重力作用还不断改变地表环境面貌，是造成地质灾害的重要原因之一。地表岩石经受风化作用残留在原地的堆积物，称为残积物，具多层结构的残积物剖面称风化壳，位于残积物顶部的是土壤。土壤是以各种风化产物或松散堆积物为母质层，经过生物化学作用为主的成土作用改造而成的。土壤具有植物生长所需有机质组分（腐殖质）和无机组分（N、P、K 的化合物）、微量元素和水分与孔隙。

按沉积成因第四纪沉积的主要类型如表 4-5 所示，地质年代符号（代号）见表 4-6。

第四纪沉积成因类型　　　　　　　　　　　　表 4-5

| 成因 | 分类 | 主导地质作用 |
| --- | --- | --- |
| 风化残积 | 残积 | 物理、化学风化作用 |
| 重力堆积 | 坠积 | 较长期的重力作用 |
| | 崩塌堆积 | 短促间发生的重力破坏作用 |
| | 滑坡堆积 | 大型斜坡块体重力破坏作用 |
| | 土溜 | 小型斜坡块体表面的重力破坏作用 |
| 大陆流水堆积 | 坡积 | 斜坡上雨水、雪水间有重力的长期搬运、堆积作用 |
| | 洪积 | 短期内大量地表水流搬运、堆积作用 |
| | 冲积 | 长期的地表水流沿河谷搬运、堆积作用 |
| | 三角洲堆积（河、湖） | 河水、湖水混合堆积作用 |
| | 湖泊堆积 | 浅水型的静水堆积作用 |
| | 沼泽堆积 | 储水型的静水堆积作用 |

续表

| 成因 | 分类 | 主导地质作用 |
|---|---|---|
| 海水堆积 | 滨海堆积<br>浅海堆积<br>深海堆积<br>三角洲堆积(河、海) | 海浪及岸流的堆积作用<br>浅海相动荡及静水的混合堆积作用<br>深海相静水的堆积作用<br>河水、海水混合堆积作用 |
| 地下水堆积 | 泉水堆积<br>洞穴堆积 | 化学堆积作用及部分机械堆积作用<br>机械堆积作用及部分化学堆积作用 |
| 冰川堆积 | 冰碛堆积<br>冰水堆积<br>冰碛湖堆积 | 固体状态冰川的搬运、堆积作用<br>冰川下水的搬运、堆积作用<br>冰川地区的静水堆积作用 |
| 风力堆积 | 风积<br>风—水堆积 | 风的搬运作用<br>风的搬运作用后来又经流水的搬运堆积作用 |

注：据《工程地质手册》（第四版）。

第四纪地层的成因类型符号 表 4-6

| 地层名称 | 符号 | 地层名称 | 符号 | 地层名称 | 符号 | 地层名称 | 符号 |
|---|---|---|---|---|---|---|---|
| 人工填土 | $Q^{ml}$ | 风积层 | $Q^{eol}$ | 海相沉积层 | $Q^m$ | 火山堆积层 | $Q^b$ |
| 残积层 | $Q^{el}$ | 滑坡堆积层 | $Q^{del}$ | 海陆交互相沉积层 | $Q^{mc}$ | 植物层 | $Q^{pd}$ |
| 冲积层 | $Q^{al}$ | 崩积层 | $Q^{col}$ | 沼泽沉积层 | $Q^h$ | 生物堆积层 | $Q^o$ |
| 洪积层 | $Q^{pl}$ | 泥石流堆积层 | $Q^{set}$ | 冰积层 | $Q^{gl}$ | 化学堆积层 | $Q^{ch}$ |
| 坡积层 | $Q^{dl}$ | 湖积层 | $Q^l$ | 冰水沉积层 | $Q^{fgl}$ | 成因不明的沉积层 | $Q^{pr}$ |

注：1. 两种成因混合而成的沉(堆)积层，可采用混合符号，例如：残积和坡积混合层，可用 $Q^{el+dl}$ 表示；
　　2. 地层与成因的符号可以合起来使用，例如：由冲积形成的第四系上更新统，可用 $Q_3^{al}$ 表示。

### 4.5.2.2 主要成因类型第四纪堆积物的特征

主要成因类型第四纪堆积物的特征见表 4-7。

主要成因类型第四纪堆积物的特征 表 4-7

| 成因类型 | 堆积方式及条件 | 工程地质性质 |
|---|---|---|
| 残积物 | 岩石经风化作用而残留在原地的碎屑堆积物 | 碎屑物自表部向深处逐渐由细变粗，其成分与母岩有关，岩石经风化作用而残留在原地，一般不具层理，岩块多呈棱角状，土质不均，具有较大孔隙，厚度在山丘顶部较薄，低洼处较厚，厚度变化较大。残积物表部土壤层孔隙率大、压缩性高、强度低。而其下部残积层常常是夹碎石或砂粒的黏性土或是被黏性土充填的碎石土、砂砾土，其强度较高 |
| 坡积物或崩积物 | 风化碎屑物由雨水或融雪水沿斜坡搬运；或由本身的重力作用堆积在斜坡上或坡脚处而成 | 碎屑物岩性成分复杂，与高处的岩性有直接关系，从坡上往下逐渐变细，分选性差，层理不明显，厚度变化较大，厚度在斜坡较陡处较薄，坡脚地段较厚 |

| 成因类型 | 堆积方式及条件 | 工程地质性质 |
|---|---|---|
| 洪积物 | 大雨或融雪水等暂时地表水流将山区或高地的碎屑物沿冲沟搬运到山前或山坡的低平地带堆积而成 | 颗粒具有一定的分选性，但往往大小混杂，碎屑多呈次棱角状。洪积物在沟口往往呈扇状分布，扇顶在沟口，向山前低平地带展开，称为洪积扇。洪积扇顶部颗粒较粗，层理紊乱且交错状，透镜体及夹层较多，边缘处颗粒细，层理清楚，其厚度一般高山区或高地处较大，远处较小。洪积扇的不同部位其工程地质性质不同 |
| 冲积物 | 由长期性地表水流河流携带的碎屑物沉积而成 | 颗粒在河流上游较粗，向下游逐渐变细，分选性及磨圆度均好，层理清楚，除牛轭湖及某些河床相沉积外，厚度较稳定。不同时期不同类型的冲积物的工程地质特征也不相同 |
| 湖泊沉积物 | 湖浪侵蚀的碎屑物以及由入湖河流等带来的碎屑物被湖流和湖浪等动力向湖心方向搬运沉积而成 | 在湖岸附近沉积物颗粒较粗，具有较好的磨圆度及明显的层理，而较细的碎屑物质被带到湖心沉积。湖岸沉积物以近岸带土的承载力高，远岸较差。湖心沉积物一般压缩性高、强度很低 |
| 海洋沉积物 | 各种海洋沉积作用所形成 | 滨海带沉积物都具有良好的层理。滨海带沉积物一般都具有较高承载力，但透水性强；浅海沉积有细粒砂土、黏性土及淤泥，层理发育，沉积物较滨海疏松、含水量高、压缩性大而强度低；大陆斜坡和深海沉积以生物软泥、黏土及粉细砂为主。海底表层的砂砾层稳定性差 |
| 冰积物 | 由冰川融化携带的碎屑物堆积或沉积而成 | 粒度相差较大，无分选性，一般不具层理，因冰川形态和规模的差异，厚度变化大 |
| 淤积物 | 在静水或缓慢的流水环境中沉积，并伴有生物、化学作用而成 | 颗粒以粉粒、黏粒为主，且含有一定数量的有机质或盐类，一般土质松软，有时为淤泥质黏性土、粉土与粉砂互层，具清晰的薄层理 |
| 风积物 | 在干旱气候条件下，碎屑物被风吹扬，降落堆积而成 | 最常见的是风成砂与黄土，颗粒主要由粉粒或砂粒组成，土质均匀，质纯，孔隙大，结构松散 |

# 复习思考练习题

**4-1** 简述地貌与第四纪地质的关系。

**4-2** 山地地貌的类型及其工程地质性质有哪些？

**4-3** 简述垭口的类型及其工程地质性质。

**4-4** 按成因，平原可分为哪几类？各有哪些工程地质性质？

**4-5** 河流地质作用有哪些类型？各有什么特点？

**4-6** 河流地貌主要类型有哪些？其工程地质性质如何？

**4-7** 简述河流地质作用的防治措施。

**4-8** 第四纪沉积物有何特点？主要成因类型有哪些？其工程地质性质表现如何？

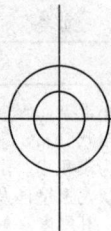

# 第5章
## 地下水及其对工程的影响

**本章知识点**

> 【知识点】地下水储水条件，埋藏分类，地下水循环，渗透定律、地下水流向集水构筑物运动的计算，典型地貌地下水分布特征，地下水化学性质及化学分类，水对建筑材料腐蚀性的判别，地下水对工程的各种作用和影响。
>
> 【重点】地下水的赋存特征及其运动特征及与之相关的不良工程地质作用。
>
> 【难点】灵活运用地下水的有关知识分析实际案例中由于地下水的作用而引起的不良工程地质作用及其影响因素。
>
> 【导读问题】地下水是宝贵的资源，为何在工程活动中常以危险源甚至以"杀手"的面目出现？

## 5.1 概述

地下水指赋存和运移于地面以下岩石空隙中的水，狭义上指赋存于地下水面以下饱和含水层的水。地下水分布很广，同时具有资源、生态环境因子、灾害因子、地质营力与信息载体的功能。一方面它是人类宝贵的自然资源，可作为重要水源；但另一方面，它是地质环境的组成部分，与岩土体相互作用，使岩土体的强度和稳定性降低，产生各种不良的自然地质现象和工程地质现象，如滑坡、岩溶、潜蚀、建筑材料腐蚀和道路冻胀等，给工程的建设和正常使用造成危害。地下水对岩土体和建筑物的作用，按其机制可以划分为力学作用和物理化学作用两类。因此，地下水是工程地质分析、评价和地质灾害防治中的一个极其重要的影响因素。在工程地质中研究地下水，主要是研究其水文地质条件，即地下水的类型、埋藏、补给、径流、排泄条件，岩土的渗透性及地下水对工程的影响等。

## 5.2 地下水的基本概念

### 5.2.1 岩土的空隙性

坚硬岩石或多或少存在裂隙，松散介质土体中则有大量的孔隙，岩土空隙是地下水赋存和运移的空间，空隙的多少、大小及其分布规律，决定着地下水分布与运动的特点。通常将岩土空隙的大小、多少、形状、连通程度，以及分布状况等性质统称为岩土的空隙性，常用空隙率表示，也可用孔隙率和裂隙率表示。

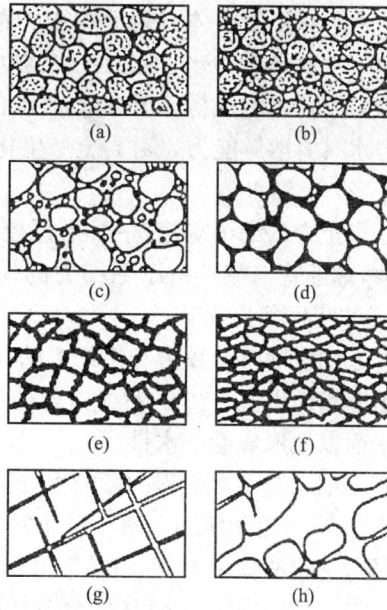

图 5-1　岩土中的空隙

(a)分选良好，排列疏松的砂；(b)分选良好，排列紧密的砂；(c)分选不良的、含泥砂的砾石；(d)经过部分胶结的砂岩；(e)具有结构性空隙的黏土；(f)经过压缩的黏土；(g)具有裂隙的基岩；(h)具有溶隙及溶穴的可溶岩

根据岩土空隙的成因不同，可把空隙分为孔隙、裂隙和溶隙三大类(图 5-1)。

(1) 孔隙

松散介质是由大小不等的颗粒组成的，在颗粒或颗粒集合体之间存在着呈小孔状分布的空隙，称为孔隙。孔隙多少的定量指标是孔隙率 $n$ 或孔隙比 $e$。孔隙率的大小主要决定于介质的密实程度及分选性，此外，颗粒形状和胶结程度也有影响。介质越疏松，分选性越好，孔隙率越大(图 5-1a)。反之，介质越紧密(图 5-1b)或分选性越差(图 5-1c)，孔隙度越小。当松散介质受到了不同程度的胶结时(图 5-1d)，孔隙率将有所降低。当黏粒形成结构孔隙时(图 5-1e)，孔隙率将增大很多。

(2) 裂隙

存在于坚硬岩石中的裂缝状空隙称裂隙(图 5-1g)。衡量裂隙多少的定量指标是裂隙率 $n_f$。

(3) 溶隙

可溶性岩石在地表水和地下水长期溶蚀作用下形成的一种特殊空隙称为溶隙(图 5-1h)，也称为溶穴。衡量溶隙多少的定量指标是溶隙率 $n_K$。

研究岩土的空隙时，不仅要研究空隙的多少，更重要的是研究空隙的大小、连通性和分布规律。松散土的孔隙大小和分布都比较均匀，且连通性好；岩石裂隙无论其宽度、长度和连通性差异均很大，分布不均匀；溶隙大小相差悬殊，分布很不均匀，连通性更差。

## 5.2.2　水在岩石中存在的形式

岩石空隙中存在着各种形式的地下水。根据岩土中水的物理力学性质的不同，可分为气态水、结合水、重力水、毛细水、固态水以及结晶水和结构水，其中重力水和毛细水对地下水的工程特性有较大影响。

(1) 重力水

当岩土中的空隙完全被水饱和时，岩土颗粒之间除结合水以外的水都是重力水，它不受固体颗粒静电引力的影响，可在重力作用下运动。一般所指的地下水就是重力水，它具有液态水的一般特征，可传递静水压力。重力水能产生浮托力、孔隙水压力。流动的重力水在运动过程中会产生动水压力。重力水具有溶解能力，对岩土产生化学潜蚀，导致岩土的成分及结构的破坏。

（2）毛细水

岩土中的细小空隙（一般指直径小于 1mm 的孔隙和宽度小于 0.25mm 的裂隙）称毛管空隙。由于毛细力的作用而充满在岩土毛管孔隙中的水称毛细水，亦叫毛管水。

毛细水同时受重力和毛细力的作用，可传递静水压力，并可被植物吸收。在地下水面以上，由于毛细力的作用，一部分水沿细小孔隙上升，可以在地下水面以上形成毛细水带。

毛细水对土木工程的影响主要有：

1）产生毛细压力，对于砂土特别是细砂、粉砂，由于毛细压力作用使砂土具有一定的黏聚力（称假黏聚力）。

2）毛细水对土中气体的分布与流通有一定影响，常常导致气体封闭。封闭气体可以增加土的弹性和减小土的渗透性。

3）当地下水位埋深较浅时，由于毛细水上升，可助长地基土的冰冻现象；使地下室潮湿甚至危害房屋基础及公路路面、促使土的沼泽化、盐渍化，从而增强地下水对混凝土等建筑材料的腐蚀性。

### 5.2.3　含水层与含水岩系

（1）含水层和隔水层

可给出并透过相当数量重力水的岩层称含水层；不能给出或不透水的岩层称隔水层；能透过但不能储存水的岩层称透水层。构成含水层的条件，一是岩层中要有空隙（储水空间）的存在，并充满足够数量的重力水；二是这些重力水能够在岩层中自由运动；三是要满足一定的地质构造条件。

含水层与隔水层是相对而言的，其间并无截然的界限和绝对的定量指标。在水量丰富的地区，只有供水能力强的岩层，才能作为含水层。而在缺水地区，某些岩层虽然只能提供较少的水，也可当做含水层对待。又如黏土层，通常认为是隔水层，但一些发育有干缩裂隙的黏土层，亦可形成含水层。

（2）含水段与含水岩系

松散沉积物的岩性单一又连续成层分布时，称含水层是合适的。但在含水极不均匀的裂隙或岩溶发育的基岩地区，如划分含水层或隔水层，则往往不能反映实际含水特征。这就需要根据裂隙、岩溶实际的含水状况划分出含水段。对于穿越不同成因、岩性、时代的含水的断裂破碎带，则可划为一含水带。同样，根据实际需要，可将几个地层时代和成因特征相同的含水层（其间可夹有弱透水层或隔水层）划为同一含水岩组。如第四系松散沉积物的砂土层，常夹有薄层黏土层，但其上下砂土层之间存在水力联系，有统一的地下水位，化学成分亦相近，即可划为一个含水岩组（简称含水组）。将几个水文地质条件相近的含水岩组划为一含水岩系，如第四系含水岩系，基岩裂隙水含水岩系或岩溶水含水岩系等。

## 5.3 地下水物理性质和化学成分

在漫长的地质年代里，地下水与周围介质相互作用，溶解了介质中的可溶盐分及气体，从而获得各种物质成分。同时，地下水还经受各种物理的和化学的作用，随时随地改变着原始成分，致使其化学成分复杂化。因此，地下水是一种复杂的溶液。这种溶液的性质，反映了它的形成过程和环境，分析和研究这种复杂溶液的物理性质和化学成分，对于阐明地下水的来源和运动方向，对于利用地下水、防治地下水的危害、指导水化学找矿、查明地下水污染、为地下水管理提供科学依据等方面，都具有重要意义。

### 5.3.1 物理性质

地下水的物理性质是指地下水比重、温度、颜色、透明度、味道、气味、导电性及放射性等物理特性的总和。纯净的地下水应无色、无味、无臭和透明的。它们在一定程度上反映了地下水的化学成分及其存在、运动的地质环境。当含有某些化学成分和悬浮物时其物理性质会改变。如含 $H_2S$ 的水为翠绿色；含 $Fe^{3+}$ 为褐黄色；$Fe^{2+}$ 为灰蓝色。含 $NaCl$ 的水具咸味；含 $CaCO_3$ 的清凉爽口；含 $Ca(OH)_2$ 和 $Mg(HCO_3)_2$ 的水称为甜水；含 $MgCl_2$ 和 $MgSO_4$ 的水为苦味。

地下水的温度主要受大气温度及埋藏深度的控制。近地表的地下水温度，更易受气温的影响。变温带：通常在日常温带以上（埋藏深度 3～5m 以内）的水温，呈现周期性的日变化，年常温带以上（埋藏深度 50m 以内）的水温，则呈现周期性的年变化；常温带：在年常温带，水温的变化很小，一般不超过 1℃；增温带：年常温带以下，地下水的温度则随深度的增加而递增，其变化规律决定于地热增温级。地热增温级是地温梯度的倒数，是指在常温带以下，温度每升高 1℃ 时所增加的深度，其值随地质条件变化，一般为 30～33m/℃ 左右。

利用上述原理，可求出任意深度地下水的温度，其计算公式为：

$$T_H = t_B + (H-h)/G \tag{5-1}$$

式中　$T_H$——$H$ 深度处的地下水温度（℃）；

　　　$t_B$——年平均气温（℃）；

　　　$H$——地下水的埋藏深度（m）；

　　　$h$——年常温带深度（m）；

　　　$G$——地热增温级（m/℃）。

受特殊地质、构造条件的制约，地下水的温度变化很大，从摄氏零下几度到大于 100 摄氏度。通常按照水的属性及人的感受程度，可以把地下水进行温度分级（表 5-1），共分为 7 级。37℃是人的体温，42℃是人的一般耐受温度。

地下水温度分级　　　　　　　　　表 5-1

| 类别 | 非常冷的水 | 极冷的水 | 冷水 | 温水 | 热水 | 极热水 | 沸腾水 |
|---|---|---|---|---|---|---|---|
| 温度(℃) | <0 | 0～4 | 4～20 | 20～37 | 37～42 | 42～100 | >100 |

### 5.3.2　化学成分

(1) 化学成分

地下水是一种复杂的溶液，它含有各种不同的离子、气体、胶体、有机质和微生物等(表 5-2)。这些化学成分有的大量存在于水中，有的含量微弱，这主要是与各种元素在水中的溶解度及其在地壳中的含量有关。

地下水的化学成分　　　　　　　　表 5-2

| 元素及成因成分 | 水中元素富集条件 | 化学元素 |
|---|---|---|
| 气体 | 火成活动，生物成因<br>空气成因，化学成因<br>放射性成因 | $O_2$；$N_2$、$CO_2$、$CH_4$、$H_2S$、$HCl$、$HF$、$H_2S$、$SO_3$ 等；惰性气体 $Ar$、$Ne$、$He$、$Kr$、$Xe$、$Rn$、$Th$、$O_3$、$N_2O$；$SO_2$、$SO_3$、$Cl$ 等 |
| 主要离子、分子微量元素<br>(含量<$10^{-3}$%) | 各种成因 | $Cl^-$、$SO_4^-$、$HCO_3^-$、$CO_3^-$、$NO_3^-$、$Na^+$、$K^+$、$Ca^{2+}$、$Mg^{2+}$、$H^+$、$NH_4^+$、$H_3SiO_4^-$、$Fe^{2+}$、$Fe^{3+}$ 及有机物质等 |
| | 各种成因：在黄铁矿、铜矿及其他矿床氧化带中随 pH 值降低而发生的金属元素的富集，在油、气田和其他有机物聚积的地区中富集碘铵，富集金属元素，结晶岩地区地下水发生 Li、F、Br，硅酸及其他微量元素富集作用 | $Li$、$Be$、$F$、$Ti$、$V$、$Cr$、$Mn$、$CO$、$Ni$、$Cu$、$Zn$、$Ge$、$As$、$Se$、$Br$、$Rb$、$Sr$、$Zr$、$Nb$、$MO$、$Ag$、$Cd$、$Sn$、$Sb$、$I$、$Ba$、$W$、$Au$、$Hg$、$Pb$、$Bi$、$Tb$、$U$、$Ra$ 等 |
| 胶体 | 正胶体 | $Fe(OH)_3$、$Al(OH)_3$、$Cd(OH)_2$、$Cr(OH)_3$、$Ti(OH)_4$、$Zr(OH)_4$、$Ce(OH)_3$ |
| | 负胶体 | 黏性胶体、腐殖质、$SiO_2$、$MnO_2$、$SnO_2$、$V_2O_3$、$Sb_2S_3$、$PbS$、$As_2S_3$ 等硫化物胶体 |
| 有机质(细菌) | 生命代谢产物，生命死亡分解腐殖酸和雷酸细菌等 | 高分子有机化合物、腐殖酸(雷酸C：44%；H：53%；O：40%；N：15%)、藻类介质、细菌、腐殖物质、地沥青、酚、酞、脂肪酸，环烷酸 |

注：此表引自沈照理主编的《水文地质学》，有改动。

(2) 化学性质

1) 总矿化度：指水中离子、分子和各种化合物的总量，以 g/L 表示。它表明水中含盐量的多少，即水的矿化程度，故又简称为矿化度。矿化度的计算方法有两种：一种是按化学分析所得的全部离子、分子及化合物总量相加求得；另一种是将水样在 105～110℃温度下蒸干后所得的干涸残余物的重量来表示。后者，干涸残余物的重量常作为核对阴阳离子总和的一个指标。但这两种方法所得的总矿化度常常不相等。这是因为当水样经过蒸干烘烤后，

有近一半的 $HCO_3^-$ 分解生成 $CO_2$ 及 $H_2O$。因此，利用分析结果计算干涸残余物时，应采取分析的重碳酸离子含量之半数。

水的矿化度（含盐量）与水的化学成分之间有密切关系，同时也是表征地下水化学成分的重要标志。在通常情况下，低矿化度的水常以 $HCO_3^-$ 为主要成分，称重碳酸盐水；中等矿化度的水常以 $SO_4^{2-}$ 为主要成分，称硫酸盐水；高矿化度的水则往往以 $Cl^-$ 为主要成分，称氯化物水。

高矿化水能降低混凝土的强度，腐蚀钢筋，促使混凝土分解，故拌合混凝土时不允许用高矿化水，处于高矿化水环境中的混凝土亦应注意采取防护措施。

2）地下水的酸碱性（pH 值）：地下水的酸碱性，主要取决于水中的氢离子浓度。以溶液中 $H^+$ 浓度的负对数来表示溶液的酸碱性，称为溶液的 pH 值。即 $pH = -lg[H^+]$。根据地下水中 pH 值的大小，将水分成五级（表 5-3）。

地下水按酸碱度的分类　　　　　　　　　　　表 5-3

| 酸碱度 | 强酸性水 | 弱酸性水 | 中性水 | 弱碱性水 | 强碱性水 |
|---|---|---|---|---|---|
| pH 值 | <5 | 5～7 | 7 | 7～9 | >9 |

3）硬度：硬度通常分为总硬度，暂时硬度和永久硬度。水中 $Ca^{2+}$、$Mg^{2+}$ 的总含量称为总硬度。将水煮沸后，水中一部分 $Ca^{2+}$、$Mg^{2+}$ 的重碳酸盐失去 $CO_2$ 而生成碳酸盐沉淀下来，致使水中 $Ca^{2+}$、$Mg^{2+}$ 的含量减少，由于煮沸而减少的这部分 $Ca^{2+}$、$Mg^{2+}$ 的总含量称为暂时硬度，又称它为碳酸盐硬度。总硬度与暂时硬度之差称为永久硬度，即为煮沸时未发生碳酸盐沉淀的那部分 $Ca^{2+}$、$Mg^{2+}$ 的含量。

硬度的表示方法很多，通常有以下几种：

① 德国度：相当于一升水中含有 10mgCaO 或 7.2mgMgO，即一个德国度相当于水中含有 7.1mg/L 的 $Ca^{2+}$ 或 4.3mg/L 的 $Mg^{2+}$。

② meq/L：每一升水中含有 $Ca^{2+}$、$Mg^{2+}$ 毫克当量的总数，即相当于 20.04mg/L $Ca^{2+}$ 的含量或 12.16mg/L $Mg^{2+}$ 的含量。1meq 等于 2.8 德国度。

③ mol/L：每一升水中含 $Ca^{2+}$、$Mg^{2+}$ 摩尔的总数，即相当于 40.08mg/L $Ca^{2+}$ 或 24.32mol/L $Mg^{2+}$ 的含量。1mol 等于 $5.6 \times 10^3$ 德国度。

当前国标采用的硬度单位是换算成 $CaCO_3$ 时的总量，用 mg/l 表示。根据水中硬度的大小，可将其分为五类（表 5-4）。

地下水的硬度分类表　　　　　　　　　　　表 5-4

| 水的类型 | 硬度 | | |
|---|---|---|---|
| | 德国度 | meq/L | mol/L |
| 极软水 | <4.2 | <1.5 | $<7.5 \times 10^{-4}$ |
| 软　水 | 4.2～8.4 | 1.5～3.0 | $7.5 \times 10^4 \sim 1.5 \times 10^8$ |
| 微硬水 | 8.4～16.8 | 3.0～6.0 | $1.5 \times 10^{-3} \sim 3 \times 10^{-3}$ |
| 硬　水 | 16.8～25.2 | 6.0～9.0 | $3 \times 10^{-3} \sim 4.5 \times 10^{-3}$ |
| 极硬水 | >25.2 | >9.0 | $>4.5 \times 10^{-3}$ |

注：按法定计量单位，水的化学单位已经不采用 meq/L 而采用 mol/L。但关于库尔洛夫式及水化学类型的划分仍然采用了 meq/L，故本表暂用 meq/L。

水的硬度太低对混凝土有侵蚀性。

## 5.4　地下水分类

地下水的分类方法很多，根据含水情况的不同，地面以下的岩土层可划分为包气带和饱水带两个带(图 5-2)。地面以下稳定地下水面以上为包气带，稳定地下水面以下为饱水带。为了便于研究，水文地质学习惯上根据埋藏条件和赋存介质的不同进行地下水类型的划分(表 5-5)。根据地下水的埋藏条件，可以把地下水分为包气带水(含上层滞水)、潜水和承压水。由于赋存于不同岩层中的地下水，受其含水介质特征不同的影响，具有不同的分布与运动特点，按照含水介质类型地下水可分为孔隙水、裂隙水和岩溶水。即根据地下水赋存于岩层中的空隙类型，分别叫做各类型空隙的地下水。

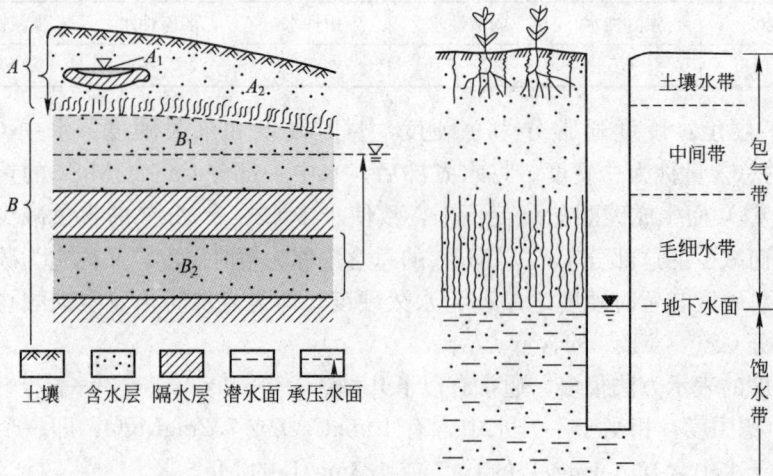

图 5-2　地下水的垂直分带

$A$—包气带；$B$—饱水带；$A_1$—上层滞水；$A_2$—毛细水带；$B_1$—潜水；$B_2$—承压水

地 下 水 分 类 表　　　　　　　　　　　　表 5-5

| 含水介质类型<br>埋藏类型 | 孔隙水<br>(松散沉积物孔隙中的水) | 裂隙水<br>(坚硬基岩裂隙中的水) | 岩溶水<br>(可溶岩溶隙中的水) |
|---|---|---|---|
| 上层滞水 | 包气带中局部隔水层上的重力水，主要是季节性存在 | 裸露于地表的裂隙岩层浅部季节性存在的重力水 | 裸露岩溶化岩层上部岩溶通道中季节性存在的重力水 |
| 潜　水 | 各类松散沉积物浅部的水 | 裸露于地表的坚硬基岩上部裂隙中的水 | 裸露于地表的岩溶化岩层中的水 |
| 承压水 | 山间盆地及平原松散沉积物深部的水 | 组成构造盆地、向斜构造或单斜断块的被掩覆的各类裂隙岩层中的水 | 组成构造盆地、向斜构造或单斜断块的被掩覆的岩溶化岩层中的水 |

地下水的埋藏条件是指含水层在地质剖面中所处的部位及受隔水层(弱透水层)限制的情况。

### 5.4.1 上层滞水

包气带又称非饱水带,含有结合水、毛细水和气态水。包气带水受颗粒表面吸附力和孔隙的毛细张力和重力的共同作用。分布于包气带中局部不透水层或弱透水层表面的重力水称为上层滞水(图 5-2)。

上层滞水的形成条件是:(1)透水层中分布有局部隔水层或弱透水层;(2)隔水层产状要水平,或接近水平;(3)隔水层分布有一定范围。

其特点是:(1)补给源为大气降水和地表水渗入,补给区与分布区一致;(2)水量小,且不稳定,季节性变化明显;(3)水位埋藏浅,易蒸发,易污染,水质较差。

其工程意义是:(1)供水意义不大,但在缺水地区,可作为小型供水源,如黄土高原;(2)包气带水的存在,可使地基土的强度减弱;(3)在寒冷的北方地区,易引起道路的冻胀和翻浆;(4)由于其水位变化大,常给工程的设计、施工带来困难。处理方法:抽掉,把隔水层底板打穿,排向下部含水层。

### 5.4.2 潜水

(1) 含义及埋藏条件

1) 含义

潜水是埋藏在地面以下第一个稳定隔水层之上具有自由水面的重力水(图 5-3)。潜水主要分布在松散岩土层中,出露地表的裂隙岩层或岩溶岩层中也有潜水分布。

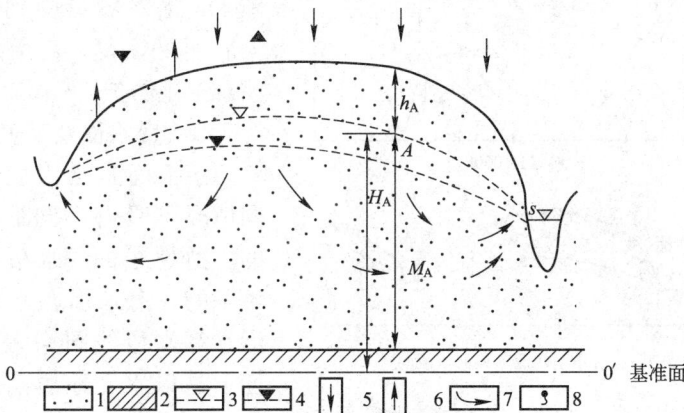

图 5-3  潜水的埋藏条件
1—含水层;2—隔水层;3—高水位期潜水面;4—低水位期潜水面;
5—大气降水入渗;6—蒸发;7—潜水流向;8—泉

2) 埋藏条件中的基本概念

① 潜水面:潜水的自由水面。

② 潜水位 $H$：潜水面上任一点的高程称该点的潜水位，如图 5-3 中 A 的潜水位为 $H_A$。

③ 埋藏深度（水位埋深）$h$：自地面某点至潜水面的距离，如图 5-3 中 A 点的埋藏深度为 $h_A$。

④ 潜水含水层的厚度 $M$；潜水面到隔水底板的距离，如图中 A 点的潜水含水层厚度为 $M_A$。

⑤ 隔水底板：含水层底部的隔水层。

⑥ 潜水面坡度：指相邻两条等水位线的水位差除以其水平距离。当其值很小时，可视为水力梯度。

（2）潜水特点

① 潜水为无压水，具有自由表面，其上无稳定的隔水层存在。

② 潜水在重力作用下，由高处向低处流动，流速取决于地层的渗透性能和水力坡度。

③ 潜水的分布区与补给区一致，受降水、地表水、凝结水补给。

④ 潜水积极参与水循环，资源易于补充恢复，潜水动态受气候影响较大，具有明显的季节性变化特征，且含水层厚度一般比较有限，其资源通常缺乏多年调节性。

⑤ 潜水的水质主要取决于气候、地形及岩性条件。湿润气候及地形切割强烈的地区，有利于潜水的径流排泄，往往形成含盐量不高的淡水。干旱气候下由细颗粒组成的盆地平原，以潜水的蒸发排泄为主，常形成含盐高的咸水，潜水容易受到污染，污染后不易恢复，对潜水水源应注意卫生防护。

（3）潜水面及其表示方法

潜水面是自由表面，在不同情况下具有不同形状，倾斜的、抛物线的、水平的、起伏不平的。潜水面在平面上常以潜水等水位线图来表示，在剖面上是以水文地质剖面图来反映（图 5-4）。

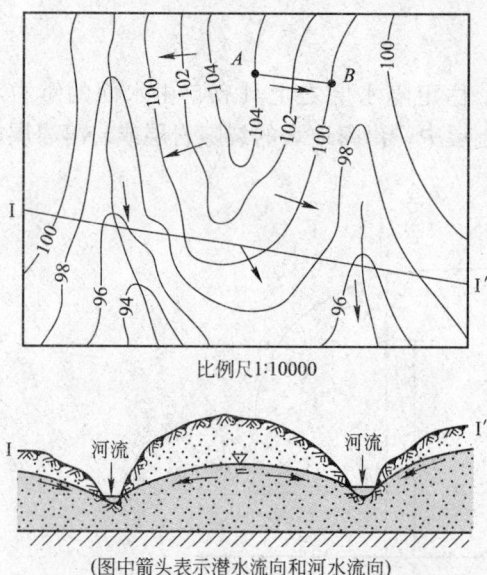

比例尺 1:10000

（图中箭头表示潜水流向和河水流向）

图 5-4　潜水等水位线图及 I - I′ 水文地质剖面图

1）潜水等水位线图

潜水等水位线图是指潜水面上标高（水位）相等点的连线图。绘制时将同一时间测得的潜水位标高相同的点用线连接起来，相当于地下水面的等高线图。

潜水等水位线图的用途主要有：

① 确定潜水流向：垂直于等水位线的方向，从高水位向低水位处流动，

如图 5-5 箭头所示的方向。

② 推求潜水的水力坡度：在潜水流向上取两点的水位差与两点间的水平距离的比值，即为该段潜水坡度。图 5-4 上 $A$、$B$ 两点潜水面的水力坡度为：

$$I_{AB} = \frac{104-100}{1100} = 0.0036 \tag{5-2}$$

③ 潜水埋藏深度：某点潜水埋藏深度为该点的地形等高线标高与同一位置等水位线标高的差值。

④ 确定潜水与地表水之间的关系：如果潜水流向河流，则潜水补给河水（图 5-5）；如果潜水流向河流，则潜水接受河水补给。

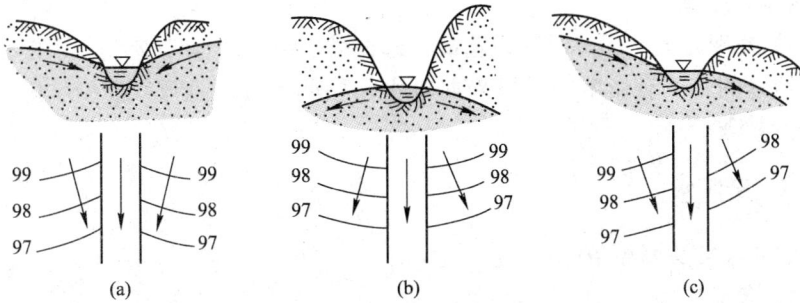

图 5-5　地表水与潜水之间的相互关系

(a)潜水补给河水；(b)河水补给潜水；(c)左岸潜水补给河水，右岸河水补给潜水

⑤ 确定泉或沼泽的位置：在潜水等水位线与地形等高线高程相等处，潜水出露，这里即是泉水位置。

⑥ 推断含水层的岩性或厚度的变化：在地形坡度变化不大的情况下，若等水位线由密变疏，含水层透水性变好或含水层变厚（图 5-6）。相反，则说明含水层透水性变差或厚度变小。

⑦ 确定给水和排水工程的位置：水井应布置在地下水流汇集的地方，排水沟（截水沟）应布置在垂直于水流的方向上。

2）影响潜水面的形状的因素

① 地形和坡度的影响：地形陡峻，潜水面陡，坡度大。与地形起伏基本一致，且小于地形坡度。

② 含水层岩性和厚度（透水性）以及隔水层底板形状的影响：潜水流经细—粗（透水性变好），潜水面由陡—缓。

③ 地表水体的影响：潜水流向河流

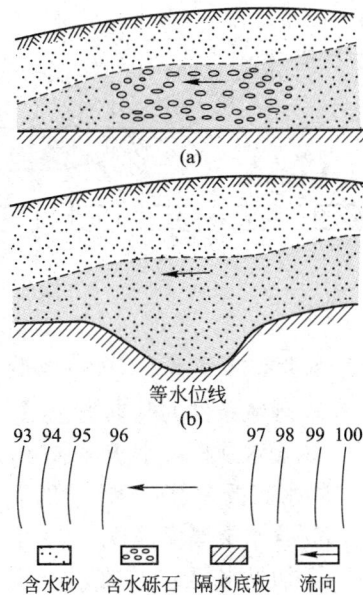

图 5-6　潜水面形状与岩层透水性及厚度的关系

(a)岩层透水性沿流程变化；
(b)岩层厚度沿流程变化

时，水面向河水方向倾斜。

④ 人为因素的影响：抽水、排水、开河挖渠、修水库。

⑤ 气候因素影响：降雨引起水位上升，干旱引起水位下降，潜水面随之变化。

（4）潜水对工程的影响

1）因埋藏浅，对建筑物稳定性有影响。

2）施工中，地下水的影响主要是由潜水造成的，如流砂、基坑突涌等。

3）潜水是重要的生活用水，农业灌溉水源，但不宜作为大城市供水水源（易污染，变动大）。

4）处理方案：①建筑物地基最好选在潜水位深的地带或者使用浅埋基础；②对地基的施工有影响时，可采取排水、降低水位，隔离或冻结法施工等措施进行处理。

### 5.4.3　承压水

（1）含义及埋藏条件

1）含义

充满于上下两个稳定隔水层之间的含水层中的有压重力水称为承压水（图 5-7）。承压水没有自由水面，水体承受静水压力，有时待钻孔揭露后可喷出地表，称为自流水。

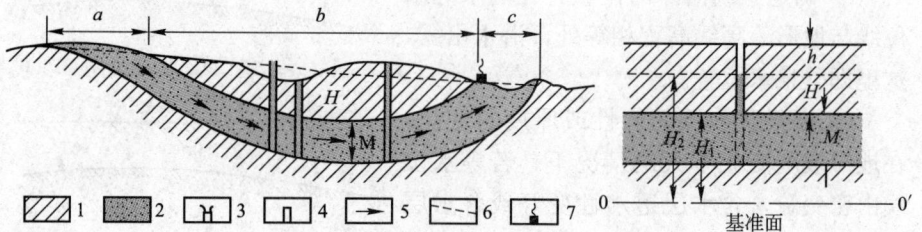

图 5-7　承压水的埋藏条件

a—补给区　b—承压区　c—排泄区

1—隔水层　2—含水层　3—喷水钻孔　4—不自喷钻孔　5—地下水流向　6—测压水位　7—泉

2）埋藏条件的基本概念（图 5-7）

① 隔水顶板：承压含水层的上部隔水层。

隔水底板：承压含水层的下部隔水层。

② 含水层厚度（M）：隔水顶板到底板的垂直距离。

③ 初见水位 $H_1$：在承压区，只有隔水顶板揭穿后才能见到地下水，当有隔水顶板揭穿时所见的地下水的高程，则称为承压水初见水位，即为隔水顶板底面的高程。

④ 承压水位 $H_2$：承压水待揭穿隔水顶板后水位不断上升，到一定高度后稳定下来的水面高程称承压水位。

⑤ 水位埋深 $h$：地面至承压水位的距离。

⑥ 承压水头 $H$：承压水位高出隔水顶板底面的距离。

适宜形成承压水的地质构造大致有两种：一为向斜构造或盆地称为自流盆地（图5-7），另一为单斜构造和自流斜地（图5-8和图5-9）。

（2）承压水特征

① 承压水的重要特征是没有自由水面，具有承压性，承受静水压力。

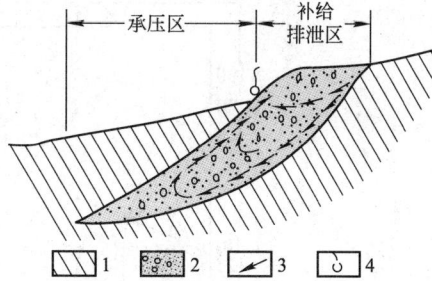

图5-8 岩性变化形成的自流斜地
1—隔水层；2—含水层；3—地下水流向；4—泉水

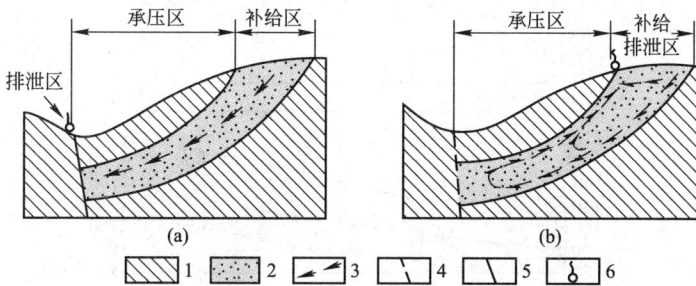

图5-9 断块构造形成的自流斜地（刘兆昌等，1998，有改动）
1—隔水层；2—含水层；3—地下水流向；4—不导水断层；5—导水断层；6—泉

② 埋藏区与补给区不一致，补给区、承压区和排泄区的分布较为明显。

③ 补给区为承压含水层出露地表部分，可接受降水，地表水及上部潜水的补给，具有潜水的特点。

④ 有限区域与外界联系，参与水循环不如潜水积极，水交替慢，平均滞留时间长（年龄老或长）——不宜补充、恢复。埋藏深度大，受人为因素和自然因素影响较小，故水质、水温、水量、水化学等特征变化小，动态稳定，具有多年调节性能。

⑤ 承压水的水质取决于埋藏条件及其与外界的联系程度，可以是淡水也可以是含盐量很高的卤水。通常水质较好，水量稳定，不宜受污染，但污染后很难修复，是良好的供水水源。

（3）等水压线图（图5-10）

1）含义：将许多钻孔揭露的承压水位相同的点连成线，叫等水压线，由等水压线组成的平面图即为等水压线图。

2）特点：一个地区很多钻孔揭露同一层的承压水位，可以形成一个面，叫水压面，这是一个想象的面。等水压线也是一个虚构的线，与潜水面和潜水等水位线不同的。

3）用途：除了与潜水等水位线图有相似的用途外，在图上还附有含水层顶板等高线，加上地形等高线，可计算以下数据：

141

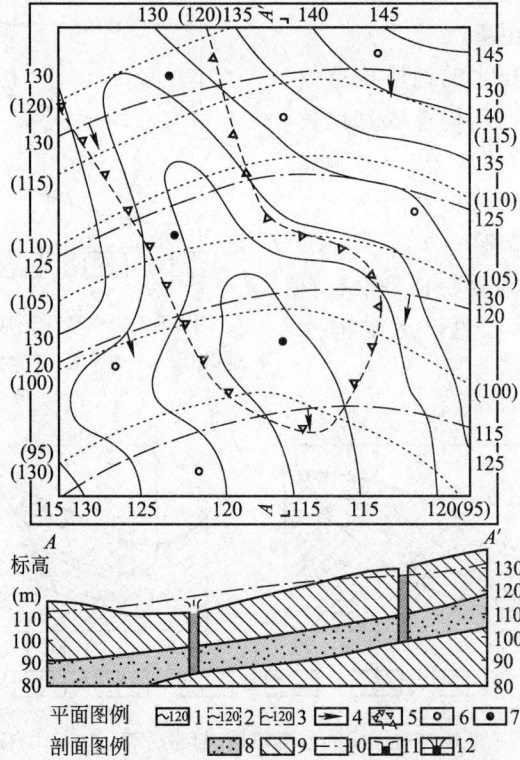

图 5-10 等水压线图(附含水层顶板等高线)

1—地形等高线(m);2—含水层顶板等高线(m);3—等水压线(m);

4—地下水流向;5—承压水自溢区;6—钻孔;7—自流井;

8—含水层;9—隔水层;10—承压水位线;11—钻孔;12—自流井

① 含水层埋藏深度=地形等高线高程值-含水层顶板等高线高程值,可作为打井所需的深度。

② 承压水位埋深=地形等高线高程值-等水压线高程值,可确定抽水水泵的吸程。

③ 承压水头=等水压线高程值-含水层顶板等高线高程值,可确定基坑突涌计算。

(4)对工程的影响

1)是良好的城市供水水源。

2)基坑开挖时,因承压水隔水顶板厚度减少而可能导致突涌。

3)排水比较困难,井深,范围广,水量大。

## 5.5 地下水运动与动态

### 5.5.1 地下水运动的基本规律

地下水的运动有层流、紊流和混合流三种形式。层流是地下水在岩土的孔隙或微裂隙中渗透，产生连续水流，紊流是地下水在岩土的裂隙或溶隙中流动，具有涡流性质，各流线有互相交错现象；混合流是层流和紊流同时出现的流动形式。

（1）达西定律

地下水在多孔介质中的运动称为渗透或渗流。地下水在孔隙中的运动属于层流，遵循达西（Darcy）线性渗透定律，其公式如下：

$$Q=KA\frac{H_1-H_2}{L}=KAI \tag{5-3}$$

或

$$v=\frac{Q}{A}=KI \tag{5-4}$$

式中  $Q$——单位时间内渗透量($\text{m}^3/\text{d}$)；

$H_1$、$H_2$——上、下游过水断面的水头(m)；

$L$——上、下游过水断面间的水平距离(m)；

$A$——过水断面的面积(包括岩石颗粒和空隙两部分的面积)($\text{m}^2$)；

$K$——渗透系数(或透水系数)(m/d)；

$I$——水力坡度；

$v$——地下水渗透速度(m/d)。

由式(5-2)可知：地下水的渗流速度与水力坡度的一次方成正比，也就是线性渗透定律。当 $I=1$ 时，$K=v$，即渗透系数是单位水力坡度时的渗流速度。达西定律只适用于雷诺数≤10 的地下水层流运动。在自然条件下，地下水流动时阻力大，一般流速较小，绝大多数属层流运动。但在岩石的洞穴及大裂隙中地下水的运动多属于非层流运动。

（2）渗透系数的确定

含水层的渗透系数 $k$ 宜按现场抽水试验确定；对粉土和粘性土，也可通过原状土样的室内渗透试验并结合经验确定；当缺少试验数据时，可根据土的其他物理指标按工程经验确定。下面对潜水完整井抽水试验作一介绍。

在测定地区打完整井（穿过含水层达到其下的隔水层的井），如图 5-11 所示。地下水具有自由水面，其下的隔水层是水平的，含水层是均质的，厚度为 $H$。井的半径 $r$，井壁可以使水自由流通。自井中抽水时，井中水位降低，与周围含水层产生水位差，水即向井内运动。如抽出的水量大于向井内运动的水量时，井中水位继续下降，水位差加大，随之加大了向井内运动的水量。当向井内运动的水量与从井内抽出的水量相等时，则井中水位保持不

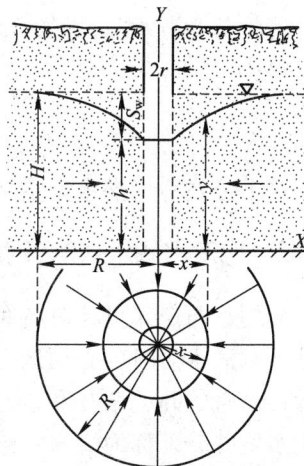

图 5-11  潜水完整井
抽水试验示意图

143

变，设此时井中的水位高度为 $h$，水位降深为 $s_w$。抽水开始阶段，与井中水位下降相适应，井周围含水层中的水位也由于水不断流向井中而相应降低。其下降幅度随远离井壁而逐渐减小，水面形成以井为中心的漏斗状，称为下降漏斗。下降漏斗随井中水位的不断降低而扩大其范围。当井中水位稳定不变之后，下降漏斗也渐趋稳定。此时漏斗所达到的范围，即为抽水时的影响范围。从井壁至影响范围边界的距离，称为影响半径，以 $R$ 表示。

潜水井应用裘布依(Dupuit)理论进行求解的，该理论的主要假设条件有：

1) 含水层为均质、各向同性、等厚。

2) 水流为平面径向流。流线指向井轴的径向直线，等水头面为以井为共轴的圆柱面。

3) 完整井，定流量抽水，通过各过水断面的流量处处相等，并等于抽水井的流量)。

4) 抽水影响半径内，从含水层的顶面到底部任意点的水力坡度是一个恒值。

以井的轴线为 $Y$ 纵坐标，隔水层的表面为 $X$ 横坐标。根据达西定律，则离井轴 $x$ 处任意断面上的流量为：

$$Q = KAI = K(2\pi xy)\frac{\mathrm{d}y}{\mathrm{d}x}$$

则有

$$2K\pi y \mathrm{d}y = Q\frac{\mathrm{d}x}{x}$$

分离变量并积分得：

$$2K\pi \int_h^H y \mathrm{d}y = Q\int_r^R \frac{\mathrm{d}x}{x}$$

利用上式可计算渗透系数为：

$$K = \frac{Q(\ln R - \ln r)}{\pi(H^2 - h^2)} \tag{5-5}$$

若将其中自然对数换算为以 10 为底的常用对数，并将 $\pi$ 的数值代入，得：

$$K = \frac{Q(\lg R - \lg r)}{1.364(H^2 - h^2)} \tag{5-6}$$

这个公式称为潜水完整井用抽水试验资料计算渗透系数的裘布依公式。

### 5.5.2　地下水涌水量的计算

应用达西定律可计算各种条件下的地下水流量。在计算流向集水构筑物的地下水涌水量时，必须区分集水构筑物的类型。集水构筑物按构造形式可分为：垂直的井、钻孔和水平的引水渠道、渗渠等。抽取潜水或承压水的垂直集水坑井分别称为潜水井或承压水井。潜水井和承压水井按其完整程度又可分为完整井及不完整井两种类型。完整井是井底达到了含水层下的不透水层，水只能通过井壁进入井内；不完整井是井底未达到含水层下的不透水层，水可从井底或井壁、井底同时进入井内。

（1）完整井

如图 5-11 所示。根据潜水完整井计算渗透系数的裘布依公式，可得潜水完整井涌水量的裘布依公式如下：

$$Q=1.364K\frac{H^2-h^2}{\lg R-\lg r} \quad \text{或} \quad Q=\frac{K\pi(H^2-h^2)}{\ln R-\ln r} \quad (5-7)$$

若井中水位 $h$ 用井中降深 $s_w$ 代替，则：

$$Q=1.364K\frac{(2H-s_w)s_w}{\lg R-\lg r} \quad (5-8)$$

同理，根据达西定律及裘布依理论，可得承压水完整井涌水量的裘布依公式如下：

$$Q=\frac{2\pi KM(H-h)}{\ln R-\ln r} \quad (5-9)$$

（2）基坑

基坑是指为进行建（构）筑物地下部分的施工由地面向下开挖出来的空间。许多建筑物的基础，常常埋置在含水层中，开挖基坑时，需要采取降水措施计算涌水量。正确的预测基坑可能涌水量，对编制施工组织、拟定降水方法等有重要的意义。

基坑与井的区别是平面尺寸较大、平面图形各式各样。因此，在使用井涌水量公式计算基坑涌水量时，需把基坑假想为圆形大井，求其假想半径或引用半径 $r_0$（图 5-12），并以引用影响半径 $R_0=R+r_0$，此法称为"大井法"。

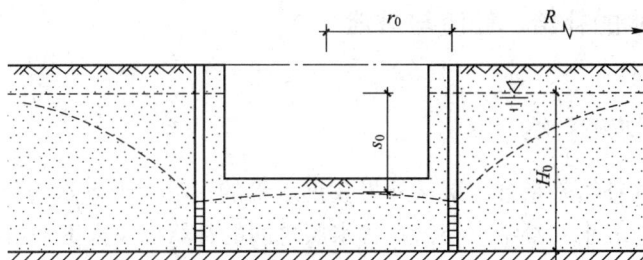

图 5-12　按潜水完整井的基坑涌水计算简图

1）群井按大井简化的均质含水层潜水完整井的基坑降水总涌水量

按潜水完整井的基坑降水总涌水量可按下列公式计算（图 5-12）：

$$Q=\pi K\frac{(2H_0-s_0)s_0}{\ln\left(1+\dfrac{R}{r_0}\right)} \quad (5-10)$$

式中：$Q$——基坑降水的总涌水量（$m^3/d$）；

$K$——渗透系数（m/d）；

$H_0$——潜水含水层厚度（m）；

$s_0$——基坑水位降深（m）

$R$——降水影响半径（m）；

$r_0$——沿基坑周边均匀布置的降水井群所围面积等效圆的半径，又称假想半径或引用半径(m)，可按计算 $r_0 = \sqrt{A/\pi}$，此处，$A$ 为降水井群连线所围的面积。

2) 群井按大井简化的均质含水层承压水完整井的基坑降水总涌水量

按承压水完整井的基坑降水总涌水量可按下列公式计算：

$$Q = 2\pi K \frac{M s_0}{\ln\left(1 + \dfrac{R}{r_0}\right)} \tag{5-11}$$

式中　$M$——承压含水层厚度(m)。

(3) 影响半径($R$)

按地下水稳定渗流计算井距、井的水位降深和单井流量时，影响半径($R$)宜通过试验确定。缺少试验时，可按下列公式计算并结合当地经验取值：

1) 潜水含水层

$$R = 2s_w \sqrt{kH} \tag{5-12}$$

2) 承压含水层

$$R = 10 s_w \sqrt{k} \tag{5-13}$$

式中　$s_w$——井水位降深(m)，当井水位降深小于10m时，取10m；

　　　$H$——潜水含水层厚度(m)。

其他各种不同条件下的井、基坑涌水量计算公式可从工程地质手册、基坑规范等文献中查到，这里不再赘述。

## 5.6　地下水的补给、径流与排泄

### 5.6.1　地下水的补给

地下水的补给是指含水层从外界获得水量的过程。地下水的补给来源有：大气降水、地表水和凝结水补给；含水层之间的补给以及人工补给等。

(1) 大气降水补给

大气降水是地下水的最主要补给来源，但大气降水补给地下水的数量与降水性质、植物覆盖、地形、地质构造、包气带厚度及岩石透水性等密切相关，一般来说，时间短的暴雨对补给地下水不利，而连绵细雨能大量补给地下水。

(2) 地表水补给

地表水体指的是河流、湖泊、水库与海洋等，地表水体可能补给地下水，也可能排泄地下水，这主要取决于地表水水位与地下水水位之间的关系。地表水位高于地下水位，地表水补给地下水；反之，地下水补给地表水。

(3) 含水层之间的补给

深部与浅层含水层之间的隔水层中若有透水的"天窗"或由于受断层的影响，使上下含水层之间产生一定的水力联系时，地下水便会由水位高的含水层流向补给水位低的含水层。此外，若隔水层有弱透水能力，当两含水层之间水位相差较大时，也会通过弱透水层进行补给。例如，对某一含水层抽水时，另一含水层可以越流补给抽水井，增加井的出水量。

（4）人工补给

包括灌溉水，工业与生活废水排入地下，以及专门为增加地下水量的人工方法补给。

### 5.6.2 地下水的排泄

地下水的排泄指含水层失去水量的过程。地下水排泄的方式有：蒸发、泉水溢出、向地表水体泄流、含水层之间的排泄和人工排泄等。

（1）蒸发

通过土壤蒸发与植物蒸发的形式而消耗地下水的过程叫蒸发排泄。蒸发量的大小与温度、湿度、风速、地下水位埋深、包气带岩性等有关，干旱与半干旱地区地下水蒸发强烈，是地下水排泄的主要形式。

（2）泉水

泉是地下水的天然露头，是地下水排泄的主要方式之一。当含水层通道被揭露于地表时，地下水便溢出地表形成泉。山区地形受到强烈的切割，岩石多次遭受褶皱、断裂，形成地下水流向地表的通道，因而山区常有丰富的泉水；而平原地区由于地势平坦，地表切割作用微弱，故泉的分布不多。按照补给含水层的性质，可将泉水分为上升泉与下降泉两大类。上升泉由承压含水层补给，下降泉由潜水或上层滞水补给。泉水根据出露原因，下降泉可分为侵蚀泉（图 5-13a、b）、接触泉（图 5-13c）和溢流泉（图 5-13d、e、f、g），上升泉可分为侵蚀（上升）泉（图 5-13h）、断层泉（图 5-13i）及接触带泉（图 5-13j）。

（3）向地表水泄流

当地下水位高于河水位时，若河床下面没有不透水岩层阻隔，那么地下水可以直接流向河流补给河水。其补给量可通过对上、下游两断面河流流量的测定计算。

（4）含水层之间的排泄

一个含水层通过"天窗"、导水断层、越流等方式补给另一个含水层时，对后一个含水层来说是补给，而对前一个含水层来说是排泄。

（5）人工排泄

抽取地下水作为供水水源和基坑抽水降低地下水位等，都是地下水的人工排泄方式。一些地区人工抽水是地下水排泄的主要方式，如北京、西安等许多大中城市，地下水是主要供水水源。

### 5.6.3 地下水的径流

地下水由补给区流向排泄区的过程叫径流。地下水由补给区流经径流区，流向排泄区的整个过程构成地下水循环的全过程。地下水径流包括径流方向、径流速度与径流量。

地下水补给区与排泄区的相对位置与高差决定着地下水径流的方向与径

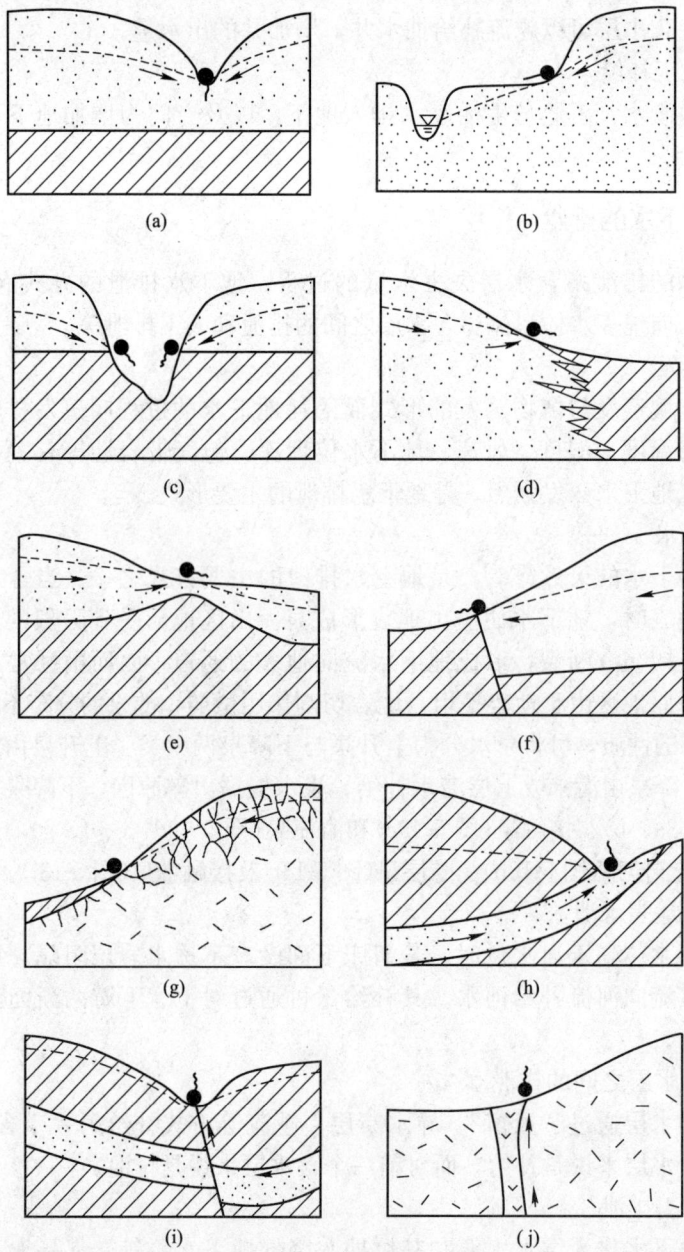

图 5-13 不同类型的泉

流速度；含水层的补给条件与排泄条件越好、透水性越强，则径流条件越好。例如：山区的冲积物，岩石颗粒粗，透水性强，含水层的补给与排泄条件好，山区地势险峻，地下水的水力坡度大，因此山区的地下水径流条件好；平原区多堆积一些细颗粒物质，地形平缓，水力坡度小，因此径流条件较差。径流条件好的含水层其水质较好。此外，地下水的埋藏条件亦决定地下水径流类型：潜水属无压流动；承压水属有压流动。

## 5.7 不同含水介质中的地下水

### 5.7.1 孔隙水

孔隙水主要分布在第四纪各种不同成因类型的松散沉积物中，这些松散岩层包括第四系和坚硬基岩的风化壳。广泛分布在平原地区、山间盆地、滨海平原。

（1）特点

1）最主要的特点是其水量在空间分布上连续性好，相对均匀，水量也较大。凡是打井都能获得一定的水量。

2）孔隙水一般呈层状分布，同一含水层中的水具有密切的水力联系；同一层水具有统一的水面；一般呈层流状态，符合达西定律，只有在特殊情况下，如大降深抽水附近，可能出现紊流。

3）水交替条件较好，参与水循环积极。

4）孔隙水的分布特征，直接受沉积物类型，地质结构，地貌形态，地形位置的影响而不同。尤其以沉积成因类型影响最大。在不同沉积环境中形成的不同成因类型的沉积物。其地貌形态、地质结构、沉积颗粒粒度及分选性等均各具特点，使赋存其中孔隙水的分布及与外界的联系程度也不同。可见掌握沉积物的沉积规律和分析了解沉积物的特征是认识、研究孔隙水的分布与形成规律的主要依据。

（2）主要含水层成因类型

1）洪积层孔隙含水层(图 5-14)：集中的洪流出口堆积而成，后缘为补给区、中前缘为潜水、承压水。

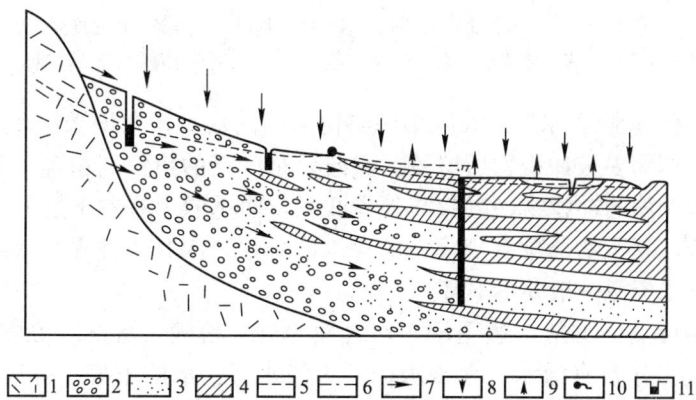

图 5-14 洪积扇水文地质剖面示意图

1—基岩；2—砾石；3—砂；4—黏性土；5—潜水位；6—深层承压水测压水位；
7—地下水及地表水流向；8—降水补给；9—蒸发排泄；10—下降泉；11—井，有水部分涂黑

扇形地中地下水特点，由扇顶至前缘：①含水层物质：颗粒由粗变细，

透水性由强变弱。②水位埋深：由大变小；水位变化由大变小。③地下水径流：由强变弱，渗透速度由大变小。④水化学作用：由单一（溶滤作用为主）变多样（溶滤、蒸发浓缩、阳离子交替吸附等），水化学类型由单一变复杂。⑤水质：由好变差，矿化度由低增高。城镇应分布于溢出带以上最有利于取用地下水地带。

2）冲积层孔隙含水层：河流地质作用形成的，低阶地承压水是良好水源；含水层颗粒较粗大，沿江河呈条带状有规律地分布，与地表水水力联系密切，补给充分，水循环条件好，水质较好，开采技术条件好，一般可构成良好的地下水水源地（图 5-15）。

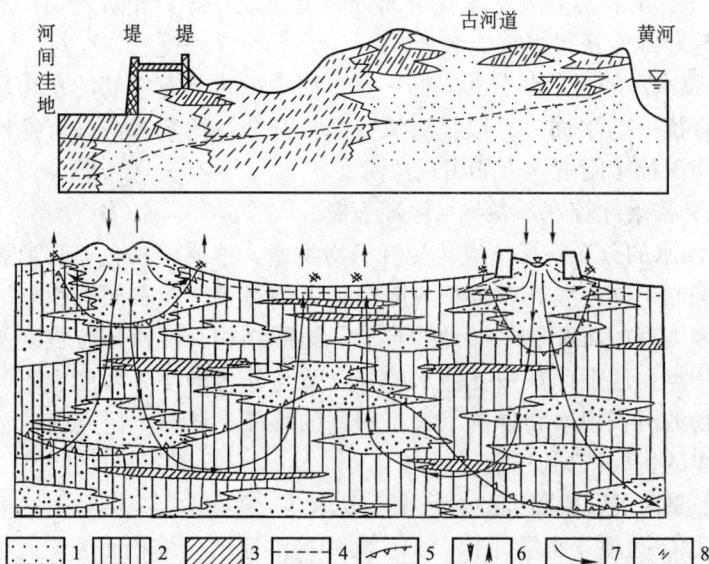

图 5-15　黄河冲积平原水文地质示意图

1—砂；2—砂质粉土、粉质黏土；3—黏土；4—地下水位；5—咸水（矿化度大于 2g/L）与淡水界线，齿指向咸水一侧；6—入渗与蒸发；7—地下水流线；8—盐渍化

3）湖积层孔隙含水层：我国第四纪初期湖泊众多，湖积物发育，后期湖泊萎缩，湖积物多被冲积物所覆盖。侧向分布广泛的粗粒湖积含水砂砾层主要通过进入湖泊的冲积物（砂层）与外界联系，而垂向上有黏土层分布越流补给比较困难。湖积物通常有规模大的含水砂砾层，因其与外界联系差，补给困难，地下水资源一般并不丰富。

含水层特点：①从岸边至湖心，岩性为砂—粉砂—黏土；②分选性好，层理细密；③分布有潜水、承压水；④为淡水；⑤水质不好，有淤泥臭味，使用价值不大。

4）黄土高原的地下水

黄土高原地下水水量不丰富，地下水埋深大，水质较差。为岩性、地貌、气候综合作用的结果。赋存于黄土孔隙与裂隙中的地下水是当地人民生活的主要水源（图 5-16）。

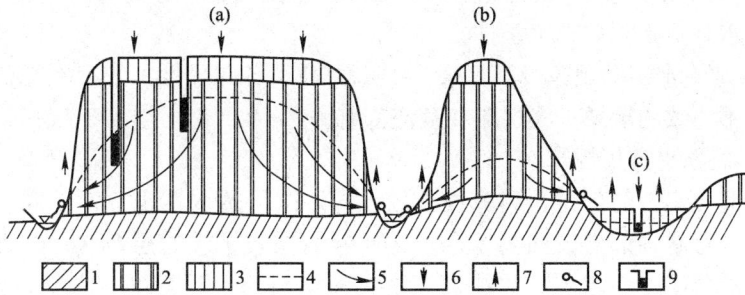

图 5-16　黄土高原地下水示意图

(a)黄土塬；(b)黄土梁峁；(c)黄土杖地

1—隔水基岩；2—下中更新世黄土；3—上更新世黄土；4—地下水位；

5—示意地下水流线；6—降水入渗；7—蒸；8—泉；9—井

黄土均发育垂直节理，且多虫孔、根孔等以垂向为主的大孔隙，其垂直渗透系数($K_v$)比水平渗透系数($K_h$)大许多。甘肃黄土，$K_v=0.19\sim0.37m/d$，$K_h=0.002\sim0.003m/d$（张宗祜，1966）。随深度($h$)加大，$K_v$明显变小。

黄土塬为在流水侵蚀下原始地貌保持较好的规模较大的黄土平台。黄土梁指长条带的黄土垅岗，黄土峁指深圆形的黄土土丘。黄土塬有利于降水入渗($\alpha=0.05\sim0.10$)，地下水较丰，由中心向四周地下水散流，中心水位浅，边缘水位深，矿化度向四周增大，至沟谷成泉、泄流。黄土梁、峁切割强烈，不利于降水入渗($\alpha<0.01$)，水量贫乏，水质较差，水位浅埋。

### 5.7.2　裂隙水

埋藏并运移于各种岩石裂隙中的地下水，称为裂隙水（图 5-17）。主要分布在山区，平原地区埋藏的基岩中。

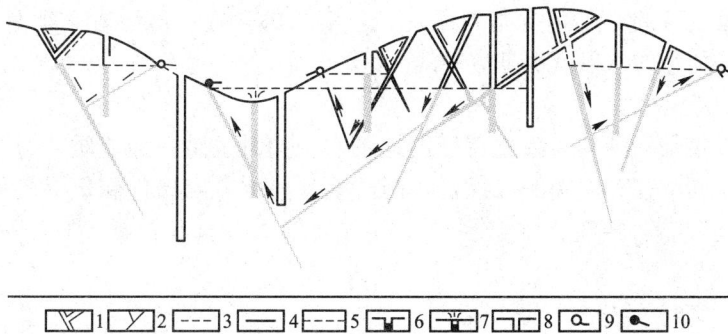

图 5-17　裂隙含水系统示意图

1—不含水裂隙；2—饱水裂隙；3—包气带水流向；4—饱水带水流向；

5—地下水位；6—水井；7—自流井；8—干井；9—季节性泉；10—常年性泉

（1）特点

1）含水性和富水性极不均一，分布不均一，水量差异悬殊。

影响因素有：①裂隙成因；②裂隙发育程度，充填情况，连通情况；③地下水补给来源，补给条件。

2）地下水运动规律极其复杂：①水力联系各向异性；②存在总流向与局部流向不一致的现象；③层流和紊流都有。

3）裂隙水富集规律：

①应力集中的部位，裂隙往往较发育，岩层透水性也好；②同一裂隙含水层中，背斜轴部常较两翼富水；③倾斜岩层较平缓岩层富水；④夹于塑性岩层中的薄层脆性岩层，往往发育密集而均匀的张开裂隙，易含水；⑤断层带附近往往格外富水；⑥裂隙岩层的透水性通常随深度增大而减弱。

（2）分类

1）按埋藏条件分：裂隙上层滞水、裂隙潜水、裂隙承压水。

2）按产状分：裂隙层状水（如层状含水层，风化裂隙具有统一水位的地下水）；裂隙脉状水（断层破碎带含水层）。

3）按成因分：风化裂隙水、构造裂隙水和成岩裂隙水。

（3）裂隙水的利用及对工程的影响

1）水量丰富时可以作为供水水源，常作为单井供水井；

2）因其分布规律不易掌握，施工中要预防突然涌水；

3）风化裂隙带在地下水量增大时，容易引起风化产物沿下伏基岩面滑动；

4）地下水通过风化带下渗至下部软弱夹层，造成层间错动，影响其上修建的各种建筑物安全。

### 5.7.3　岩溶水

所谓岩溶是指地表水和地下水对可溶性岩石以溶蚀作用为主所形成的地质现象的综合，又称喀斯特（Karst）。岩溶水是指储存和运动于可溶性岩石中的各种空洞、裂隙中的重力水，又称喀斯特水。

岩溶发育的必不可少基本条件：可溶岩的存在、可溶岩必须是透水的、具有侵蚀能力的水以及水是流动的。

（1）特点

它不仅是一种具有独立特征的地下水，同时也是一种地质营力，在流动过程中不断溶蚀其周围的介质，不断改变自身的贮存条件和运动条件，所以岩溶水在分布、径流、排泄和动态等方面都具有与其他类型地下水不同的特征。

1）岩溶水的分布特征

岩溶及岩溶水空间分布的极不均匀性，也决定了岩溶水补给、排泄、径流和动态等的一系列特征。

2）岩溶水的补给特征

在岩溶地区，除小部分降水沿裂隙缓慢地向地下入渗，绝大部分降水在地表汇集后通过落水洞、溶斗等直接流入或灌入地下，在短时间内通过顺畅的地下通道，迅速补给岩溶水，补给量很大。

3）岩溶水的排泄特征

集中排泄是岩溶水排泄的最大特点。

4）岩溶水的运动特征

在大洞穴中岩溶水流速快，呈紊流运动；而在断面较小的管路与裂隙中，水流则作层流运动。岩溶水可以是潜水，也可以是承压水。在岩溶水系统中，局部流向与整体流向常常是不一致的。

5）岩溶水的动态特征

岩溶水水位、水量变化幅度大，对降水反应明显。

6）岩溶水的化学特征

岩溶水的补给、径流及排泄等条件决定了岩溶水的水化学特征。由于水流交替条件良好，故岩溶水特别是浅部的岩溶水矿化度较小，一般在 0.5g/L 以下，水质多为 $HCO_3-Ca$ 型水，白云岩分布区则多为 $HCO_3-Ca-Mg$ 型水，埋藏较深的岩溶水化学成分则随水交替条件而异，通常补给区矿化度较低，随深度的增加矿化度逐渐升高。在构造封闭良好的古岩溶含水系统中，可保存矿化度高达 $50\sim200g/L$ 的 $Cl-Na$ 型沉积卤水。此外，由于岩溶水的独特补给方式，使得降水与地表水未经过滤便直接进入岩溶含水层，因此岩溶水极易被污染，利用岩溶水作供水水源时应予以注意。

（2）利用

1）岩溶水在有的地区相当丰富，可作为大城市供水源。

2）过量开采地区常形成地面塌陷。

3）建筑物施工中要注意突然涌水问题。

## 5.8　地下水的不良工程地质作用

地下水对土木工程的不良影响主要有：降低地下水位会使松散沉积层地基产生固结沉降；不合理的地下水流动会诱发某些土层出现流砂现象和潜蚀；位于地下水水位以下的岩石、土层和建筑物产生浮托作用；承压水隔水顶板基坑开挖导致基坑突涌；某些地下水对钢筋混凝土基础产生腐蚀。

### 5.8.1　地基沉降

在松散沉积层（如我国沿海软土层）中进行深基础施工时，往往需要人工降低地下水位。若降水不当，会使周围地基土层产生固结沉降，轻者造成邻近建筑物或地下管线的不均匀沉降；重者使建筑物基础下的土体颗粒流失，甚至掏空，导致建筑物开裂和危及安全使用。

如果抽水井滤网和砂滤层的设计不合理或施工质量差，则抽水时会将软土层中的黏粒、粉粒、甚至细砂等细小土颗粒随同地下水一起带出地面，使周围地面土层很快产生不均匀沉降，造成地面建筑物和地下管线不同程度的损坏。另一方面，井管开始抽水时，井内水位下降，井外含水层中的地下水不断流向滤管，经过一段时间后，在井周围形成漏斗状的弯曲水面——降水

154

漏斗。在这一降水漏斗范围内的软土层会发生渗透固结而造成地基土沉降。而且，由于土层的不均匀性和边界条件的复杂性，降水漏斗往往是不对称的，因而使周围建筑物或地下管线产生不均匀沉降，甚至开裂。

### 5.8.2　流砂

流砂是地下水自下而上渗流时土产生流动的工程地质现象，它与地下水的动水压力有密切关系，当地下水的动水压力大于土粒的浮重度或地下水的水力坡度大于临界水力坡度时，就会产生流砂。这种情况的发生常是由于在地下水位以下开挖基坑、埋设地下管道、打井等工程活动而引起的，所以流砂是一种工程地质现象。

流砂易产生在细砂、粉砂、粉质黏土等土中。流砂在工程施工中能造成大量的土体流动，致使地表塌陷或建筑物的地基破坏，能给施工带来很大困难，或直接影响建筑工程及附近建筑物的稳定，因此，必须进行防治。

在可能产生流砂的地区，若其上面有一定厚度的土层，应尽量利用上面的土层作天然地基，也可用桩基穿过流砂层，总之尽可能地避免开挖。如果必须开挖，可用以下方法处理流砂：

（1）人工降低地下水位：使地下水水位降至可能产生流砂的地层以下，然后开挖；

（2）打板桩：在土中打入板桩，它一方面可以加固坑壁，同时增长了地下水的渗流路程以减小水力坡度；

（3）冻结法：用冷冻方法使地下水结冰，然后开挖；

（4）水下挖掘：基坑（或沉井）中用机械在水下挖掘，避免因排水而造成产生流砂的水头差，为了增加砂的稳定，也可向基坑中注水并同时进行挖掘。

此外，处理流砂的方法还有化学加固法、爆炸法及加重法等。在基坑开挖的过程中局部地段出现流砂时，立即抛入大块石等，可以克服流砂的活动。

### 5.8.3　潜蚀

潜蚀作用可分为机械潜蚀和化学潜蚀两种。机械潜蚀是指土粒在地下水的动水压力作用下受到冲刷，将细粒冲走，使土的结构破坏，形成洞穴的作用，由人类工程活动所引起的这种现象又叫管涌；化学潜蚀是指地下水溶解土中的易溶盐分，使土粒间的结合力和土的结构破坏，土粒被水带走，形成洞穴的作用。这两种作用一般是同时进行的。在地基土层内产生地下水的潜蚀作用时，将会破坏地基土的强度，形成空洞，产生地表塌陷，影响建筑工程的稳定。在我国的黄土层及岩溶地区的土层中，常有潜蚀现象产生，修建建筑物时应予注意。

对潜蚀的处理可以采用堵截地表水流入土层、阻止地下水在土层中流动、设置反滤层、改造土的性质，减小地下水流速及水力坡度等措施。这些措施应根据当地的具体地质条件分别或综合采用。

### 5.8.4 地下水的浮托作用

当建筑物基础底面位于地下水位以下时，地下水对基础底面产生静水压力，即产生浮托力。如果基础位于粉性土、砂性土、碎石土和裂隙发育的岩石地基上，则按地下水位100%计算浮托力；如果基础位于裂隙不发育的岩石地基上，则按地下水位50%计算浮托力；如果基础位于黏性土地基上，其浮托力较难确切地确定，应结合地区的实际经验考虑。

地下水不仅对建筑物基础产生浮托力，同样对其水位以下的岩石、土体产生浮托力，因此确定地基承载力设计值时，无论是基础底面以下土的天然重度还是基础底面以上土的加权平均重度，地下水位以下一律取有效重度(浮重度)。

### 5.8.5 基坑突涌

基坑突涌是指基坑底部承压水隔水顶板厚度因基坑开挖而变薄后，不足以抵抗承压水头压力作用时，承压水的水头压力会冲破基坑底板，这种工程地质现象称为基坑突涌。

为避免基坑突涌的发生，必须验算基坑底层的安全厚度 $M$，则基坑底层厚度范围的岩土重量与承压水头压力应相互平衡：

$$\gamma M = \gamma_w H \tag{5-14}$$

式中　$\gamma$、$\gamma_w$——分别为基坑底岩土的重度和地下水的重度；

　　　　$H$——相对于含水层顶板的承压水头值；

　　　　$M$——基坑开挖后承压水隔水顶板岩土层的厚度。

则基坑底部承压水隔水顶板岩土层的厚度应满足式(5-15)，见图 5-18。

$$M > \frac{\gamma_w}{\gamma} H \tag{5-15}$$

若 $M < \gamma_w H / \gamma$，为防止基坑突涌，则必须对承压含水层进行预先排水，使其承压水头下降至基坑底能够承受的水头压力(如图 5-19)，而且，相对于含水层顶板的承压水头 $H_w$ 必须满足式(5-16)：

$$H_w < \frac{\gamma}{\gamma_w} M \tag{5-16}$$

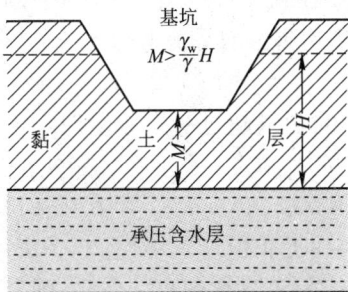

图 5-18　基坑底隔水顶板最小厚度　　　图 5-19　防止基坑突涌的抽水降压

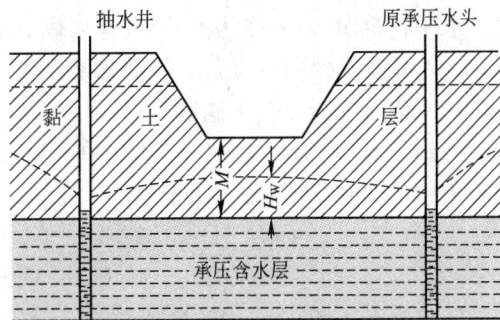

### 5.8.6　地下水的腐蚀性

地下水某些成分含量过多时，对混凝土、可溶性石料、管道、钢铁等都有侵蚀危害。如硅酸盐水泥遇水硬化，并且形成 $Ca(OH)_2$、水化硅酸钙 $3CaO \cdot SiO_2 \cdot 12H_2O$、水化铝酸钙 $3CaO \cdot Al_2O_3 \cdot 6H_2O$ 等，这些物质往往会受到地下水的腐蚀。根据地下水对建筑材料腐蚀评价标准（岩土工程勘察规范 GB 50021），其腐蚀等级可分为微、弱、中、强四个等级，腐蚀类型分为三种。

(1) 结晶类腐蚀

1) 当地下水中含过多的 $SO_4^{2-}$ 时，发生式（5-17）所示的化学反应，将与混凝土中的 $Ca(OH)_2$ 作用生成二水石膏结晶晶体 $CaSO_4 \cdot 2H_2O$。

$$CaSO_4 + 2H_2O \Longrightarrow CaSO_4 \cdot 2H_2O \tag{5-17}$$

当硬石膏变成二水石膏时，体积将增大 31%，产生 0.15MPa 的膨胀压力，破坏混凝土。

2) 二水石膏再与水化铝酸钙发生化学反应式（5-18），生成水化硫铝酸钙（亦称水泥杆菌），水化硫铝酸钙结合着很多的化合水，体积可膨胀近 2.5 倍，破坏力很大。

$$3CaO \cdot Al_2O_3 \cdot 6H_2O + 3CaSO_4 + 25H_2O = 3CaO \cdot Al_2O_3 \cdot 3CaSO_4 \cdot 31H_2O \tag{5-18}$$

(2) 分解类腐蚀

地下水含有 $CO_2$、$HCO_3^-$，$CO_2$ 与混凝土中的 $Ca(OH)_2$ 作用，生成 $CaCO_3$ 沉淀，见下式：

$$Ca(OH)_2 + CO_2 = CaCO_3 \downarrow + H_2O \tag{5-19}$$

由于 $CaCO_3$ 不溶于水，它可填充混凝土的孔隙，在混凝土周围形成一层保护膜，能防止 $Ca(OH)_2$ 的分解。但是，当地下水中 $CO_2$ 的含量超过一定数值时，$HCO_3^-$ 离子的含量过低，则超量的 $CO_2$ 再与 $CaCO_3$ 反应。

$$CaCO_3 + CO_2 + H_2O \Longrightarrow Ca^{2+} + 2HCO_3^- \tag{5-20}$$

这是一个可逆反应，碳酸钙溶于水中后，要求水中必须含有一定数量的游离 $CO_2$ 以保持平衡，如水中游离 $CO_2$ 减少，则方程向左进行发生碳酸钙沉淀。水中这部分 $CO_2$ 称为平衡二氧化碳。若水中游离 $CO_2$ 大于当时的平衡 $CO_2$，则可使方程向右进行，碳酸钙被溶解，直到达到新的平衡为止。

(3) 结晶分解复合类腐蚀

当地下水中 $NH_4^+$、$NO_3^-$、$Cl^-$ 和 $Mg^{2+}$ 离子的含量超过一定数量时，与混凝土中的 $Ca(OH)_2$ 发生反应。

$$Ca(OH)_2 + MgSO_4 = Mg(OH)_2 + CaSO_4 \tag{5-21}$$

$$Ca(OH)_2 + MgCl_2 = Mg(OH)_2 + CaCl_2 \tag{5-22}$$

$Ca(OH)_2$ 与镁盐作用的生成物中，除 $Mg(OH)_2$ 不易溶解外，$CaCl_2$ 则易溶于水，并随之流失；硬石膏一方面与混凝土中的水化铝酸钙发生化学反应生成水化硫铝酸钙，另一方面遇水后生成二水石膏，结果是破坏混凝土。

## 复习思考练习题

**5-1** 什么是岩土的空隙性？可用什么指标表示它？

**5-2** 岩土中的水有哪几种形式？哪些形式的水对工程影响大？

**5-3** 含水的岩层都是含水层吗？含水层与透水层概念是什么？各有什么特点？

**5-4** 什么是地下水的矿化度、硬度？地下水中含量较多的四种阳离子和三种阴离子是什么？

**5-5** 什么是地下水的埋藏条件？简述按埋藏条件划分的各类地下水的特征。

**5-6** 什么是地下水的循环？由哪些环节组成？

**5-7** 达西定律适用的范围是什么？其渗流速度是真实流速吗？为什么？

**5-8** 地下水向集水构筑物运动的计算需要考虑哪些因素？

**5-9** 影响地下水动态的因素的有哪些？简述地下水补径排的含义。

**5-10** 简述不同含水介质中的地下水的特征。

**5-11** 简述地下水引起的地基沉降、潜蚀、流砂、基坑突涌的成因及其对工程的影响和防治措施，并比较流砂与潜蚀的异同。

**5-12** 有一建筑场地，其简要水文地质条件如图 5-20 所示，上部隔水顶板和下部隔水底板均为黏性土层，其承压含水层初见水位为 $H_1$，承压水位为 $H_2$，地下水位埋深为 $h$。在此建筑场地上有一基坑设计总深度为 $h$ 总，随着开挖的进行，设其开挖深度为 $h_1$，黏性土的重度为 $\gamma$，地下水的重度为 $\gamma_w$。请问该基坑在开挖过程中可能会出现哪些与地下水作用有关的工程地质问题？在什么条件下该基坑是安全的？如不安全，可以采取哪些措施进行控制？

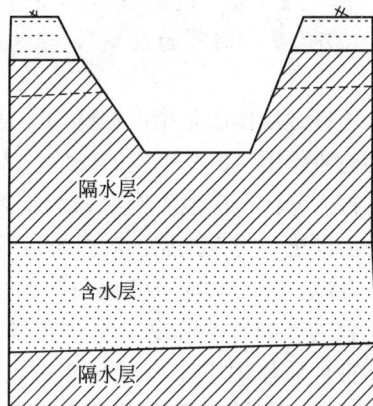

图 5-20 复习思考练习题 5-12 图

**5-13** 地下水对钢筋混凝土的腐蚀分为哪几种类型？各类腐蚀分别是由哪些过量的离子引起的？

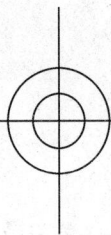

# 第6章
## 不良地质作用及防治

### 本章知识点

【知识点】地震的震级、烈度、近震、远震及地震波的传播等基本概念；断裂活动和地震的关系，活动断裂的分类和识别及对工程的影响；滑坡、崩塌、岩溶、土洞、塌陷、泥石流，采空区、地面沉降等不良地质现象的成因、发育过程和规律及其对工程的影响。

【重点】断裂活动与地震的关系；滑坡、崩塌及泥石流灾害的形成条件及防治对策；岩溶地区的主要地质问题。

【难点】地震诱发地质灾害特征；采空区地表变形的影响因素。

【导读问题】哪些地质作用不是"良民"？地质灾害大家庭里哪位是"温柔的杀手"，让你感受不到的灾害？

不良地质作用是指由地球内力或外力产生的对人类工程或环境可能造成危害的地质作用。由其引发的，危及人身、财产、工程或环境安全的事件称为地质灾害。分析不良地质作用和地质灾害的形成条件和发展规律，以便采取相应的防治措施，防灾减灾，对保障工程建筑和人民生命安全具有重要意义。对这些不良地质作用及现象应查明其类型、范围、活动性、影响因素、发生机理、对工程的影响和评价以及为改善场地的地质条件而应采取的防治措施。常见的不良地质作用主要有风化作用、流水地质作用、活动断裂与地震、岩溶与岩溶塌陷、斜坡地质作用及其灾害（崩塌、滑坡及泥石流）、采空区沉降与塌陷、地面沉降等，其中风化作用、流水地质作用在前面章节已有叙述。

## 6.1 地震

### 6.1.1 地震的基本概念

（1）地震的定义

一般来说地震是一种地质现象，是地壳构造运动的一种表现。地下深处的岩层，由于活动性断层突然错动或其他原因而产生震动，并以弹性波的形式传递到地表，这种现象称为地震。

（2）震源

地壳或地幔中发生地震的地方称为震源。震源在地面上的垂直投影称为震中（图 6-1）。震中可以看做地面上震动的中心，震中附近地面震动最大，远离震中地面震动减弱。

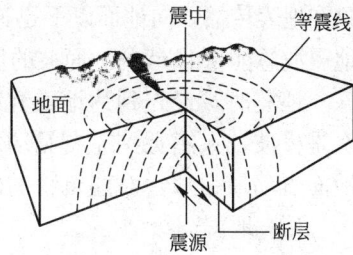

图 6-1　地震名词示意图

（3）震源深度

震源与地面的垂直距离，称为震源深度。

同样大小的地震，当震源较浅时，波及范围较小，破坏性较大；当震源深度较大时，波及范围虽较大，但破坏性相对较小。多数破坏性地震都是浅震。深度超过 100km 的地震，在地面上不会引起灾害。例如，唐山地震震中位于唐山市内铁路以南的市区，震源深度为 12～16km，属于浅源地震，唐山市区平地的建筑物大部分遭到毁坏。2008 年"5·12"汶川地震震源深度约 19km，2010 年"4·14"玉树地震震源深度约 14km。

（4）震中距

地面上某一点到震中的直线距离，称为该点的震中距。震中距在 1000km 以内的地震，通常称为近震，大于 1000km 的称为远震。引起灾害的一般都是近震。

（5）震中区

围绕震中的一定面积的地区，称为震中区，它表示一次地震时震害最严重的地区。强烈地震的震中区往往又称为极震区。

（6）等震线

在同一次地震影响下，地面上破坏程度相同各点的连线，称为等震线（图 6-1）。等震线图在地震工作中的用途很多。根据它可确定宏观震中的位置。根据震中区等震线的形状，可以推断产生地震的断层（发震断层）的走向。

（7）地震波

地震引起的振动以波的形式从震源向各个方向传播，称为地震波。地震波可分为体波和面波。

体波又分为纵波（P 波）和横波（S 波）。

纵波是由震源传出的压缩波，又称 P 波，质点振动方向与波的前进方向一致，一疏一密地向前传播。纵波在固态、液态及气态中均能传播。纵波的传播速度快，是最先到达地表的波动，纵波在完整岩石中的传播速度约为 $V_p = 4000 \sim 6000 \text{m/s}$，在水中的传播速度约为 1450m/s，在空气中的传播速度为 340m/s。纵波周期短，振幅小。纵波的能量约占地震波能量的 7%。

横波是震源向外传播的剪切波，又称 S 波，横波质点振动方向与波的前进方向垂直。传播时介质体积不变，但形状改变，周期较长，振幅较大。由于横波是剪切波，所以它只能在固体介质中传播，而不能通过对剪切变形没有抵抗力的流体。横波是第二个到达地表的波动，横波的能量约占地震波总能量的 26%。横波在完整岩石中的传播速度约为 $V_s = 2000 \sim 4000 \text{m/s}$，横波在水中的传播速度为零，即横波不能在流体中传播。

面波（又分瑞利波 R 波和勒夫波 L 波）是体波到达地面后激发的次生波，它只在地表传播，向地面以下迅速消失。面波波长大，振幅大，能量很大，约占地震波总能量的 67%。面波的传播速度最慢，瑞利波的波速 $V_R = 0.9 \sim 0.95 V_s$。

地震时，最先到达地面建筑物的总是纵波，人首先感觉到上下震动；其次是横波，人感觉到左右晃动；最后到达的才是面波。当横波和面波到达时，地面震动最强烈，对建筑物的破坏性最大。

（8）地震震级

地震震级是度量地震本身释放能量大小的指标，能量越大，震级越大。地震震级与地震释放能量的关系见表 6-1。

震级与能量关系 表 6-1

| 地震震级 | 能量(J) | 地震震级 | 能量(J) |
|---|---|---|---|
| 1 | $2.00 \times 10^6$ | 6 | $6.31 \times 10^{13}$ |
| 2 | $6.31 \times 10^7$ | 7 | $2.00 \times 10^{15}$ |
| 3 | $2.00 \times 10^9$ | 8 | $6.31 \times 10^{16}$ |
| 4 | $6.31 \times 10^{10}$ | 9 | $3.55 \times 10^{17}$ |
| 5 | $2.00 \times 10^{12}$ | 10 | $1.41 \times 10^{18}$ |

小于 2 级的地震称为微震，2～4 级的地震称为有感地震，5～6 级以上地震称为破坏性地震，7 级以上的地震称为强烈地震。

目前，最基本的震级标度有 4 种：矩震级 $M_W$，近震震级（$M_L$）、体波震级（$M_b$ 和 $M_B$）和面波震级（$M_S$）。

① 矩震级（$M_W$）

矩震级是反映地震断层错动程度的一个物理量，它等于断层面的面积 $S$、断层面的平均位错量和断层岩石剪切模量 $\mu$ 的乘积。地震的矩震级，既可由地震波记录反演计算获得，也可从野外测量断层的平均位错、破裂长度、实验室内测量的岩石剪切模量以及从等震线的衰减或余震推断的震源深度计算出来。如 2008 年 5 月 12 日汶川地震 $M_W$ 为 7.9 级。它的适用范围从 >3.5 级到无限制。

② 近震震级（$M_L$）

根据近震体波算出的震级称近震震级，又称地方性震级。可用伍德-安德森扭力式地震仪（Wood-Anderson torsion seismometer）测定，地方性震级 $M_L$ 的适用范围为 2～6 级，最多不能到 6.8 级。

③ 体波震级（$M_b$ 或 $M_B$）

由 P 波振幅计算出来的震级为体波震级。深源地震（<300km）的面波不强，故体波震级更适用于标量深源地震的震级。用周期 1s 左右的 P 波振幅计算出来的震级叫 $M_b$，而用周期 5～15s 的 P 波振幅计算出来的震级叫 $M_B$。$M_b$ 适合于震源深度 16～100km，震级 4～7 级。

④ 面波震级（$M_S$）

面波震级（$M_S$）是指根据 R 波垂直分量的振幅计算出来的震级。我国国家标准《地震震级的规定》GB 17740—1999 采用的是面波震级 $M_s$（简记为 $M$），如汶川地震面波震级 $M$ 为 8.0 级。面波震级适用于震源深度 20～180km，震级 5～8 级。

(9) 地震烈度

地震烈度是指地震对地表和工程结构影响的强弱程度。它与距震中距离密切相关，如唐山发生的7.8级大地震，对震中唐山的破坏是毁灭性的，对附近北京的破坏是局部性的，而对远处的沈阳基本没有影响。地震烈度不仅与震级有关，还和震源深度、距震中距离以及地震波通过的介质条件(岩石性质、地质构造、地下水埋深)及建筑结构物的抗震性能等多种因素有关。一般情况下，震级越高、震源越浅、距震中越近，地震烈度就越高，破坏程度就越大。

地震烈度本身又可分为基本烈度、建筑场地烈度和设防烈度。

1) 基本烈度是指一个地区在今后100年内，在一般场地条件下可能遇到的最大地震烈度。它是在研究了区域内毗邻地区的地震活动规律后，对地震危险性作出的综合性的平均估计和对未来地震破坏程度的预报，目的是作为工程设计的依据和抗震的标准。

2) 建筑场地烈度又称小区域烈度，它是指建筑场地内因地质条件、地貌、地形条件和水文地质条件的不同而引起基本烈度的降低或提高后的烈度。通常建筑场地烈度比基本烈度提高或降低半度至一度。

3) 设防烈度又称设计烈度，它是指应按国家规定的权限审批、颁发的文件(图件)确定的，在基本烈度的基础上，考虑建筑物的重要性、永久性、抗震性，将基本烈度加以适当调整，调整后设计采用的烈度称为设防烈度。大多数一般建筑物不需调整，基本烈度即为设防烈度。特别重要的工程建筑需提高一度时，应按规定报请有关部门批准。对次要建筑，如仓库或辅助建筑，设防烈度可降低一度。但基本烈度为Ⅶ度时，不降。

地震烈度鉴定可参考表6-2。

地震烈度鉴定表　　　　　　　　　表6-2

| 地震烈度 | 人的感觉 | 房屋震害 | | | 其他震害现象 | 水平向地震动参数 | |
| --- | --- | --- | --- | --- | --- | --- | --- |
| | | 类型 | 震害程度 | 平均震害指数 | | 峰值加速度(m/s²) | 峰值速度(m/s) |
| Ⅰ | 无感 | — | — | — | — | — | — |
| Ⅱ | 室内个别静止中人有感觉 | — | — | — | — | — | — |
| Ⅲ | 室内少数静止中人有感觉 | — | 门、窗轻微作响 | — | 悬挂物微动 | — | — |
| Ⅳ | 室内多数人、室外少数人有感觉，少数人梦中惊醒 | — | 门、窗作响 | — | 悬挂物明显摆动，器皿作响 | — | — |
| Ⅴ | 室内绝大多数、室外多数人有感觉，多数人梦中惊醒 | — | 门窗、屋顶、屋架颤动作响，灰土掉落，个别房屋抹灰出现细微细裂缝，个别有檐瓦掉落，个别屋顶烟囱掉砖 | — | 悬挂物大幅度晃动，不稳定器物摇动或翻倒 | 0.31(0.22~0.44) | 0.03(0.02~0.04) |

续表

| 地震烈度 | 人的感觉 | 房屋震害 | | | 其他震害现象 | 水平向地震动参数 | |
|---|---|---|---|---|---|---|---|
| | | 类型 | 震害程度 | 平均震害指数 | | 峰值加速度($m/s^2$) | 峰值速度($m/s$) |
| Ⅵ | 多数人站立不稳,少数人惊逃户外 | A | 少数中等破坏,多数轻微破坏和/或基本完好 | 0.00～0.11 | 家具和物品移动;河岸和松软土出现裂缝,饱和砂层出现喷砂冒水;个别独立砖烟囱轻度裂缝 | 0.63 (0.45～0.89) | 0.06 (0.05～0.09) |
| | | B | 个别中等破坏,少数轻微破坏,多数基本完好 | | | | |
| | | C | 个别轻微破坏,大多数基本完好 | 0.00～0.08 | | | |
| Ⅶ | 大多数人惊逃户外,骑自行车的人有感觉,行驶中的汽车驾乘人员有感觉 | A | 少数毁坏和/或严重破坏,多数中等和/或轻微破坏 | 0.09～0.31 | 物体从架子上掉落;河岸出现塌方,饱和砂层常见喷水冒砂,松软土地上地裂缝较多;大多数独立砖烟囱中等破坏 | 1.25 (0.90～1.77) | 0.13 (0.10～0.18) |
| | | B | 少数毁坏,多数严重和/或中等破坏 | | | | |
| | | C | 个别毁坏,少数严重破坏,多数中等和/或轻微破坏 | 0.07～0.22 | | | |
| Ⅷ | 多数人摇晃颠簸,行走困难 | A | 少数毁坏,多数严重和/或中等破坏 | 0.29～0.51 | 干硬土上出现裂缝,饱和砂层绝大多数喷砂冒水;大多数独立砖烟囱严重破坏 | 2.50 (1.78～3.53) | 0.25 (0.19～0.35) |
| | | B | 个别毁坏,少数严重破坏,多数中等和/或轻微破坏 | | | | |
| | | C | 少数严重和/或中等破坏,多数轻微破坏 | 0.20～0.40 | | | |
| Ⅸ | 行动的人摔倒 | A | 多数严重破坏或/和毁坏 | 0.49～0.71 | 干硬土上多处出现裂缝,可见基岩裂缝、错动,滑坡、塌方常见;独立砖烟囱多数倒塌 | 5.00 (3.54～7.07) | 0.50 (0.36～0.71) |
| | | B | 少数毁坏,多数严重和/或中等破坏 | | | | |
| | | C | 少数毁坏和/或严重破坏,多数中等和/或轻微破坏 | 0.38～0.60 | | | |
| Ⅹ | 骑自行车的人会摔倒,处不稳状态的人会摔离原地,有抛起感 | A | 绝大多数毁坏 | 0.69～0.91 | 山崩和地震断裂出现;基岩上拱桥破坏;大多数独立砖烟囱从根部破坏或倒毁 | 10.00 (7.08～14.14) | 1.00 (0.72～1.41) |
| | | B | 大多数毁坏 | | | | |
| | | C | 多数毁坏和/或严重破坏 | 0.58～0.80 | | | |
| Ⅺ | — | A | 绝大多数毁坏 | 0.89～1.00 | 地震断裂延续很大,大量山崩滑坡 | — | — |
| | | B | | 0.78～1.00 | | | |
| | | C | | | | | |

| 地震烈度 | 人的感觉 | 房屋震害 | | | 其他震害现象 | 水平向地震动参数 | |
|---|---|---|---|---|---|---|---|
| | | 类型 | 震害程度 | 平均震害指数 | | 峰值加速度(m/s²) | 峰值速度(m/s) |
| Ⅻ | — | A | 几乎全部毁坏 | 1.00 | 地面剧烈变化，山河改观 | — | — |
| | | B | | | | | |
| | | C | | | | | |

注：表中给出的"峰值加速度"和"峰值速度"是参考值，括弧内给出的是变动范围。

## 6.1.2 地震破坏方式

地震破坏方式有共振破坏、驻波破坏、相位差动破坏、地震液化和地震带来的地质灾害五种。

（1）共振破坏

地基土质条件对于建（构）筑的抗震性能的影响是很复杂的，它涉及地基土层接收振动能量后如何传达到建（构）筑物上。地震时，从震源发出的地震波，在土层中传播时，经过不同性质界面的多次反射，将出现不同周期的地震波。若某一周期的地震波与地基土层固有周期相近，由于共振的作用，这种地震波的振幅将得到放大，此周期称为卓越周期 $T$。

卓越周期可用式 $T = \sum_{i=1}^{n} \frac{4h_i}{v_s}$ 计算，其中 $h_i$ 为第 $i$ 层厚度，一般算至基岩；$V_s$ 为横波波速。

根据地震记录统计，地基土随其软硬程度不同，卓越周期可划分为四级：

Ⅰ级——稳定岩层，卓越周期为 0.1～0.2s，平均 0.15s；

Ⅱ级——一般土层，卓越周期为 0.2～0.4s，平均 0.27s；

Ⅲ级——松软土层，卓越周期在 Ⅱ-Ⅳ 级之间；

Ⅳ级——异常松散软土层，卓越周期为 0.3～0.7s，平均 0.5s。

一般低层建筑物的刚度比较大，自振周期比较短，大多低于 0.5s。高层建筑物的刚度较小，自振周期一般大于 0.5s。经实测，软土场地上的高层（柔性）建筑和坚硬场地上的拟刚性建筑的震害严重，就是由上述原因引起的。因此，为了准确估计和防止上述震害发生，必须使建筑物的自振周期避开场地的卓越周期。

（2）驻波破坏

地震时当两个幅值相同、频相相同但运动方向相反的两个地震波波列运动到同一点交汇时，形成驻波，其幅值增加一倍，当驻波在建筑物处产生时，会对建筑物形成较强的破坏作用，即驻波破坏。当相同条件的地震波与从沟谷反射回来的地震波在某地相会时会对该地建筑物产生驻波破坏。

（3）相位差动破坏

当建筑物长度小于地面振动波长时，建筑物与地基一起作整体等幅谐和震动。但当建筑物长接近于或大于场地振动波长时，两者振动相位不一致形

163

成很不协调的振动，此时不论地面振动位移(振幅)有多大，而建筑物的平均振幅为零。

在这种情况下，地基振动激烈地撞击建筑物的地下结构部分，并在最薄弱的部位导致破坏，即为相位差动破坏。

(4) 地震液化与震陷

对饱和粉细砂土来说，在地震过程中，震动使得饱和土层中的孔隙水压力骤然上升，孔隙水压力来不及消散，将减小砂粒间的有效压力。若有效压力全部消失，则砂土层完全丧失抗剪强度和承载能力，呈现液态特征，这就是地震引起的砂土液化现象。地震液化的宏观表现有喷水冒砂和地下砂层液化两种。

地震液化会导致地表沉陷和变形，称为震陷。震陷将直接引起地面建筑物的变形和损坏。

(5) 地震激发地质灾害效应

强烈的地震作用还能激发斜坡上岩土体松动、失稳，引起滑坡和崩塌等不良地质现象，这称为地震激发地质灾害效应。这种灾害往往是巨大的，可以摧毁房屋和道路交通，甚至掩埋村落，堵塞河道。因此，对可能受地震影响而激发地质灾害的地区，建筑场地和主要线路应避开。另外，地震还能引发海啸。

### 6.1.3　地震的类型

#### 6.1.3.1　按震源深度分类

地震按震源深度主要分为三类，见表 6-3。

按震源深度分类　　　　　　　　　　　　　　表 6-3

| 名　称 | 震源深度(km) | 名　称 | 震源深度(km) |
|---|---|---|---|
| 浅源地震 | 0～70 | 深源地震 | ＞300 |
| 中源地震 | 70～300 | | |

一般来讲在相同震级的情况下，浅源地震对震中附近的建筑物破坏程度最大。

#### 6.1.3.2　按成因分类

地震按其成因，可分为构造地震、火山地震、陷落地震和人工诱发地震。

(1) 构造地震

由地壳断裂构造运动引起的地震称为构造地震。地壳运动使组成地壳的岩层发生倾斜、褶皱、断裂、错动以及大规模岩浆活动等，在此过程中因应力释放、断层错动而造成地壳震动，构造地震约占地震总数的 90%。

(2) 火山地震

由火山喷发引起的地震称为火山地震，这类地震强度较大，但受震范围较小，它只占地震总数的 7% 左右。

(3) 陷落地震

由地层塌陷、山崩、巨型滑坡等引起的地震称为陷落地震。地层塌陷主要发生在石灰岩岩溶地区，岩溶溶蚀作用使溶洞不断扩大，导致上覆地层塌落、形成地震。陷落地震一般地震能量较小，影响范围小。此类地震只占地震总数的3%左右。

（4）人工诱发地震

人工诱发地震主要包括两个方面，一是由于水库蓄水或向地下大量灌水，使地下岩层增大负荷，如果地下有大断裂或构造破碎带存在，断层面浸水润滑加之水库荷载等共同作用，使断层发生地震。二是由于地下核爆炸或地下大爆破，巨大的爆破力量对地下产生强烈的冲击，促使地壳小构造应力的释放，从而诱发了地震。

人工诱发地震的特点是震中位置多发生在水库或爆炸点附近地区，小震占大多数，震动次数多，震源深度较浅，最大的震级目前不超过6.5级。

### 6.1.4 活断层与地震

活断层是指现在正在活动或在最近地质时期（全新世）发生过活动的断层。由于它对工程建设地区稳定性影响大，所以是区域稳定性评价的核心问题。活断层对工程建筑物的影响是通过断裂构造的蠕动、错动和地震对工程造成危害。活断层的蠕动及伴生的地面变形，直接损害断层上及附近的建筑物。

活断层的活动方式分为蠕滑和黏滑两种形式：蠕滑是一个连续的缓慢滑动过程，因其只发生较小的应力降，因而不可能有大的地震相伴随，一般仅伴有小震或地震活动，危害小，常发生在强度较低的软岩中，断层带锁固能力弱；黏滑活动则是断层发生快速错动，在突发错动剪断层呈闭锁状态，伴随着大量弹性应变能的迅速释放，故黏滑活动一般伴有地震发生，危害大，常发生在强度较高的岩石中，断层带锁固能力强。在同一条断裂带的不同区段可以有不同的活动方式。比如黏滑运动的断层有时也会伴有小的蠕动，而大部分部位以蠕动为主的断层，在其端部也会出现黏滑，产生较大的地震。

在岩土工程、工程地质学意义上，全新活动断裂是强烈地震的发源地。工程场地及其邻近的全新活动断裂未来将发生多大地震、发震部位和发震时间，不仅是地震学家关心的问题，也被岩土工程师、工程地质学家和设计工程师广泛关注。这一任务一般已包括在中、长期地震危险性预测、烈度区划等工作中。而岩土工程师等的职责应是在查明工程场址及邻近地区全新活动断裂的位置和性质的基础上，重点研究其可能发生强震的部位。

根据对我国大陆地区发生6级以上强震构造背景的研究，强震一般发生在深大活动断裂带及由活动断裂带形成、控制的新断陷盆地内。发生强震的常见处所如下，在选择厂址和进行工程场地评价时，应重点研究。

（1）深大、全新活动断裂带

1）两组或两组以上活动断裂的交汇或汇而不交的部位。

2）活动断裂的拐弯突出部位。

3）活动断裂的端点及断面上不平滑处。

4）曾经发生过强震的地段。

5）断裂活动最强烈或活动速率最大的部位。

（2）新断陷盆地

1）断陷盆地较深、较陡一侧的全新活动断裂带，尤其是断距最大的地段。

2）断陷盆地内部的次一级盆地之间或横向断裂所控制的隆起两侧。

3）断陷盆地内多组全新活动断裂的交汇部位。

4）断陷盆地的端部，尤其是多角形盆地的锐角区。

5）复合断陷盆地中的次级凹陷处部位等。

从统计的观点来看，其中以不同方向的活动断裂（两组或两组以上）的交汇部位发震几率最高，见表 6-4。

我国大陆地区 6 级以上强震的发震构造条件　　　　　　　表 6-4

| 构造条件 | 活动断裂 | | | | |
|---|---|---|---|---|---|
| | 断裂交汇 | 断裂弯曲 | 活动强烈地段 | 断裂端部 | 原因不明 |
| 地震数 | 99 | 29 | 27 | 2 | 33 |
| 百分比（%） | 52 | 15 | 14 | 1 | 18 |

对于活动性断裂构造的工程评价，《岩土工程勘察规范》GB 50021—2009 作了如下一些规定：

（1）全新活动断裂的地震效应评价，应根据其基本活动形式区别对待。

1）对断裂两翼只有微量位错或蠕动无感地震，可按静力作用下地基产生的微小相对位移对待。

2）对深埋的全新活动断裂（埋深超过 100m），震级大于或等于 5 级且地面不产生构造性裂缝的场地，可按《建筑抗震设计规范》GB 50011—2010 的规定实施抗震措施。

3）对可能产生明显位错或地面裂缝的全新活动断裂，宜避开断裂带，避开距离应考虑活动断裂的等级、规模、区域地质环境、地震烈度、覆盖层厚度以及工程的重要性等因素确定。

表 6-5 是重大工程与断裂的安全距离及处理措施，未列入《建筑抗震设计规范》GB 50011—2010，重大工程在可行性研究（或选择场址）时，可参照该表确定与全新活动断裂（包括发震断裂）的安全距离及处理措施。

重大工程与断裂的安全距离及处理措施　　　　　　　表 6-5

| 断裂分级 | | 安全距离及处理措施 |
|---|---|---|
| Ⅰ | 强烈全新活动断裂 | 抗震设防烈度为 9 度时，宜避开断裂带约 3000m，抗震设防烈度为 8 度时，宜避开断裂带 1000～2000m，并宜选择断裂下盘建设 |
| Ⅱ | 中等全新活动断裂 | 宜避开断裂带 500～1000m，并宜选择断裂下盘建设 |
| Ⅲ | 微弱全新活动断裂 | 宜避开断裂带进行建设，并使建筑物横跨断裂带 |

（2）发震断裂的地震效应评价宜符合下列规定：

1）发震断裂通过的场地可视为强震震中区或极震区。

2）发震断裂的活动形式，取决于其所处基岩的埋深和上覆土层性质。当一次强烈地震在基岩中产生相对位错（$D_L$），其可能的活动形式与覆盖土层的关系为：

① 当覆盖土层厚度 $h<(15\sim25)D_L$ 时，可能发生地表错动。

② 当覆盖土层厚度 $h>(25\sim30)D_L$ 时，地表可能只有震动而无错动。

3）构造性地裂对建筑物的破坏形式多似静力破坏，当无法避开时可采取局部结构（地梁、基础栅格）的加强措施或箱形、筏形基础等。对于非构造性地裂，宜采取场地地基加固处理措施。

4）对非全新活动断裂可不考虑抗震问题，当断裂破碎带发育时宜考虑不均匀地基的影响。所以，在活动性断裂地带建设工程项目时，必须做地震稳定性分析并做好相应的抗震措施。

## 6.1.5 汶川地震

2008 年 5 月 12 日 14 点 28 分在四川西部龙门山断裂带上发生的 $Ms8.0$ 级汶川特大地震，是中国大陆近 100 年来发生在人口密集山区震级最高、破坏性最大的地震。由于地震发生在地质环境原本就比较脆弱的中、高山地区，加之地震持续时间长（约 120s），地面震动响应强烈（地面峰值加速度最高达 $1.5\sim2.0g$），从而触发了大量的崩滑地质灾害，其数量之多、规模之大、类型之复杂、导致损失之惨重举世罕见！据估算，汶川大地震所触发的滑坡、崩塌、碎屑流等总数达 5 万余处，其中对震后人员安全和临时安置构成直接威胁的灾害隐患点就达 12000 余处（四川省面积近 10 万 $km^2$ 的 39 个极重灾和重灾县内，查明地质灾害隐患点就达 1 万余处），规模大于 1000 万 $m^3$ 的巨型滑坡达 100 余处。其中，规模最大的安县大光包—黄洞子沟滑坡，是目前和有记载的世界上规模最大的地震触发大型滑坡，其体积初步估算达 $7.45\times10^8m^3$，形成的滑坡堆石坝高达 690m！大量的次生地质灾害使重灾区山河易色、家园被毁、交通中断、救援受阻，造成了大量的人员伤亡。相关统计结果表明，汶川大地震触发次生地质灾害造成的人员伤亡约占地震总伤亡人数的 1/3，其数量远远超过过去 20 年我国一般地质灾害导致人员伤亡的总和，其中致 100 人以上人员死亡的重大崩滑灾害就达 20 余处，如北川老县城王家岩滑坡直接掩埋 1600 余人；位于北川新县城景家山崩塌也将北川中学新区整体掩埋，造成约 700 余人遇难。

汶川地震由于地震震级高、持续时间长、震区地形地质环境复杂，地面地震动响应强烈，因而其触发地质灾害呈现出一系列与通常重力环境下地质灾害迥异的特征。如独特的震动破裂和溃滑失稳机理、超强的动力特性、大规模的高速抛射与远程运动、大量山体震裂松动与坡麓物质堆积、众多的崩滑堵江等。这些现象和问题已远远超出了人们原有的认识和知识范畴领域。

### 6.1.5.1 强震发生的地质构造背景

本次发震的龙门山断裂带总体呈北东—南西走向(图 6-2),由三条主断裂组成(图 6-3),分别是:灌县—江油断裂,也称前山断裂;映秀—北川断裂,也称中央断裂;茂汶断裂,也称后山断裂。8.0 级强震就发生在中央断裂,即映秀—北川断裂上,震中位置更靠近映秀(这个断裂带的历史地震尚未超过 7 级)。

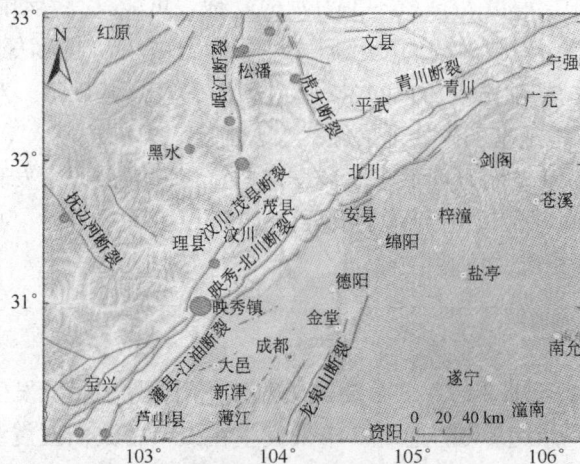

图 6-2 龙门山及邻区构造格架图

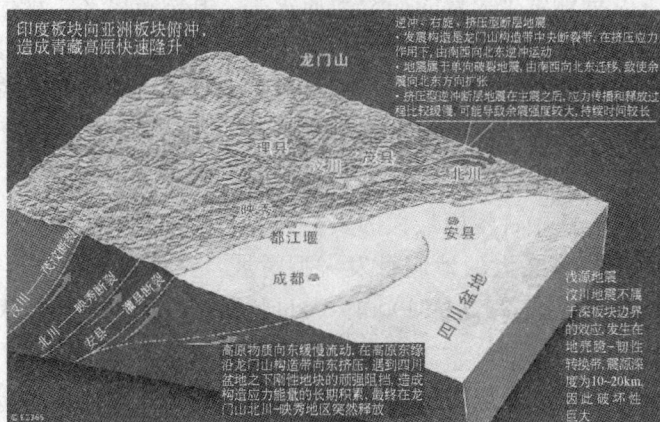

图 6-3 汶川地震的断裂构造及成因机制图

龙门山断裂带既是青藏高原的东界,又是现今龙门山前陆盆地的西界,它南起于泸定、天全,向北东延伸经都江堰、江油、广元进入陕西勉县一带,全长约 500km,总宽度 30~50km,总体走向 NE40°~50°,倾向北西,北东与大巴山冲断带相交,南西与康滇地轴相截,由一系列大致平行的叠瓦状冲断带构成,具典型的推覆构造特征(图 6-4)。其北西侧是松潘—甘孜褶皱带,南东为四川盆地。三条主干断裂基本特征及新构造活动特性如下:

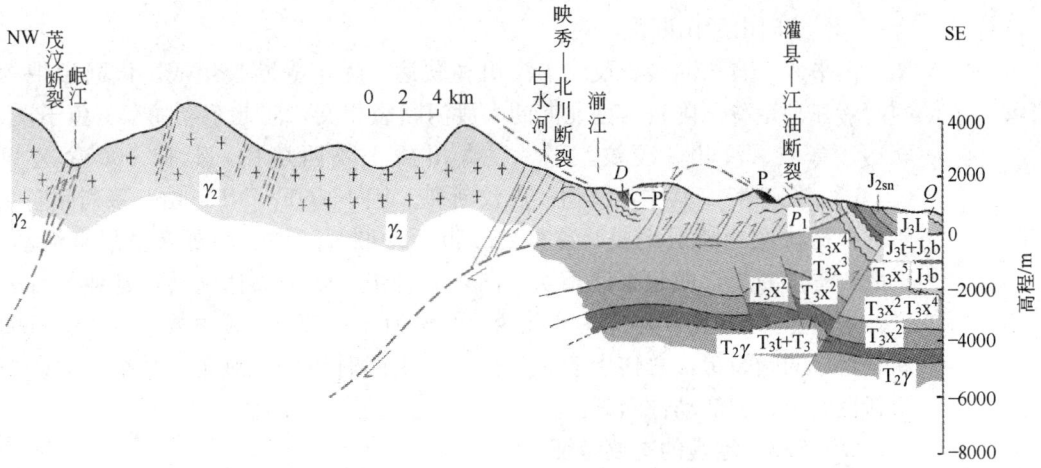

图 6-4　龙门山逆冲推覆构造带剖面图(据刘树根，1993)

（1）龙门山前山（主边界）断裂

通常称灌县—江油断裂。断裂南西端始于天全附近，向北东延伸经芦山大川、都江堰、彭县通济场、安县、江油、广元插入陕西汉中一带消失，总体走向呈 NE35°～45°，断面倾向北西，倾角 30°～50°，为脆性逆断层。该断裂是龙门山前陆盆地内部一条延伸长度较大的断裂，全长 500 余公里（图 6-3、图 6-4），由北东段的马角坝断裂、中段的都江堰—二王庙断裂、西南段的大川—天全断裂，在平面上呈左行雁列展布构成；断裂破碎带宽度一般在数米至 20 余米之间，显示北西盘相对上冲，且具有右旋走滑运动的脆性破裂特征。

该断裂的北段是中低山和丘陵的分界带，南段控制了成都平原的西界，显示出其新活动性由西南向东北减弱的特点，属中、晚更新世活动断裂。地震活动强度大川—天全段相对其他地段强，1970 年大邑西 6.2 级地震就发生在该段上，并产生了地表破裂。

（2）龙门山主中央断裂

也称映秀—北川断裂，是汶川大地震的主发震断裂。该断裂线性影像清晰，活动构造地貌保存较为完好，在龙门山构造带几条主干断裂中显示出较强的活动性（图 6-3、图 6-4）。以此断裂为界，断裂西侧为龙门山高山区，海拔高程在 3000～4000m，东侧则为海拔高程约在 1000～2000m 的中低山区，地貌反差显著。

该断裂的西南端始于泸定附近，向北东延伸经盐井、映秀、太平、北川、南坝、青川、茶坝插入陕西境内与勉县—阳平关断裂相交，斜贯整个龙门山，全长约 500km。由北川—茶坝—林庵寺断裂、北川—映秀断裂、北川—青川断裂组成。断裂总体走向 NE 35°～45°，倾向 NW，倾角 60°左右，系由数条次级逆断层组成叠瓦式构造带。沿断裂带主要发育有断层角砾岩、碎裂岩等代表脆性变形的断层岩类，局部可见碳酸盐糜棱岩，表现出脆—韧性过渡的特征。该断裂为一条在中、晚更新世有活动的断裂，其中以北川—太平场一段活动最强，为中、晚更新世以来最强的活动段。汶川地震就发生映秀—北川—青川断裂上。

169

（3）龙门山后山断裂

由平武—青川断裂、茂汶—汶川和耿达—陇东等断裂组成。该断裂带的西南端在泸定冷碛附近与南北向的大渡河断裂相交，向北东经陇东、鱼子溪、耿达、草坡、汶川、茂汶、平武、青川插入陕西境内，延伸 500 余公里（图6-3、图6-4）。其中，汶川—茂汶断裂。走向 NNE～NE，由一系列倾向北西的叠瓦状逆冲断层组成，在早更新世活动明显，中、晚更新世仍有活动。平武—青川断裂，西起平武茶坊，向东经青川、阳平关达勉县，延伸数百公里。走向呈 NEE 向，倾向为北北西、倾角为 $60°～80°$，系由数条近于平行的断裂组成的断裂带，总体上表现为逆冲为主同时还兼右旋走滑特征，为一条全新世的中、弱活动性断裂。

### 6.1.5.2 地震的主要特征

汶川地震在地震过程和动力特征上表现出以下主要特征：

（1）震级高，震源浅。地震震级达 8.0 级，震源深度小于 20km。

（2）具有面状震源的特点，破裂带长达近 300km。汶川地震的发生具有沿破裂带持续累进性破坏的特点。震源从映秀开始，沿映秀—北川断裂向北东经彭州、北川、江油至青川及其以北迅速破裂，并在沿途剪断若干由断裂的错列和转折形成的局部"锁固段"，释放大量能量，形成面状震源，所形成的地表破裂带长达近 300km，并激活带动了龙门山前山断裂—灌县—江油断裂形成近 100km 长的地表破裂。

（3）地震持续时间长。由于地震的面状震源和断裂的累进性破坏特点，从而导致此次地震持续时间长达 80～120s。长持时的振动是导致地震强烈破坏和触发大量地质灾害产生的重要原因。

（4）地面地振动响应强烈。由于地震发生在地形条件极为复杂的中、高山地区，因此，地面地振动响应极为强烈，所记录到的地面运动峰值加速度局部地段达到 1.5～2.0g。更为特别的是，本次地震产生的垂直向峰值加速度仅略小于水平向加速度，或是两者基本相当。

上述特征决定了汶川地震对建（构）筑物以及地质环境具有极大的破坏性和摧毁性，是导致灾区斜坡大量失稳，触发大量地质灾害的根本原因。

### 6.1.5.3 强震触发的地质灾害特征

汶川地震不仅震级高，而且具有持续时间长、震区地形地质条件复杂、地面地振动响应强烈（局部地区地面运动峰值加速度高达 1～2g）等特点，因而其触发地质灾害呈现出一系列与通常重力环境下地质灾害迥异的特征。主要表现为：

（1）失稳前独特的震动溃裂现象；

（2）特殊的溃滑失稳机理；

（3）超强的动力特性和大规模的高速抛射与远程运动；

（4）大量山体震裂松动等。

这些现象和特征已远远超出了人们原有的认识和知识的范畴，致使我们难以采用通常的术语去描述我们所观察到的与地震滑坡机理相关的一系列现象。为此，在大量现场调查的基础上，成都理工大学地质灾害防治与地质环境保护国家重点实验室主任黄润秋教授团队定义了若干新的词语，如震裂、溃滑、溃崩、抛射等，用以描述强震过程中坡体动力破坏的基本过程和特征，各术语含义如下：

（1）震裂（溃裂）：强震过程中，由于地震波在坡体内部的传播，从而导致形成的特定的震动破裂体系，以陡峻的后缘拉裂面为典型代表，同时伴随有坡体的震动松弛和局部解体等。

坡体震动溃裂产生陡峻的破裂面，从而形成滑坡的后缘边界（滑坡断壁）是本次地震触发地质灾害，尤其是大型滑坡灾害很显著的一个特征，这些"滑坡断壁"表现不仅陡立，而且是粗糙锯齿状，呈典型的张性（或张剪性）特征。其形成机理可理解为：地震波在坡体内传播，遇到不连续界面时，产生复杂的动力响应过程，形成界面的"拉应力效应"，从而导致坡体被拉裂，其过程如图 6-5 所示。

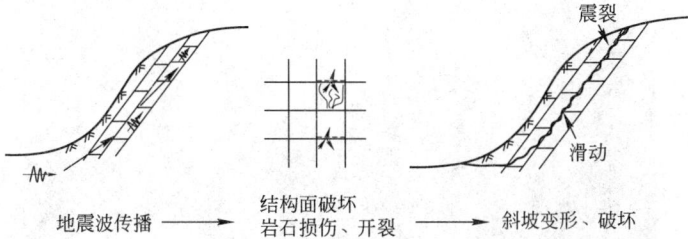

图 6-5 强震条件下坡体震动溃裂过程"概念模型"示意图

（2）溃滑：指震动溃裂坡体在强震持续作用下沿陡峻的"后缘拉裂面"产生的溃散型滑动，通常表现为如"散粒体"似的崩溃、快速扩展散开，如图 6-6 所示的北川老县城王家岩滑坡，其破坏过程就表现为极为典型的溃散型滑动（"溃滑"）。

图 6-6 北川老县城王家岩滑坡表现的陡峻
后缘面和沿其产生的典型溃散型滑动

这类斜坡失稳机理的动力过程是：在强震作用下，地震波在坡体中，尤其是不连续面界面处产生复杂的传播行为，从而导致坡体内部产生溃裂破坏，形成特定的潜在"滑动面"，并伴随有坡体的松弛、甚至解体；随后，在强震持续作用下，坡体沿特定的"面"产生整体的溃散型下滑，形成滑坡。

（3）溃崩：指坡体在强震持续作用下，首先产生振动溃裂，然后崩塌破坏；其特点是破坏过程不受特定的滑动面控制，如图 6-7 所示的北川新县城北川中学新区滑坡即为典型的溃崩型破坏。

图 6-7　北川新县城北川中学新区滑坡典型的溃崩型破坏

坚硬块状岩体中的大型"崩塌"往往表现"崩溃"的特征（更类似于"Avalanches"）。由于强烈振动导致的水平和垂直加速度很大（水平加速度最大可达 $0.5g$ 以上），在这种情形下，陡峻的基岩坡体的破裂几乎表现为"张裂"，从而导致坡体迅速解体为巨大的块石，在振动激发的水平初速度作用下，"崩溃"而下，破裂面表现出顺陡、缓节理拉张的锯齿状特征。北川县城的新北川中学岩崩就是典型。

（4）抛射：指靠近发震断裂或震中区的坡体，由于地震波的地形放大效应，从而导致坡体上部或中上部被"连根拔起"，并向坡外抛出，产生抛射型的斜坡物质运动。这种破坏的特点是往往可以见到"灯盏"式的破坏面。

大量的实际调查结果表明，在汶川地震的强震区，坡体物质被从高位抛出的现象是极为普遍的。大体可以分为局部块体的抛射和大规模坡体物质的整体抛射。

局部块体的抛射在沿岷江、绵远河等河流两岸公路和河床上普遍可见，被抛射出来的巨石规模大者可达百余吨（图 6-8，甚至数百吨（如映秀百花，图 6-9）。这些巨石可以在对应的坡体上找到它们的"来源"，但是却找不到它们运动的痕迹，显然是被强大的震动临空抛射出来的，而且不少是呈直立状立于地表或插入地下一定深度(图 6-9)。

图 6-8 百余吨的抛射巨石 （汉旺绵远河出口）

图 6-9 重达 300 余吨的抛射巨石 （映秀）

（5）诱发大量次生灾害

汶川地震使得龙门山区原本脆弱的地质环境进一步恶化，再度成灾的风险陡然增加。

对于山区城镇，地震产生的严重后果不仅仅是直接的。更为严重的是，强烈的震动使山体普遍破坏，并积累了大量的松散堆积物。汛期的高强降雨，将不可避免地诱发新的崩塌、滑坡及泥石流等次生灾害。

2008 年 9 月 24 日北川暴雨，引发高强度泥石流活动，地震中已被摧毁的北川县城再次遭受泥石流侵扰和掩埋就是一个典型例子。因此，在场地评估工作中，应特别注意震后地质环境的变化及灾害诱发因素具有多重性和长期持续性的特征。

#### 6.1.5.4 强震损毁城镇的震害特征

汶川地震发生过程中，强烈的断裂错动及地震动，导致龙门山区广大地域的城镇因地面破裂、地基失效及地质灾害等因素，遭受极为强烈的损毁破坏。这些震害效应及控制因素主要有四类情况。

（1）断层错动效应

地震的瞬时突然错动而产生强力地面破裂及剧烈震动效应，导致跨越中央断裂及前山断裂的所有建（构）筑物产生严重的永久性破坏。其次，地震断层也是地基及结构振动的应力波来源。因此，在地震断裂两侧一定范围内的狭长地带，出现极为强烈的烈度异常。断层错动具有明显的上盘效应，断层上盘震害明显较下盘严重。

（2）场地及地基震害效应

在汶川地震过程中，相当多的城镇虽未处于地震断裂带附近，却损毁极为严重。这类震害除了由震陷、地基液化、地面张裂(图 6-10)等常见原因外，还与建筑场地近地表的地质结构密切相关。研究显示，在这类城镇均建于较厚松散沉积层地基之上，震害异常与表层沉积层对地震波的放大作用有关。经基岩传来的剪切波多次反射、叠加而增强。在波速降低的同时，振幅将显著增大，周期及加速度也被放大(图 6-11)。因此这类城镇往往出现极为强烈的地震烈度异常，建筑损毁相当严重。

(a)　　　　　　　　　　　　(b)　　　　　　　　　　　　(c)

图 6-10　场地效应型震害

(a)地面张裂；(b)地面震陷；(c)地基震陷

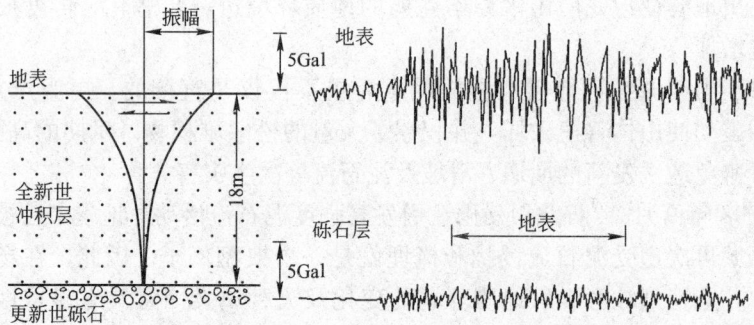

图 6-11　密实砾石层与松散沉积层振幅及加速度的差异

（3）地形震动放大效应

在汶川地震主震发生过程中，处于孤立凸出地形的建筑，表现出明显的震害异常。这类场地在地震过程中，由于山体共振或山体内地震波多次反射，导致位移、速度及加速度均有不同程度的放大，其中位移放大最为明显，可达 7 倍。青川县木鱼镇中学严重损毁即是这类"地形震动放大效应"的典型例子。木鱼镇中学原校址坐落于三面临空山脊平台(图 6-12)。在汶川地震主震发生过程中，孤立凸出的场地因山体共振而产生强烈的震动放大效应，导致学校建筑严重损毁、学生伤亡极为惨重。

图 6-12　青川县木鱼镇中学孤立地形及建筑损毁情况

（4）地震灾害效应

加重震害的另一主要原因是"地质灾害效应"，这种因素在地震发生过程中表现的极为普遍，最为令人震惊的例子是北川县山体滑坡事件（图 6-6）。伴随主震发生的瞬间，北川县城东王家岩及城南山体在极其强烈的地震力作用下，发生两处大型山体滑坡。巨大的失稳山体对城区建筑物形成毁灭性破坏，并造成惨重的人员伤亡。其他如规模巨大的小天池崩滑块石流，完全摧毁了整个小天池乡镇（图 6-13）。

图 6-13　小天池乡崩滑块石流摧毁乡镇情况

### 6.1.5.5　灾后重建的选址问题

损毁城镇恢复重建的选址工作，是一个较为复杂系统工程问题。它不仅涉及地震断裂、地质灾害及场地稳定性等工程地质问题，还与水资源利用、环境保护、社会民生及经济发展等因素密切相关。稍有不慎，则可能造成敏感的社会问题和严重的安全隐患。

（1）重建选址的基本原则

损毁城镇的重建选址问题，总体上应分两类情况区别对待。

1）一类是位于地震断裂带上的山区城镇，存在严重的地震及地质灾害风险，原则上必须异地迁建。北川县是这类损毁城镇的典型情况。

2）另一类是虽然损毁较严重，但离开断裂带有一定距离的城镇，且不存在致命的地质灾害风险，应按照"科学规划、规范避让、合理调整抗震设防标准"的原则，在防治地质灾害的基础上原址重建。

地震灾区内许多损毁严重的乡镇中，相当多的情况是原址距地震断裂带有一定距离，产生地震烈度异常的主要原因是"场地效应"及建筑抗震性能差等。对于这类乡镇的恢复重建，只要按照"科学规划、规范避让、压缩规模、合理调整抗震设防标准"的原则，适当避开地震断裂带，即可在防治地质灾害的基础上原址重建。青川县木鱼镇是其中较为典型的情况。

（2）震后山区地质灾害的普遍性与隐蔽性

震后山区地质灾害的普遍性与隐蔽性特征，是山区城镇场地评估工作中应注意的另一重要问题。地震导致山体稳定性普遍降低。前期工作已发现的灾害隐患仅仅是少数，多数地质灾害隐患还未被发现。这些问题在恢复重建工作中，将逐渐显现，并将对恢复重建工作产生较大影响甚至酿成严重后果，应引起高度重视。

（3）地质环境适宜性和地质灾害危险性评估

在恢复重建工作中，应重视对恢复重建区地质灾害风险的评价工作。龙门山区资源丰富，社会人文沉淀深厚，应尽可能地遵循就地重建和就近异地重建的原则。但要在山区寻找地势平坦开阔的场地十分困难，一部分恢复重建工程将无法彻底避开地质灾害的威胁，即场址本身存在一定的地质灾害风险。因此，要仔细的开展地质环境适宜性评价和地质灾害危险性评估，为重建过程中地质灾害的防治提供依据。

### 6.1.6　地震区建筑场地的选择

#### 6.1.6.1　抗震设防的基本原则

（1）抗震设防要求

抗震设防要求指的是建设工程抗御地震破坏的准则和在一定风险水准下抗震设计采用的地震烈度或者地震动参数。

（2）抗震设防的基本思想

抗震设防是以现有的科学水平和经济条件为前提，随着科学水平的提高，对抗震设防的规定会有相应的突破，而且要根据国家的经济条件，适当地考虑抗震设防水平。

（3）抗震设防的三个水准目标

抗震设防的基本原则是"小震不坏，中震可修，大震不倒"，建筑抗震设防分类见表6-6。

建筑抗震设防分类 表6-6

| 抗震设防类别 | 建筑使用功能的重要性 |
| --- | --- |
| 甲类（特殊设防类） | 使用上有特殊设施，涉及国家公共安全的重大建筑工程和地震时可能发生严重次生灾害等特别重大灾害后果，需要进行特殊设防的建筑 |
| 乙类（重点设防类） | 地震时使用功能不能中断或需尽快恢复的生命线相关建筑，以及地震时可能导致大量人员伤亡等重大灾害后果，需要提高设防标准的建筑 |
| 丙类（标准设防类） | 除甲、乙、丁类以外按标准要求进行设防的建筑 |
| 丁类（适度设防类） | 使用上人员稀少且震损不致产生次生灾害，允许在一定条件下适度降低要求的建筑 |

#### 6.1.6.2　各类建筑的抗震设防

（1）建筑抗震设防分类

建筑应根据其使用功能的重要性分为甲类、乙类、丙类、丁类四个抗震设防类别，见表6-6。

（2）建筑的抗震设防标准

各抗震设防类别建筑的抗震设防标准，应符合表6-7的要求。

| 抗震设防类别 | 建筑的抗震设防标准 |
|---|---|
| 甲类 | 按高于本地区抗震设防烈度一度的要求加强其抗震措施；但抗震设防烈度为9度时应按比9度更高的要求采取抗震措施。同时，应按批准的地震安全性评价的结果且高于本地区抗震设防烈度的要求确定其地震作用 |
| 乙类 | 按高于本地区抗震设防烈度一度的要求加强其抗震措施；但抗震设防烈度为9度时应按比9度更高的要求采取抗震措施；地基基础的抗震措施，应符合有关规定。同时，应按本地区抗震设防烈度确定其地震作用 |
| 丙类 | 按本地区抗震设防烈度确定其抗震措施和地震作用，达到在遭遇高于当地抗震设防烈度的预估罕遇地震影响时不致倒塌或发生危及生命安全的严重破坏的抗震设防目标 |
| 丁类 | 允许比本地区抗震设防烈度的要求适当降低其抗震措施，但抗震设防烈度为6度时不应降低。一般情况下，仍应按本地区抗震设防烈度确定其地震作用 |

### 6.1.6.3 建筑场地的选择

在地震区建筑场地的选择至关重要，所以必须在工程地质勘察的基础上进行综合分析研究，作出场地的地震效应评价及震害预测，然后选出抗震性能最好、震害最轻的地段作为建筑场地。同时应指出场地对抗震有利和不利的条件，提出建筑物抗震措施的建议。

按《建筑抗震设计规范》GB 50011—2010，根据场地的地形地貌、岩土性质、断裂以及地下水埋藏条件，建筑场地可划分对建筑物抗震有利、一般、不利和危险四类地段(表 6-8)。

**有利、一般、不利和危险地段的划分** 表 6-8

| 抗震设防类别 | 建筑的抗震设防标准 |
|---|---|
| 有利地段 | 稳定基岩，坚硬土，开阔、平坦、密实、均匀的中硬土等 |
| 一般地段 | 不属于有利、不利和危险的地段 |
| 不利地段 | 软弱土，液化土，条状突出的山嘴，高耸孤立的山丘，陡坡，陡坎，河岸和边坡的边缘，平面分布上成因、岩性、状态明显不均匀的土层(含古河道、疏松的断层破碎带、暗埋的塘浜沟谷和半填半挖地基)，高含水量的可塑黄土，地表存在结构性裂缝等 |
| 危险地段 | 地震时可能发生滑坡、崩塌、地陷、地裂、泥石流等及发震断裂带上可能发生地表位错的部位 |

场地土的类型按地震波剪切波速划分为坚硬土或岩石、中硬土、中软土和软弱土四种类型，如表 6-9 所示。

**场地土的类型划分** 表 6-9

| 土的类型 | 岩土名称和性状 | 土层剪切波速范围(m/s) |
|---|---|---|
| 岩石 | 坚硬、较硬且完整的岩石 | $v_s>800$ |
| 坚硬土或软质岩石 | 破碎和较破碎的岩石或软和较软的岩石，密实的碎石土 | $800 \geqslant v_s>500$ |
| 中硬土 | 中密、稍密的碎石土，密实、中密的砾、粗、中砂，$f_{ak}>150$ 的黏性土和粉土，坚硬黄土 | $500 \geqslant v_s>250$ |
| 中软土 | 稍密的砾、粗、中砂，除松散外的细、粉砂，$f_{ak} \leqslant 150$ 的黏性土和粉土，$f_{ak}>130$ 的填土，可塑新黄土 | $250 \geqslant v_s>150$ |

177

续表

| 土的类型 | 岩土名称和性状 | 土层剪切波速范围(m/s) |
|---|---|---|
| 软弱土 | 淤泥和淤泥质土，松散的砂，新近沉积的黏性土和粉土，$f_{ak} \leqslant 130$ 的填土，流塑黄土 | $v_s \leqslant 150$ |

注：$f_{ak}$为由载荷试验等方法得到的地基承载力特征值。

坚硬场地土或岩石是抗震最理想的地基，震害轻微。中硬场地土为粗粒的砂石，震害较小。软弱场地土尤其覆盖层厚度大时，震害最严重。

选择对抗震设计有利的场地和地基是抗震设计中最重要的一环，应注意以下三个方面：

(1) 尽可能避开产生强烈地基失效及其他加重震害地面效应的场地或地基，这类场地或地基主要有：活断层带，可能产生地震液化的砂层或强烈沉降的淤泥层，厚填土层，可能产生不均匀沉降的地基以及可能受地震引起的崩塌、滑坡等斜坡效应影响的地区。

(2) 考虑到地基土石的卓越周期和建筑物的自振周期，尽可能避免结构与地基土石之间产生共振，也就是自振周期长的建筑物尽可能不建在深厚松软沉积土上，而刚性建筑物则不建于卓越周期短的地基上。

(3) 岩溶地区地下不深处有大溶洞，地震时可能塌陷的地区不宜作为场地。

## 6.2 岩溶与土洞

岩溶，也称喀斯特(Karst)，可溶性岩石被地表水或地下水以溶解为主的化学溶蚀作用，并伴随以机械作用而形成沟槽、裂隙、洞穴，以及由于洞顶塌落而使地表产生陷穴等一系列现象和作用的总称。土洞是指岩溶地层上覆盖的土层被地表水冲蚀或地下水潜蚀所形成的洞穴，空洞的进一步扩展，导致地表陷落的地质现象。

岩溶与土洞作用的结果，可产生一系列对工程很不利的地质问题，如岩土体中空洞的形成；岩石结构的破坏；地表突然塌陷；地下水循环改变等。这些现象严重地影响建筑场地的使用和安全。

### 6.2.1 岩溶

#### 6.2.1.1 岩溶的形成与发育条件

岩溶形成与发育条件有很多因素，包括可溶性岩石的存在，具腐蚀性地下水的运动，潮湿气候，地质构造与地形等，其中最主要的是可溶性岩石的存在和具腐蚀性地下水的运动。因此岩溶形成与发育条件可概括为四性：岩层必须具备可溶性和透水性；地下水必须具有溶蚀性和流动性。

岩体首先是可溶解的。根据岩石的溶解度，能造成岩溶的岩石可分三大组：①碳酸盐类岩石，如石灰岩、白云岩和泥灰岩；②硫酸盐类岩石，如石膏和硬石膏；③卤素岩，如岩盐。这三组岩石中以碳酸盐类岩石的溶解度最低，但当水中含有碳酸时，其溶解度将剧烈增加。应指出，在碳酸盐类矿物中分布最广的有方解石和白云石,其中方解石的溶解度比白云石大得多。第二组为硫酸盐类岩石,其溶解度远远大于碳酸盐类岩石,硬石膏在蒸馏水中的溶解度几乎等于方解石的190倍。第三组是卤素岩石如岩盐,其溶解度比上两类岩石都大。就我国分布的情况来看,以碳酸盐类岩石特别是石灰岩分布最广,次为石膏和硬石膏,岩盐最少。

岩体不仅是由可溶解的岩石组成,而且岩体必须具有透水性能,这才有发展岩溶的可能。岩体的透水性要注意两个方面:一是可溶岩石本身的透水性,这就是说在岩石内要有畅通水流的孔隙或裂隙,它们往往成为地下水流畅通的通道,是造成岩溶最发育之所在地。裂隙类型很多,而造成岩溶的裂隙以构造裂隙和层理裂隙影响最大。它是造成深处岩溶发育的必要条件之一。

岩体中是有水的,特别在地下水位以下的岩体。大家知道,天然水是有溶解能力的,这是由于水中含有一定量的侵蚀性 $CO_2$,当含有游离 $CO_2$ 的水与其围岩的碳酸钙($CaCO_3$)作用时,碳酸钙被溶解,其化学反应原理在地下水的腐蚀性中已作介绍。通常把超过平衡量并能与碳酸钙起反应的游离 $CO_2$ 称为侵蚀性 $CO_2$,其含量是随水的活动程度不同而不同的。为此我们下面着重讨论水在岩体中的活动性。

水在可溶岩体中活动是造成岩溶的主要原因。它主要表现为水在岩体中流动,地表水或地下水不断交替。因而造成水流一方面对其围岩有溶蚀能力,另一方面造成水流对其围岩的冲刷。

地下水或地表水主要来源于大气降水的补给。而大气中是含有大量的 $CO_2$,这些 $CO_2$ 就溶解于大气降水中,造成水中含有碳酸,这里应指出,土壤与地壳上部强烈的生物化学作用经常排出 $CO_2$,这就使水渗入地下过程中,将碳酸携带走。这样使水具有溶解可溶性岩石的能力。但水是流动的,不管是地表水或地下水。如为地表水则在地表的可溶岩石表面的凹槽流动,一方面溶解围岩,另一方面流水有动力的作用,又同时冲刷围岩,于是产生了溶沟溶槽和石芽,地下水在向地下流动过程中,与岩石相互作用而不断地耗费了其中具有侵蚀性的 $CO_2$,这样造成了地下水的溶解能力随深度的加深而减弱。再加上深部水的循环较慢,溶解能力及冲刷能力大大减少,使深部的岩溶作用减弱。

岩溶地区地下水对其围岩的溶解作用和冲刷作用两者是同时发生的。但是在一些裂隙或小溶洞中溶蚀作用占主要地位。而在一些大的地下暗河中,地下水的冲刷能力很强,这时溶解能力已退居次要地位了。

### 6.2.1.2 岩溶的发育形态及规律

(1) 发育形态

岩溶形态是可溶岩被溶蚀过程中的地质表现。可分为地表岩溶形态和地下岩溶形态。地表岩溶形态有溶沟(槽)、石芽、漏斗、溶蚀洼地、坡立谷、溶蚀平原等。地下岩溶形态有落水洞(井)、溶洞、暗河、天生桥等(图6-14)。

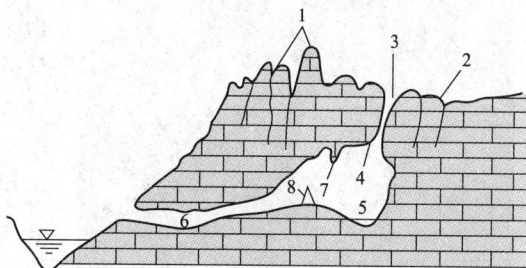

图6-14 岩溶形态剖面示意图

1—石林;2—溶沟;3—漏斗;4—落水洞;5—溶洞;
6—暗河;7—石钟乳;8—石笋

1) 溶沟溶槽。溶沟溶槽是微小的地形形态,它是生成于地表岩石表面,由于地表水溶蚀与冲刷而成的沟槽系统地形。溶沟溶槽将地表刻切成参差状,起伏不平,这种地貌称溶沟原野,这时的溶沟溶槽间距一般为 2~3m。当沟槽继续发展,以致各沟槽互相沟通,在地表上残留下一些石笋状的岩柱。这种岩柱称为石芽。石芽一般高 1~2m,多沿节理有规则排列。

2) 漏斗。漏斗是由地表水的溶蚀和冲刷并伴随塌陷作用而在地表形成的漏斗状形态。漏斗的大小不一,近地表处直径可大到上百米,漏斗深度一般为数米。漏斗常成群地沿一定方向分布,常沿构造破碎带方向排列。漏斗底部常有裂隙通道,通常为落水洞的生成处,使地表水能直接引入深部的岩溶化岩体中。如果漏斗底部的通道被堵塞,则漏斗内积水而成湖泊。

3) 溶蚀洼地。溶蚀洼地是由许多的漏斗不断扩大汇合而成。平面上呈圆形或椭圆形,直径由数百米到数米。溶蚀洼地周围常有溶蚀残丘、峰丛、峰林,底部有漏斗和落水洞。

4) 坡立谷和溶蚀平原。坡立谷是一种大型的封闭洼地,也称溶蚀盆地。面积由几平方公里到数百平方公里,坡立谷再发展而成溶蚀平原。在坡立谷或溶蚀平原内经常有湖泊、沼泽和湿地等。底部经常有残积洪积层或河流冲积层覆盖。

5) 落水洞和竖井。落水洞和竖井皆是地表通向地下深处的通道,其下部多与溶洞或暗河连通。它是岩层裂隙受流水溶蚀、冲刷扩大或坍塌而成。常出现在漏斗、槽谷、溶蚀洼地和坡立谷的底部,或河床的边部,呈串珠状排列。

6) 溶洞。溶洞是由地下水长期溶蚀、冲刷和塌陷作用而形成的近于水平方向发育的岩溶形态。溶洞早期是作为岩溶水的通道。因而其延伸和形态多变,溶洞内常有支洞、有钟乳石、石笋和石柱等岩溶产物。这些岩溶沉积物是由于洞内的滴水为重碳酸钙水,因环境改变释放 $CO_2$,使碳酸钙沉淀而成。

7) 暗河。暗河是地下岩溶水汇集和排泄的主要通道。部分暗河常与地面的沟槽、漏斗和落水洞相通,暗河的水源经常是通过地面的岩溶沟槽和漏斗经落水洞流入暗河内。因此,可以根据这些地表岩溶形态分布位置,概略地判断暗河的发展和延伸。

图 6-15  重庆武隆县天生桥

8) 天生桥。天生桥是溶洞或暗河洞道塌陷直达地表而局部洞道顶板不发生塌陷,形成的一个横跨水流的石桥,称其为天生桥。天生桥常为地表跨过槽谷或河流的通道,如贵州开阳天生桥号称世界第一长天生桥,美国犹太州虹桥国家公园的天生桥,长 88m,横跨流水净空 30m,桥面宽 1.8 米等。图 6-15 为重庆武隆县天生桥照片。

水的活动不仅限于对围岩的溶

蚀和冲刷，而很多时候岩溶水还可以造成很多的堆积现象，最常见的是在溶洞内沉淀有石钟乳、石笋、石柱、钙华等。组成这些岩溶沉积物一般为$CaCO_3$，有时混杂有泥砂质。

（2）发育分布规律

岩溶的发育分布规律与下面三个方面密切相关：

1）与可溶性岩层的成分有关：可溶岩（碳酸盐类岩、硫酸盐类岩石—石膏等、卤素岩—岩盐等）质纯层厚时，岩溶发育强烈；含杂质或层薄时发育较弱。

2）与水（地表水、地下水）的径流条件和水质有关：地下水的径流条件好，水的溶蚀性大，岩溶发育强烈。

3）与地质构造和构造运动有关：构造运动强烈，岩体裂隙发育，有利于地下水的活动，加速岩溶的发育。

在岩溶地区地下水流动有垂直分带现象，因而所形成的岩溶也有垂直分带的特征（图6-16）。

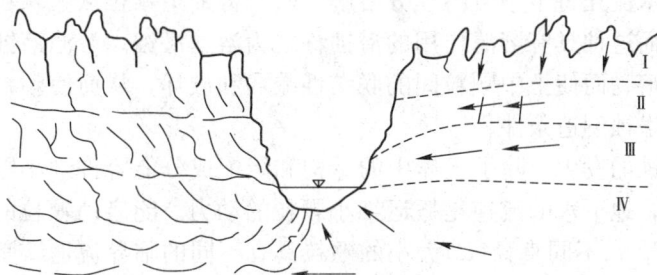

图6-16  岩溶水的垂直分带

① 垂直循环带，或称包气带。这带位于地表以下，地下水位以上。这里平时无水，只有降水时有水渗入，形成垂直方向的地下水通道。如呈漏斗状的称为漏斗，成井状的称为落水洞。大量的漏斗和落水洞等多发育于本带内。但是应注意，在本带内如有透水性差的凸镜体岩层存在时，则形成"悬挂水"或称"上层滞水"。于是岩溶作用形成局部的水平或倾斜的岩溶通道。

② 季节循环带，或称过渡带。这带位于地下水最低水位和最高水位之间，本带受季节性影响，当干旱季节时，则地下水位最低，这时该带与包气带结合起来，渗透水流成垂直下流。而当雨季时，地下水上升为最高水位，该带则为全部地下水所饱和，渗透水流则成水平流动，因而在本带形成的岩溶通道是水平的与垂直的交替。

③ 水平循环带，或称饱水带。这带位于最低地下水位之下，常年充满着水，地下水作水平流动或往河谷排泄。因而本带会形成水平的通道，称为溶洞，如溶洞中有水流，则称为地下暗河。但是往河谷底向上排泄的岩溶水，具有承压性质。因而岩溶通道也常常呈放射状分布。

④ 深部循环带，本带内地下水的流动方向取决于地质构造和深循环水。由于地下水很深，它不向河底流动而排泄到远处。这一带中水的交替强度极

小，岩溶发育速度与程度很小，但在很深的地方可以在很长的地质时期中缓慢地形成岩溶现象。但是这种岩溶形态一般为蜂窝状小洞，或称溶孔。

### 6.2.2　土洞

土洞因地下水或者地表水流入地下土体内，将颗粒间可溶成分溶滤，带走细小颗粒，使土体被掏空成洞穴而形成。这种地质作用的过程称为潜蚀。当土洞发育到一定程度时，上部土层发生塌陷，破坏地表原来形态，危害建(构)筑物安全和使用。

#### 6.2.2.1　土洞的形成条件

土洞的形成主要是潜蚀作用导致的。潜蚀是指地下水流在土体中进行溶蚀和冲刷的作用。如果土体内不含有可溶成分，则地下水流仅将细小颗粒从大颗粒间的空隙中带走，这种现象我们称之为机械潜蚀。其实机械潜蚀也是冲刷作用之一，所不同者是它发生于土体内部，因而也称内部冲刷。如果土体内含有可溶成分，例如黄土、含碳酸盐、硫酸盐或氯化物的砂质土和黏质土等，地下水流先将土中可溶成分溶解，而后将细小颗粒从大颗粒间的孔隙中带走，因而这种具有溶滤作用的潜蚀称之为溶滤潜蚀。溶滤潜蚀主要是因溶解土中可溶物而使土中颗粒间的联结性减弱和破坏，从而使颗粒分离和散开，为机械潜蚀创造条件。

机械潜蚀的发生，除了土体中的结构和级配成分能容许细小颗粒在其中搬运移动外，地下水的流速是搬运细小颗粒的动力。能启动颗粒的流速称为临界流速($V_{cr}$)，不同直径($d$)大小的颗粒具有不同的临界流速。其关系列于表 6-10 中。当地下水流速($V$)大于($V_{cr}$)时，就要注意发生潜蚀的可能性。

机械潜蚀水流临界速度 表 6-10

| 被挟出的颗粒直径(mm) | 水流临界速度 $V_{cr}$ (cm/s) | 被挟出的颗粒直径(mm) | 水流临界速度 $V_{cr}$ (cm/s) |
|---|---|---|---|
| 1 | 10 | 0.01 | 0.5 |
| 0.5 | 7 | 0.005 | 0.12 |
| 0.1 | 3 | 0.001 | 0.02 |
| 0.05 | 2 | | |

#### 6.2.2.2　土洞的类型

根据我国土洞的生长特点和水的作用形式，土洞可分为由地表水下渗发生机械潜蚀作用形成的土洞和岩溶水流潜蚀作用形成的土洞。

(1)由地表水下渗发生机械潜蚀作用形成的土洞

这种土洞的主要形成因素有三点：

1)土层的性质：土层的性质是造成土洞发育的根据。最易发育成土洞的土层性质和条件是含碎石的砂质粉土层内。这样给地表水有向下渗入到碎石砂质粉土层中，造成潜蚀的良好条件。

2)土层底部必须有排泄水流和土粒的良好通道：在这种情况下，可使水流挟带土粒向底部排泄和流失。上部覆盖有土层的岩溶地区，土层底部岩溶发育是造成水流和土粒排泄的最好通道。在这些地区土洞发育一般较为剧烈。

3）地表水流能直接渗入土层中：地表水渗入土层内有三种方式：第一种是利用土中孔隙渗入；第二种是沿土中的裂隙渗入；第三种是沿一些洞穴或管道流入。其中以第二种渗入水流造成土洞发育为最主要方式。土层中的裂隙是在长期干旱条件下，使地表产生收缩裂隙。随着旱期延长，不仅裂隙缝数量增多，裂口扩大，而且不断向深延展，使深处含水量较高的土层也干缩开裂，裂缝因长期干缩扩大和延长，这就成为下雨时良好的通道，于是水不断地向下潜蚀。水量越大，潜蚀越快，逐渐在土层内形成一条不规则的渗水通道。在水力作用下，将崩散的土粒带走，产生了土洞，并继续发育，直至顶板破坏，形成地表塌陷。

（2）由岩溶水流潜蚀作用形成土洞

这类土洞与岩溶水有水力联系，它分布于岩溶地区基岩面与上覆的土层（一般是饱水的松软土层）接触处。这类土洞的生成是由于岩溶地区的基岩面与上覆土层接触处分布有一层饱水程度较高的软塑至半流动状态的软土层。而在基岩表面有溶沟、裂隙、落水洞等发育。这样，基岩透水性很强。当地下水在岩溶的基岩表面附近活动时，水位的升降可使软土层软化，地下水的流动能在土层中产生潜蚀和冲刷可将软土层的土粒带走，于是在基岩表面处被冲刷成洞穴，这就是土洞形成过程。当土洞不断地被潜蚀和冲刷，土洞逐渐扩大，至顶板不能负担上部压力时，地表就发生下沉或整块塌落，使地表呈蝶形的，盆形的，深槽的和竖井状的洼地。其发展过程如图 6-17 所示。

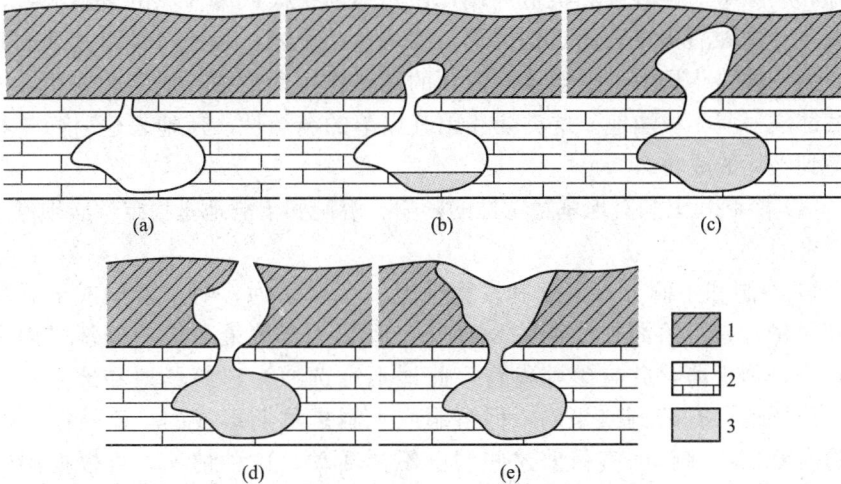

图 6-17　岩溶水流潜蚀土洞发育过程示意图
(a)土洞未形成前；(b)土洞初步形成；(c)土洞向上发育；(d)地面塌陷；(e)地面呈碟形洼地
1—黏性土；2—石灰岩；3—结构被破坏的松软土

本类土洞发育的快慢主要取决于：

1）基岩面上覆土层性质：如为软土或高含水量的稀泥则基岩面上容易被水流潜蚀和冲刷，如果基岩面上土层为不透水的和很坚实的黏土层，则土洞发育缓慢。

2) 地下水的活动强度：水位变化大，容易产生土洞。地下水位以下土洞的发育速度较快，土洞形状多呈上面小，下面大的形状。而当地下水位在土层以下时，土洞的发育主要由于渗入水的作用，发育较缓，土洞多呈竖井状。

（3）基岩面附近岩溶和裂隙发育程度：当基岩面与土层接触面附近，如裂隙和溶洞溶沟溶槽等岩溶现象发育较好时，则地下水活动加强，造成潜蚀的有利条件。故在这些地下水活动强的基岩面上，土洞一般发育都较快。

### 6.2.3　岩溶与土洞的工程地质问题

岩溶与土洞地区对建（构）筑物稳定性和安全性有很大影响。

（1）溶蚀岩石的强度大为降低。岩溶水在可溶岩体中溶蚀，可使岩体发生孔洞。最常见的是岩体中有溶孔或小洞。所谓溶孔，是指在可溶岩石内部溶蚀有孔径不超过 20～30cm 的，一般小于 1～3cm 的微溶蚀的空隙。岩石遭受溶蚀可使岩石有孔洞、结构松散，从而降低岩石强度和增大透水性能。

（2）造成基岩面不均匀起伏。因石芽、溶沟溶槽的存在，使地表基岩参差不齐、起伏不均匀。这就造成了地基的不均匀性以及交通的难行。因而，如利用石芽或溶沟发育的地区作为地基，则必须作出处理。

（3）漏斗对地面稳定性的影响。漏斗是包气带中与地表接近部位所发生的岩溶和潜蚀作用的现象。当地表水的一部分沿岩土缝隙往下流动时，水便对孔隙和裂隙壁进行溶蚀和机械冲刷，使其逐渐扩大成漏斗状的垂直洞穴，是为漏斗。这种漏斗在表面近似圆形，深可达几十米，表面口径由几米到几十米。另一种漏斗是由于土洞或溶洞顶的塌落作用而形成。崩落的岩块堆于洞穴底部成一漏斗状洼地。这类漏斗因其塌落的突然性，使地表建（构）筑物面临遭到破坏的威胁。

（4）溶洞和土洞对地基稳定性的影响。溶洞和土洞地基稳定性必须考虑如下三个问题：

1) 溶洞和土洞分布密度和发育情况。一般认为，对于溶洞或土洞分布密度很密，并且溶洞或土洞的发育处在地下水交替最积极的循环带内，洞径较大，顶板薄，并且裂隙发育，此地不宜选择为建筑场地和地基。但是对于该场地虽有溶洞或土洞，但溶洞或土洞是早期形成的，已被第四纪沉积物所充填，并已证实目前这些洞已不再活动。这种情况，可根据洞的顶板承压性能，决定其作为地基。此外，不宜选择石膏或岩盐溶洞地区作为天然地基。

2) 溶洞或土洞的埋深对地基稳定性的影响。一般认为，溶洞特别是土洞如埋置很浅，则溶洞的顶板可能不稳定，甚至会发生地表塌落。如若洞顶板厚度 $H$ 大于溶洞最大宽度 $b$ 的 1.5 倍时（即 $H > 1.5b$），而同时溶洞顶板岩石比较完整，裂隙较少，岩石也较坚硬，则该溶洞顶板作为一般地基是安全的。如若溶洞顶板岩石裂隙较多，岩石较为破碎，则上覆岩层的厚度 $H$，如能大

于溶洞最大宽度 $b$ 的 3 倍时（即 $H>3b$），则溶洞的埋深是安全的。上述评定是对溶洞和一般建（构）筑物的地基而言，不适用于土洞、重大建（构）筑物和振动基础。对于这些地质条件和特殊建筑物基础所必需的稳定土洞或溶洞顶板的厚度，须进行地质分析和力学验算，以确定顶板的稳定性。

3）抽水对土洞和溶洞顶板稳定的影响。一般认为，在有溶洞或土洞的场地，特别是土洞大片分布，如果进行地下水的抽取，由于地下水位大幅度下降，使保持多年的水位均衡遭到急剧破坏，大大地减弱了地下水对土层的浮托力。再者，由于抽水时加大了地下水的循环，动水压力会破坏一些土洞顶板的平衡，因而引起了一些土洞顶板的破坏和地表塌陷。一些土洞顶板塌落又引起土层振动，或加大地下水的动水压力，结果振波或动水压力传播于近处的土洞，又促使附近一些土洞顶板破坏，以致地表塌陷危及地面的建（构）筑物的安全。

顶板岩层均较完整，强度较高，层理厚，且已知顶板厚度和裂隙切割情况时，可将岩溶顶板的稳定性按照结构力学中梁板的受力情况进行稳定性计算：当跨中有裂缝，顶板两端支座处的岩石坚固完整时，可按悬臂梁进行计算；若裂缝位于支座处，顶板较完整时，可按简支梁进行计算；若支座和顶板岩层均较完整时，可按两端固定梁进行计算。

## 6.2.4　岩溶与土洞灾害防治

在进行建（构）筑物布置时，应先将岩溶和土洞的位置勘察清楚，然后针对实际情况做出相应的防治措施。

当建（构）筑物的位置可以移位时，为了减少工程量和确保建（构）筑物的安全，应首先设法避开有威胁的岩溶和土洞区，实在不能避开时，再考虑处理方案。

（1）挖填：即挖除溶洞或土洞中的软弱充填物，回填以碎石、块石或混凝土等，并分层夯实，以达到改良地基的效果。对于土洞回填的碎石上设置反滤层，以防止潜蚀发生。

（2）跨盖：当洞埋藏较深或洞顶板不稳定时，可采用跨盖方案。如采用长梁式基础或桁架式基础或刚性大平板等方案跨越。但梁板的支承点必须放置在较完整的岩石上或可靠的持力层上，并注意其承载能力和稳定性。

（3）灌注：对于溶洞或土洞，因埋藏较深，不可能采用挖填和跨盖方法处理时，溶洞可采用水泥或水泥黏土混合灌浆于岩溶裂隙中；对于土洞，可在洞体范围内的顶板打孔灌砂或砂砾，应注意灌满和密实。

（4）排导：洞中水的活动可使洞壁和洞顶溶蚀、冲刷或潜蚀，造成裂隙和洞体扩大，或洞顶坍塌。因而对自然降雨和生产用水应防止下渗，采用截排水措施，将水引导至他处排泄。

（5）打桩：对于土洞埋深较大时，可用桩基处理，如采用混凝土桩、木桩、砂桩或爆破桩等。其目的除提高支承能力外，并有靠桩来挤压挤紧土层和改变地下水渗流条件的功效。

## 6.3 滑坡

### 6.3.1 基本概念

滑坡是山区铁路、公路及水电工程中经常遇到的一种地质灾害。由于山坡或路基边坡发生滑坡,常使交通中断,影响公路的正常运输。大规模的滑坡,可以堵塞河道、摧毁公路、破坏厂矿、掩埋村庄,对山区建设和交通设施危害很大。

滑坡是斜坡土体和岩体在重力作用下失去原有的稳定状态,沿着斜坡内某些滑动面(或滑动带)作整体向下滑动的现象。首先,滑动的岩土体具有整体性,除了滑坡边缘线一带和局部一些地方有较少的崩塌和产生裂隙外,总的来看它大体上保持着原有岩土体的整体性;其次,斜坡上岩土体的移动方式为滑动,不是倾倒或滚动,因而滑坡体的下缘常为滑动面或滑动带的位置。此外,规模大的滑坡一般是缓慢地往下滑动,其位移速度多在突变加速阶段才显著。有时会造成灾难性的后果。有些滑坡滑动速度一开始也很快,这种滑坡经常是在滑坡体的表层发生翻滚现象,因而称这种滑坡为崩塌性滑坡。一个发育完全的比较典型的滑坡具有如下的基本构造特征(图 6-18),这些特征是识别和判断滑坡的重要标志。

(1)滑坡体:斜坡内沿滑动面向下滑动的那部分岩土体。这部分岩土体虽然经受了扰动,但大体上仍保持有原来的层位和结构构造的特点。滑坡体和周围不动岩土体的分界线叫滑坡周界。滑坡体的体积大小不等,大型滑坡体可达几千万立方米。

(2)滑动面、滑动带和滑坡床:滑坡体沿其滑动的面称滑动面。滑动面以上或其附近带,被揉皱了的数厘米至数米厚的

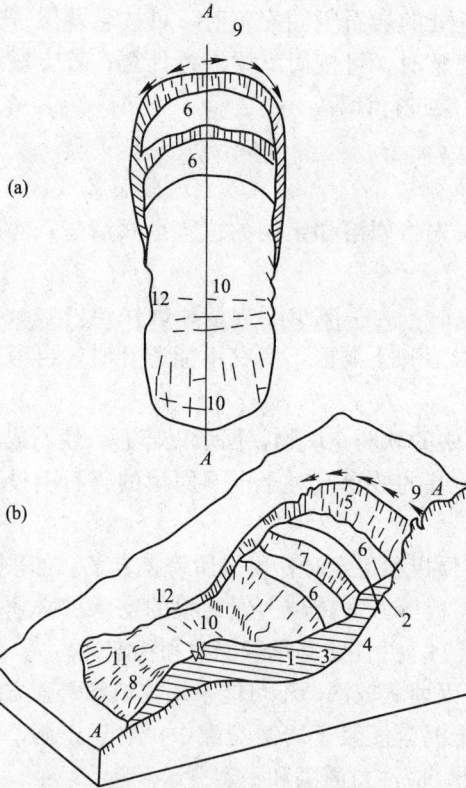

图 6-18 滑坡形态和构造示意图

(a)平面图;(b)块状图

1—滑坡体;2—滑动面;3—滑动带;4—滑坡床;
5—滑坡后壁;6—滑坡台地;7—滑坡台地陡坎;
8—滑坡舌;9—张拉裂缝;10—滑坡鼓丘;
11—扇形张裂缝;12—剪切裂缝

结构扰动带，称滑动带。有些滑坡的滑动面（带）可能不止一个，在最后滑动面以下稳定的岩土体称为滑坡床。

滑动面的形状随着斜坡岩土的成分和结构的不同而各异。在均质黏性土和软岩中，滑动面近于圆弧形。滑坡体如沿着岩层层面或构造面滑动时，滑动面多呈直线形或折线形。多数滑坡的滑动面由直线和圆弧复合而成，其后部经常呈弧形，前部呈近似水平的直线。

滑动面大多数位于黏土夹层或其他软弱岩层内，如页岩、泥岩、千枚岩、片岩、风化岩等。由于滑动时的摩擦，滑动面常常是光滑的，有时有清楚的擦痕；同时，在滑动面附近的岩土体遭受风化破坏也较厉害。滑动面附近的岩土体通常是潮湿的，甚至达到饱和状态。许多滑坡的滑动面常常有地下水活动，在滑动面的出口附近常有泉水出露。

(3) 滑坡后壁：滑坡体滑落后，滑坡后部和斜坡未动部分之间形成的一个陡度较大的陡壁称滑坡后壁。滑坡后壁实际上是滑动面在上部的露头。滑坡后壁的左右呈弧形向前延伸，其形态呈"圈椅"状，称为滑坡圈谷。

(4) 滑坡台地：滑坡体滑落后，形成阶梯状的地面称滑坡台地。滑坡台地的台面往往向着滑坡后壁倾斜。滑坡台地前缘比较陡的破裂壁称为滑坡台坎。有两个以上滑动面的滑坡或经过多次滑动的滑坡，经常形成几个滑坡台地。

(5) 滑坡鼓丘：滑坡体在向前滑动的时候，如果受到阻碍，就会形成隆起的小丘，称为滑坡鼓丘。

(6) 滑坡舌：滑坡体的前部如舌状向前伸出的部分称为滑坡舌。

(7) 滑坡裂缝：在滑坡运动时，由于滑坡体各部分的移动速度不均匀，在滑坡体内及表面所产生的裂缝称为滑坡裂缝。根据受力状况不同，滑坡裂缝可以分为四种：

1) 拉张裂缝。在斜坡将要发生滑动的时候，由于拉力的作用，在滑坡体的后部产生一些张口的弧形裂缝。与滑坡后壁相重合的拉张裂缝称主裂缝。坡上拉张裂缝的出现是产生滑坡的前兆。

2) 鼓张裂缝。滑坡体在下滑过程中，如果滑动受阻或上部滑动较下部为快，则滑坡下部会向上鼓起并开裂，这些裂缝通常是张口的。鼓张裂缝的排列方向基本上与滑动方向垂直，有时交互排列成网状。

3) 剪切裂缝。滑坡体两侧和相邻的不动岩土体发生相对位移时，会产生剪切作用；或滑坡体中央部分较两侧滑动快而产生剪切作用，都会形成大体上与滑动方向平行的裂缝。这些裂缝的两侧常伴有如羽毛状平行排列的次一级裂缝。

4) 扇形张裂缝。滑坡体向下滑动时，滑坡舌向两侧扩散，形成放射状的张开裂缝，称为扇形张裂缝，也称滑坡前缘放射状裂缝。

(8) 滑坡主轴：滑坡主轴也称主滑线，为滑坡体滑动速度最快和规模最大的纵向线，它代表整个滑坡的滑动方向。滑动迹线可以为直线，也可以是折线，如图 6-19 所示，运动最快之点相连的主轴为折线形。

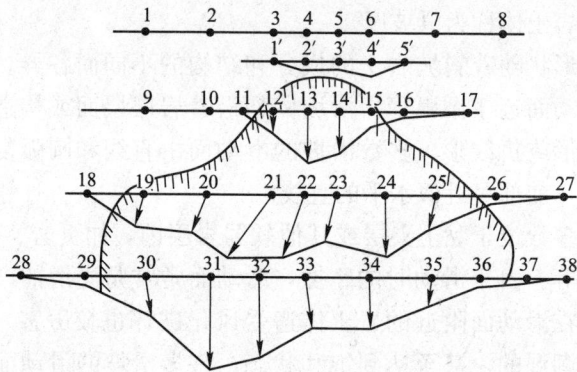

图 6-19　滑坡运动矢量平面图

### 6.3.2　分类

为了便于认识和治理滑坡，需要对滑坡进行分类。但由于自然界的地质条件和作用因素复杂，各种工程分类的目的和要求又不尽相同，因而可从不同角度进行滑坡分类。根据我国的滑坡类型可有如下的滑坡划分。

#### 6.3.2.1　按滑坡体的物质组成分类

滑坡按滑坡体的物质组成可分为土石堆积体滑坡、岩层滑坡、土质滑坡三类。

（1）土石堆积体滑坡：发生于斜坡或坡脚处的堆积体中，物质成分多为崩积、坡积土及碎块石，因堆积物成分、结构、厚度不同，滑坡的形状、大小不一，滑坡结构以土石混杂为主。

（2）岩层滑坡：发育在两种地区，一种是受软弱岩层或具有软弱夹层控制的岩层中，另一种是在硬质岩层沿岩体结构面滑坡。

（3）土质滑坡：发生于第四系与第三系地层中未成岩或成岩不良及有不同风化程度以黏土层为主的地层中，滑坡地貌明显，滑床坡度较缓，规模较小，滑速较慢，多成群出现。此类滑坡还存在一些特殊土滑坡，并具有自身的特征，如黄土滑坡多属崩塌性滑坡，滑动速度快，变形急剧，规模及动能巨大，常群集出现。

#### 6.3.2.2　按滑坡力学特征分类

滑坡按力学特征可分为推移式滑坡、平移式滑坡和牵引式滑坡。

（1）推移式滑坡（图 6-20a）：滑体上部局部破坏，上部滑动面局部贯通，向下挤压下部滑体，最后整个滑体滑动。多是由于滑体上部增加荷载或地表水沿拉张裂隙渗入滑体等原因所引起的。

（2）平移式滑坡（图 6-20b）：始滑部位分布在滑动面的许多点，同时局部滑动，然后逐步发展成整体滑动，这类滑坡一般滑动面较缓甚至近水平。图 6-20(b)为这类滑坡的典型代表，为平推式滑坡又称或混合式滑坡，由于坡体后缘张裂或深陷，且滑动带一般为黏土质软弱夹层（隔水或弱透水层），在地下水的水平推力及浮托力等主要外力因素作用下使得坡体沿平缓的软弱隔水层整体推出滑坡。

(3) 牵引式滑坡（图 6-20c）：滑体下部先失去平衡发生滑动，逐渐向上发展，使上部滑体受到牵引而跟随滑动，大多因坡脚遭受冲刷和开挖而引起的。

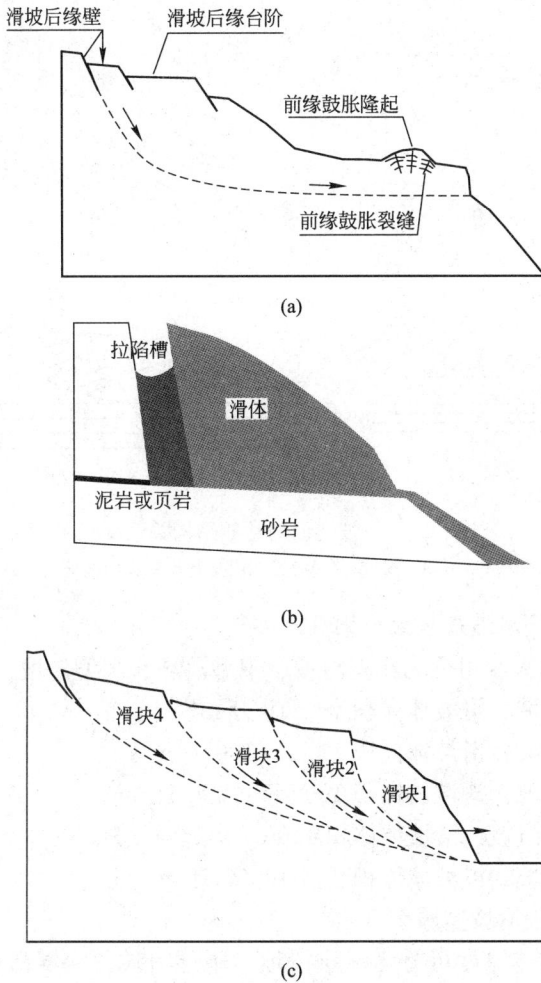

图 6-20　滑坡的力学分类
(a)推移式滑坡；(b)平移式滑坡；(c)牵引式滑坡

### 6.3.2.3　按滑面与岩层层面关系的分类

按滑面与岩层层面关系可分为均质滑坡、顺层滑坡和切层滑坡三类。这种分类最为普遍，应用颇广。

(1) 均质滑坡发生在均质、无明显层理的岩土体中；滑坡面一般呈圆弧形。在黏土岩和土体中常见，如图 6-21(a)所示。

(2) 顺层滑坡是沿岩层面发生的，当岩层倾向与斜坡倾向一致，且其倾角小于坡角的条件下，往往顺层间软弱结构面滑动而形成滑坡，如图 6-21(b)

所示。

(3) 沿基覆界面滑动，上方覆盖层(坡积层、残积层及人工堆积等)沿下伏基岩面滑动，如图 6-21(c)所示。

(4) 切层滑坡是滑动面切过岩层面的滑坡，多发生在沿倾向坡外的一组或两组节理面形成贯通滑动面的滑坡，如图 6-21(d)所示。

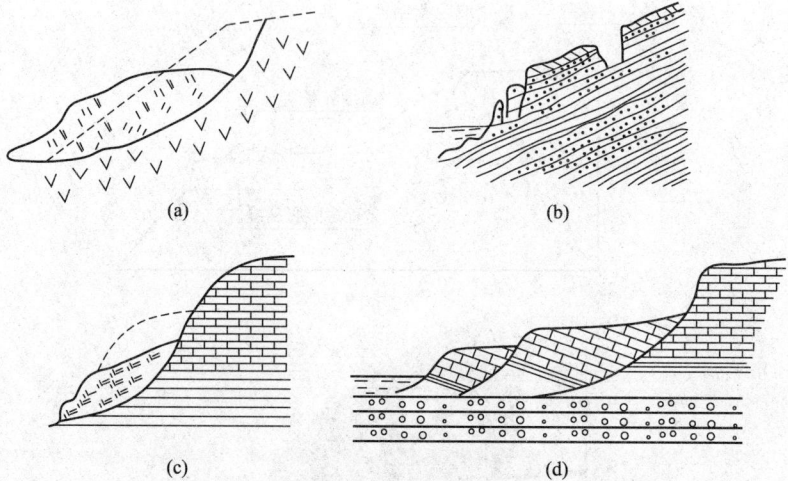

图 6-21　滑坡滑面与地质结构关系示意图
(a)均质滑坡；(b)顺层滑坡；(c)沿坡积层与基岩交界面滑坡；(d)切层滑坡

### 6.3.2.4　按滑坡规模大小划分
滑坡按规模大小可分为小型滑坡、中型滑坡、大型滑坡、巨型滑坡四类。
(1) 小型滑坡：滑坡体体积小于 10 万 $m^3$。
(2) 中型滑坡：滑坡体体积 10 万～100 万 $m^3$。
(3) 大型滑坡：滑坡体体积 100 万～1000 万 $m^3$。
(4) 特大型滑坡：滑坡体体积 1000 万～10000 万 $m^3$。
(5) 巨型滑坡：滑坡体体积超过 10000 万 $m^3$。

### 6.3.2.5　按滑坡体厚度
滑坡按滑坡体厚度可分为浅层滑坡、中层滑坡、深层滑坡和超深层滑坡四类。
(1) 浅层滑坡：滑坡体厚度在 10m 以内。
(2) 中层滑坡：滑坡体厚度在 10～25m 左右。
(3) 深层滑坡：滑坡体厚度在 25～50m 左右。
(4) 超深层滑坡：滑坡体厚度在超过 50m 以上。

### 6.3.2.6　按形成的年代划分
(1) 新滑坡：现今正在发生滑动的滑坡。
(2) 老滑坡：全新世以来发生过滑动，现今整体稳定的滑坡。
(3) 古滑坡：全新世以前发生过滑动，现今整体稳定的滑坡。

### 6.3.3　影响因素及发育过程

#### 6.3.3.1　滑坡的影响因素

引起滑坡的因素主要包括岩性、构造、斜坡外形、水、地震和人为因素等方面，这些因素可使斜坡外形改变、岩土体性质恶化以及增加附加荷载等而导致滑坡的发生。

（1）岩性

滑坡主要发生在易亲水软化的土层中和一些软岩中，例如黏质土、黄土和黄土类土、山坡堆积、风化岩以及遇水易膨胀和软化的土层。软岩有页岩、泥岩和泥灰岩、千枚岩以及风化凝灰岩等。

（2）构造

斜坡内的一些层面、节理、断层、片理等软弱面若与斜坡坡面倾向近于一致，则此斜坡的岩土体容易失稳成为滑坡。这时，倾角小于坡面坡角且倾向坡外的软弱面可成为滑动面。

（3）斜坡外形

斜坡的存在，使滑动面能在斜坡前缘临空出露。这是滑坡产生的先决条件。同时，斜坡不同高度、坡度、形状等要素可使斜坡内力状态变化，内应力的变化可导致斜坡稳定或失稳。当斜坡愈陡、高度愈大以及当斜坡中上部突起而下部凹进、且坡脚无抗滑地形时，滑坡容易发生。

（4）水

水对斜坡的作用可概括为浸湿、润滑、潜蚀、溶滤、托滤、冲刷等作用。若为地表水作用可以使坡脚侵蚀冲刷；地下水位上升可使岩土体软化、增大水力坡度等。不少滑坡有"大雨大滑、小雨小滑、无雨不滑"的特点，说明水对滑坡作用的重要性。

（5）地震

地震可诱发滑坡发生，此现象在山区非常普遍。地震首先将斜坡岩土体结构破坏，可使粉砂层液化，从而降低岩土体抗剪强度；同时地震波在岩土体内传递，使岩土体承受地震惯性力，增加滑坡体的下滑力，促进滑坡的发生。

（6）人为因素

人为地破坏表层覆盖物，引起地表水下渗作用的增强，或破坏自然排水系统，或排水设备布置不当，泄水断面大小不合理而引起排水不畅，漫溢乱流，使坡体水量增加。在兴建土建工程时，由于切坡不当，斜坡的支撑被破坏，或者在斜坡上方任意堆填岩土方、兴建工程、增加荷载，都会破坏原来斜坡的稳定条件。引水灌溉或排水管道漏水将会使水渗入斜坡内，促使滑动因素增加。

大多数的滑坡均与人类工程活动和降雨相关。

#### 6.3.3.2　滑坡的发育过程

一般说来，滑坡的发生是一个长期的变化过程，通常将滑坡的发育过程划分为三个阶段：蠕动变形阶段、滑动破坏阶段和渐趋稳定阶段。研究滑坡发育的过程对于认识滑坡和正确地选择防滑措施具有很重要意义。

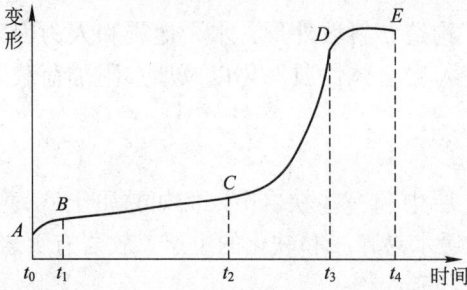

图 6-22　滑坡的典型变形曲线示意图

（1）蠕动变形阶段（图 6-22 中 $t_0-t_2$ 时段，其中 $t_0-t_1$ 时段为初始变形阶段）

斜坡在发生滑动之前通常是稳定的。有时在自然条件和人为因素作用下，可以使斜坡岩土强度逐渐降低（或斜坡内部剪切力不断增加），造成斜坡的稳定状况受到破坏。在斜坡内部某一部分因抗剪强度小于剪切力而首先变形，产生微小的移动，往后变形进一步发展，直至坡面出现断续的拉张裂缝。随着拉张裂缝的出现，渗水作用加强，变形进一步发展，后缘拉张，裂缝加宽，开始出现不大的错距，两侧剪切裂缝也相继出现。坡脚附近的岩土被挤压、滑坡出口附近潮湿渗水，此时滑动面已大部分形成，但尚未全部贯通。斜坡变形再进一步继续发展，后缘拉张裂缝不断加宽，错距不断增大，两侧羽毛状剪切裂缝贯通并撕开，斜坡前缘的岩土挤紧并鼓出，出现较多的鼓张裂缝，滑坡出口附近渗水混浊，这时滑动面已全部形成，接着便开始整体地向下滑动。从斜坡的稳定状况受到破坏，坡面出现裂缝，到斜坡开始整体滑动之前的这段时间称为滑坡的蠕动变形阶段。蠕动变形阶段所经历的时间有长有短。长的可达数年之久，短的仅数月或几天的时间。一般说来，滑动的规模愈大，蠕动变形阶段持续的时间愈长。斜坡在整体滑动之前出现的各种现象，叫做滑坡的前兆现象，尽早发现和观测滑坡的各种前兆现象，对于滑坡的预测和预防都是很重要的。

（2）滑动破坏阶段（图 6-22 中 $t_2-t_3$ 时段）

滑坡在整体往下滑动的时候，滑坡后缘迅速下陷，滑坡壁越露越高，滑坡体分裂成数块，并在地面上形成阶梯状地形，滑坡体上的树木东倒西歪地倾斜，形成"醉林"。滑坡体上的建筑物（如房屋、水管、渠道等）严重变形以致倒塌毁坏。随着滑坡体向前滑动，滑坡体向前伸出，形成滑坡舌。在滑坡滑动的过程中，滑动面附近湿度增大，并且由于重复剪切，岩土的结构受到进一步破坏，从而引起岩土抗剪强度进一步降低，促使滑坡加速滑动。滑坡滑动的速度大小取决于滑动过程中岩土抗剪强度降低的绝对数值，并和滑动面的形状，滑坡体厚度和长度，以及滑坡在斜坡上的位置有关。如果岩土抗剪强度降低的数值不多，滑坡只表现为缓慢的滑动，如果在滑动过程中，滑动带岩土抗剪强度降低的绝对数值较大，滑坡的滑动就表现为速度快、来势猛，滑动时往往伴有巨响并产生很大的气浪，有时造成巨大灾害。

（3）渐趋稳定阶段（图 6-22 中 $t_3-t_4$ 时段）

由于滑坡体在滑动过程中具有动能，所以滑坡体能越过平衡位置，滑到更远的地方。滑动停止后，除形成特殊的滑坡地形外，在岩性、构造和水文地质条件等方面都相继发生了一些变化。例如：地层的整体性已被破坏，岩石变得松散破碎，透水性增强含水量增高，经过滑动，岩石的倾角或者变缓或者变陡，断层，节理的方位也发生了有规律的变化；地层的层序也受到破坏，局部的老地层会覆盖在第四纪地层之上等。

图 6-22 的变形曲线也可以作为基于变形监测的滑坡预报依据，具体可参考成都理工大学许强教授的相关研究论文和专著。

### 6.3.4 野外识别

斜坡滑动之后，会出现一系列的变异现象。这些变异现象，为我们提供了在野外识别滑坡的标志。其标志主要包括地层构造、地形地物、水文地质标志、滑坡先兆现象。

（1）地层构造标志

滑坡范围内的地层整体性常因滑动而破坏，有扰乱松动现象；层位不连续，出现缺失某一地层、岩层层序重叠或层位标高有升降等特殊变化；岩层产状发生明显的变化；构造不连续（如裂隙不连贯、发生错动）等，都是滑坡存在的标志。

（2）地形地物标志

滑坡的存在常使斜坡不顺直、不圆滑而造成圈椅状地形和槽谷地形，其上部有陡壁及弧形拉张裂缝；中部坑洼起伏，有一级或多级台阶，其高程和特征与外围河流阶地不同，两侧可见羽毛状剪切裂缝；下部有鼓丘，呈舌状向外突出，有时甚至侵占部分河床，表面有鼓张或扇形裂缝；两侧常形成沟谷，出现双沟同源现象（图 6-23a）；有时内部多积水洼地，喜水植物茂盛，有"醉汉林"（图 6-23b）及"马刀树"（图 6-23c）和建筑物开裂、倾斜等现象。

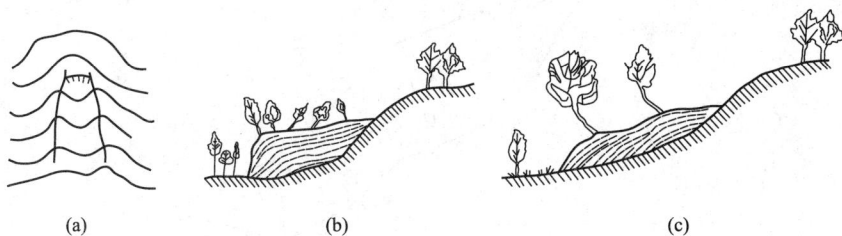

图 6-23　滑坡的地形标志
(a)双沟同源；(b)醉汉林；(c)马刀树

（3）水文地质标志

滑坡地段含水层的原有状况常被破坏，使滑坡体成为单独含水体，水文地质条件变得特别复杂，无一定规律可循，如潜水位不规则、无一定流向，斜坡下部有成排泉水溢出等。这些现象均可作为识别滑坡的标志。

（4）滑坡先兆现象的识别

不同类型、不同性质、不同特点的滑坡，在滑动之前，均会表现出各种不同的异常现象，显示出滑动的预兆（前兆），归纳起来常见的有以下几种：

大滑动之前，在滑坡前缘坡脚处，有堵塞多年的泉水复活现象，或者出现泉水（水井）突然干枯、井（钻孔）水位突变等类似的异常现象。

在滑坡体前缘土石零星掉落，坡脚附近土石被挤紧，并出现大量鼓张裂缝。这是滑坡向前推挤的明显迹象。

如果在滑坡体上有长期位移观测资料，那么大滑动之前，无论是水平位移量还是垂直位移量，均会出现加速变化的趋势，这是明显的临滑迹象。

坡面上树木逐渐倾斜，建筑物开始开裂变形，此外还可发现山坡农田变形、水田漏水、动物惊恐异常等现象，这些均说明该处滑坡在缓慢滑动。

### 6.3.5 稳定性计算

滑坡是在斜坡上岩土体遭到破坏，使滑坡体沿着滑动面（带）下滑而造成的地质现象。滑动面有平直的、弧形的及折线的（图 6-24）。在均质滑坡中，滑动面多呈圆形。

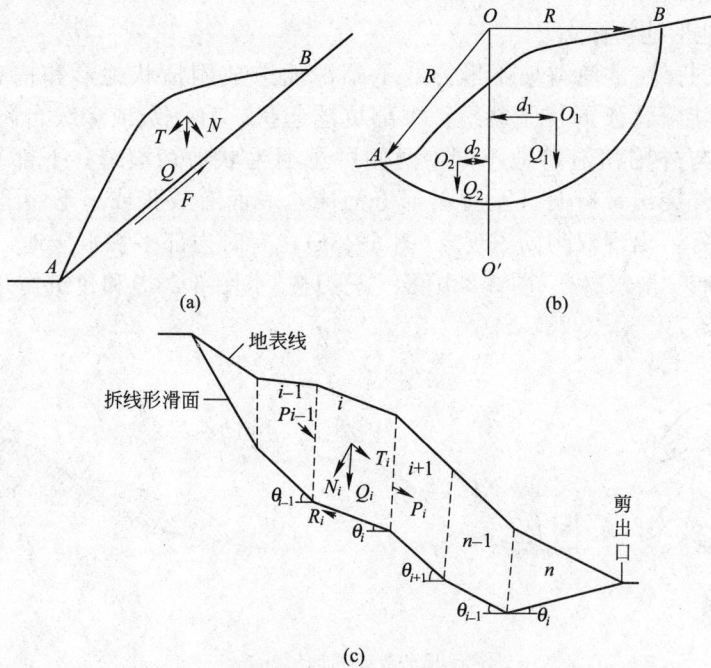

图 6-24 滑坡稳定计算图
(a)平面滑动；(b)圆弧滑动；(c)折线滑动

#### 6.3.5.1 平面滑动面滑坡

在平面滑动面情形下（图 6-24a），滑坡体的稳定系数 $K$ 为滑动面上的总抗滑力 $F$ 与总下滑力 $T$ 之比。即

$$K=\frac{总抗滑力}{总下滑力}=\frac{F}{T} \tag{6-2}$$

当 $K<1$ 时，滑坡发生；$K\geqslant1$ 时，滑坡体稳定或处于极限平衡状态。需要注意的是式(6-2)中的总抗滑力与总下滑力均为广义定义，可为"力矩"等。

### 6.3.5.2 圆形滑动面滑坡

在圆形滑动面情形下(图 6-24b)，滑动面中心为 $O$，滑弧半径为 $R$。过滑动圆心。作一铅直线 $\overline{OO'}$，将滑坡体分成两部分。在 $\overline{OO'}$ 线之右部分为滑动部分，其重力为 $Q_1$，它能绕 $O$ 点形成滑动力矩 $Q_1d_1$，在 $\overline{OO'}$ 之左部分，其重力为 $Q_2$，形成抗滑力矩 $Q_2d_2$，因此，该滑坡的稳定系数 $K$ 为总抗滑力矩与总滑动力矩之比。即

$$K=\frac{总抗滑力矩}{总下滑力矩}=\frac{Q_2d_2+\tau\times AB\times R}{Q_1d_1} \tag{6-3}$$

式中 $\tau$ ——滑动面上的抗剪强度。

当 $K<1$ 时，滑坡失去平衡，而发生滑坡。

### 6.3.5.3 折线滑动面滑坡

传递系数法也称为不平衡推力传递法，亦称折线滑动法或剩余推力法，当滑动面为折线形时采用。原理是沿折线滑面的转折处划分成若干条块，从上至下逐块计算推力，每块滑坡体向下滑动的力与岩土体阻挡下滑力之差，也称剩余下滑力。剩余下滑力是指下滑力与抗滑力之差，一般说的剩余下滑力是指整体剩余下滑力，即剪出口剩余下滑力。剩余下滑力也可以指某个特定位置的剩余下滑力，此时的剩余下滑力为计算位置以上的下滑力与计算位置以上的抗滑力之差。

作了一定假设后，仅考虑重力作用时，传递系数法计算简图如图 6-24 所示。

以 $i$ 条块为例，

第 $i$ 条块的下滑力：$\qquad T_i=Q_i\sin\theta_i$

第 $i$ 条块的抗滑力：$R_i=Q_i\cos\theta_i\tan\varphi_i+c_iL_i=Q_i\cos\theta_if_i+c_iL_i$

第 $i$ 条块的天然重量：$Q_i=\gamma_iV_i$

式中，$\gamma_i$ ——第 $i$ 计算条块岩土体的天然容重 $(kN/m^3)$；

$\quad V_i$ ——第 $i$ 计算条块单位宽度岩土体的体积 $(m^3/m)$；

$\quad Q_i$ ——第 $i$ 条块天然重量 $(kN/m)$；

$\quad \theta_i$ ——第 $i$ 计算条块滑动面倾角 $(°)$，反倾时取负值；

$\quad l_i$ ——第 $i$ 计算条块滑动面长度 (m)；

$\quad c_i$ ——第 $i$ 计算条块滑动面上岩土体的粘结强度标准值 $(kPa)$；

$\quad \varphi_i$ ——第 $i$ 计算条块滑带土的内摩擦角标准值 $(°)$；

$\quad f_i$ ——第 $i$ 计算条块滑带土的内摩擦角系数。

第 $i$ 条块的剩余下滑力 $P_i$：

$$P_i=P_{i-1}\cos(\theta_{i-1}-\theta_i)+KT_i-[P_{i-1}\sin(\theta_{i-1}-\theta_i)f_i+R_i]$$

式中的 $K$ 为滑坡防治工程的最小安全系数，对不同级别的防治工程，滑坡防治工程的稳定性设计安全系数可按《滑坡防治工程设计与施工技术规范》选取，或按《建筑边坡工程技术规范》选取。

令 $\psi_{i-1}=\cos(\theta_{i-1}-\theta_i)-\sin(\theta_{i-1}-\theta_i)f_i$，并将 $\psi$ 称为推力传递系数，则有：

$$P_i=(KT_i-R_i)+P_{i-1}\psi_{i-1}$$

第 1 条块剩余下滑力：$P_1=KT_1-R_1$

第 2 条块剩余下滑力：$P_2=(KT_2-R_2)+(KT_1-R_1)\psi_1$

第 3 条块剩余下滑力：$P_3=(KT_3-R_3)+(KT_2-R_2)\psi_2+(KT_1-R_1)\psi_1\psi_2$

·········

第 $n$ 条块剩余下滑力：$P_n=K\left(\sum\limits_{i=1}^{n-1}\left(T_i\prod\limits_{j=i}^{n-1}\psi_j\right)+T_n\right)-\left(\sum\limits_{i=1}^{n-1}\left(R_i\prod\limits_{j=i}^{n-1}\psi_j\right)+R_n\right)$

当最后条块的滑坡推力 $P_n=0$，$K$ 即为滑坡稳定性系数，用 $F_s$ 表示。

$$F_s=\frac{\sum\limits_{i=1}^{n-1}\left(R_i\prod\limits_{j=i}^{n-1}\psi_j\right)+R_n}{\sum\limits_{i=1}^{n-1}\left(T_i\prod\limits_{j=i}^{n-1}\psi_j\right)+T_n} \tag{6-4}$$

式中　$\prod\limits_{j=i}^{n-1}\psi_j=\psi_i\cdot\psi_{i+1}\cdot\psi_{i+2}\cdots\cdots\psi_{n-1}$

当滑坡稳定性系数 $F_s$ 值小于滑坡防治工程的最小安全系数 $K$ 值时，则不安全，需要进行滑坡防治工程设计。

### 6.3.6　防治

#### 6.3.6.1　治理原则

滑坡的治理，要贯彻以防为主、整治为辅的原则；尽量避开大型滑坡所影响的位置；对大型复杂的滑坡，应采用多项工程综合治理；对中小型滑坡，应注意调整建筑物或构筑物的平面位置，以求经济技术指标最优；对发展中的滑坡要进行整治，对古滑坡要防止复活，对可能发生滑坡的地段要防止滑坡的发生；整治滑坡应先做好排水工程，并针对形成滑坡的因素，采取相应措施。

#### 6.3.6.2　治理措施

(1) 排水

排水措施的目的在于减少水体进入滑体内和疏干滑体中的水，以减小滑坡下滑力。

地表排水主要是设置截水沟和排水明沟系统。对滑坡体外地表水要截流旁引，不使它流入滑坡内。最常用的措施是在滑坡体外部斜坡上修筑截流排水沟，当滑体上方斜坡较高、汇水面积较大时，这种截水沟可能需要平行设置两条或三条。对滑坡体内的地表水，要防止它渗入滑坡体内，尽快把地表水用排水明沟汇集起来引出滑坡体外。应尽量利用滑体地表自然沟谷修筑树枝状排水明沟或与排水沟相连形成地表排水系统(图 6-25)。

滑坡体内地下水多来自滑体外，为了排除地下水一般可采用截水盲沟引流疏干。对于滑体内浅层地下水，常用兼有排水和支撑双重作用的支撑盲沟截排地下水。支撑盲沟的位置多平行于滑动方向，一般设在地下水出露处，平面上呈 Y 形或工形(图 6-26)。盲沟(也称渗沟)的迎水面做成可渗透层，背

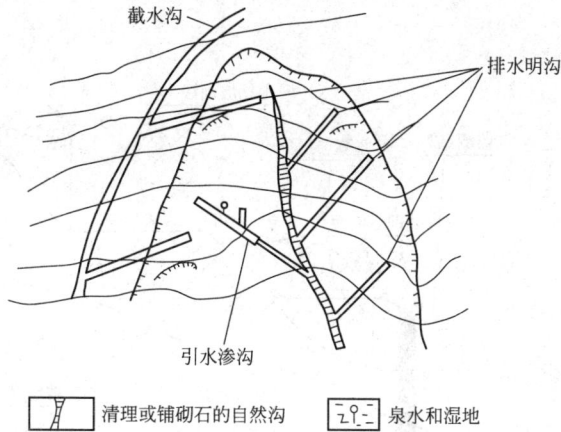

图 6-25 树枝状排水系统

水面为阻水层，以防盲沟内集水再渗入滑体；沟顶铺设隔渗层。

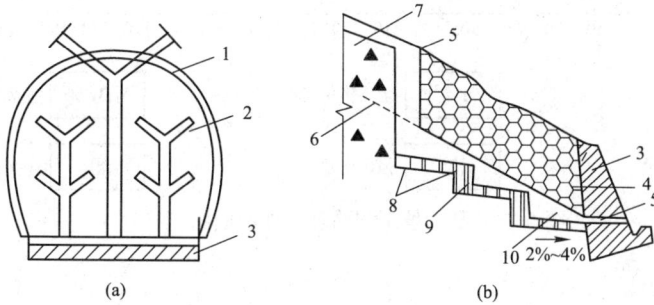

图 6-26 支撑盲沟与挡土墙联合结构
(a)平面布置；(b)剖面图

1—截水天沟；2—支撑盲沟；3—挡土墙；4—砌块石、片石；5—泄水孔；6—滑动面位置；

7—粗砂、砾石反滤层；8—有孔混凝土盖板；9—浆砌片石；10—纵向盲沟

（2）支挡

在滑坡体下部修筑挡土墙、抗滑桩或用锚杆加固等工程以增加滑坡下部的抗滑力。在使用支挡工程时，应该明确各类工程的作用。如滑坡前缘有水流冲刷，则应首先在河岸作支挡等防护工程，然后又考虑滑体上部的稳定。

（3）刷方减重

主要是通过削减坡角或降低坡高，以减轻斜坡不稳定部位的重量，从而减少滑坡上部的下滑力，如拆除坡顶处的房屋或搬走重物等。

（4）改善滑动面(带)的岩土性质

主要是为了改良岩土性质、结构，以增加坡体强度。本类措施有：对岩质滑坡采用固结灌浆；对土质滑坡采用电化学加固、冻结、焙烧等。

此外，还可针对某些影响滑坡滑动因素进行整治，如防水流冲刷、降低地下水位、防止岩石风化等具体措施，如植被护坡、挂网喷混凝土等。

一个滑坡的治理并非一定要采取某种单一的方式，一般来说是根据滑坡形成的原因，常采用多种方法综合治理，如图 6-27 所示。

197

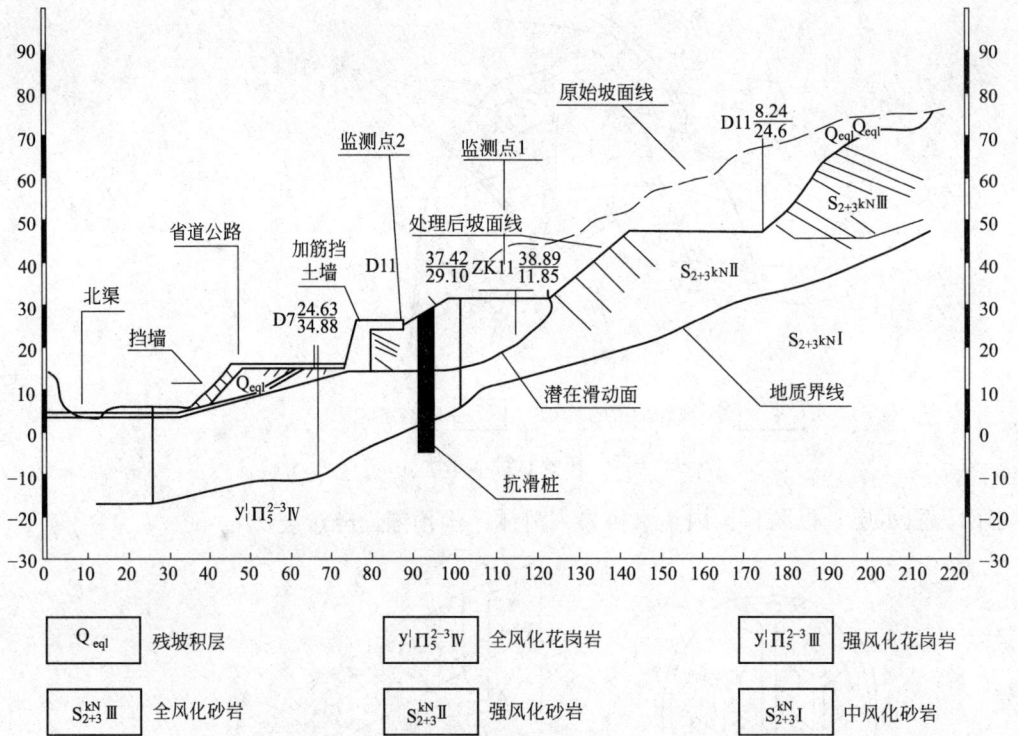

图 6-27　某滑坡工程治理设计剖面图

## 6.4　危岩和崩塌

### 6.4.1　基本概念

　　崩塌是在陡峻或极陡斜坡上，某些大块或巨块岩块突然地崩落或滑落，顺山坡猛烈地翻滚跳跃，岩块相互撞击破碎，最后堆积于坡脚的过程，堆积于坡脚的物质为崩塌堆积物。

　　危岩是指陡峭边坡上被多组结构面切割，在重力、风化营力、地震、渗透压力等作用下与母岩逐渐分离，稳定性较差的岩体。崩塌是危岩失稳的主要模式。

　　崩塌和危岩一般存在于高陡边坡及陡崖上，是高边坡稳定性问题的重要组成部分，是高边坡主要的地质灾害类型之一，也是对水电站、公路和铁路等各种工程建设有较大危害的地质灾害类型之一。崩塌和危岩的规模大小相差悬殊。小型崩塌可崩落几十立方米至几百立方米岩块；大型崩塌可崩下几万立方米至几千万立方米岩块。规模巨大的山坡崩塌称为山崩。斜坡的表层岩石由于强烈风化，沿坡面发生经常性的岩屑顺坡滚落现象，称为碎落。悬崖陡坡上个别较大岩块的崩落称为落石。发育过程具有渐进性，失稳崩塌具有突发性，直接威胁到危岩体前方的居民、房屋建筑、水电枢纽、公路、铁路、航道及其相应的建（构）筑物的安全与正常运营，每年都造成人员伤亡和大量的经济损失。表 6-11 是我国典型崩塌和危岩灾害的统计情况。

| 序号 | 发生时间 | 发生地点 | 岩性 | 方量 | 特征 | 危害 |
|---|---|---|---|---|---|---|
| 1 | 2009年6月5日 | 重庆武隆鸡尾山 | 巨厚层状斜倾石灰岩 | 约700万 m³ | 巨厚层状灰岩被2组陡倾结构面及顺层发育的炭质软弱夹层切割成积木块状；斜倾层状岩体顺向蠕动，在前缘稳定山体阻挡，致使下滑方向偏转，直接挤压前部起支撑作用的形成阻滑关键块体，加之长期岩溶溶蚀作用对岩体强度和采矿活动对应力环境的影响，导致关键块体失稳崩落，并沿岩溶发育带快速剪断，沿软弱层面形成连锁式的崩滑破坏 | 造成74人死亡，8人受伤的特大灾难 |
| 2 | 2007年11月20日上午8时40分左右 | 湖北宜万铁路高阳寨隧道 | 厚层石灰岩 | 约3000m³ | 隧道洞口边坡岩体在长期表生地质作用下，受施工爆破动力作用，致使边坡岩石沿原生节理面与母岩逐渐分离形成危岩体，在其自身重力作用下失稳向坡外滑出，造成事故发生 | 35人当场死亡，1人受伤 |
| 3 | 2004年12月3日3时40分 | 贵州省纳雍县鬃岭镇左家营村岩脚组 | 灰岩、泥灰岩及粉质砂岩 | 约4000m³ | 地形上高陡悬空（陡崖高约40m）、岩体结构开裂破碎、地表水流冲刷及暴雨期间短历时水压力作用、树木根劈作用及长期的物理化学风化作用是危岩体形成并发生灾害的主要原因 | 19户村民受灾，12栋房屋被毁，7栋房屋受损，死亡39人，5人失踪，另有13人受伤 |
| 4 | 2006年6月18日1时50分左右 | 四川省甘孜藏族自治州康定县 | | 约120m³ | 自然条件下岩石风化、剥离而形成危岩体，长时间受雨水浸泡，导致泥土软化，晴天气温升高，夜间气温下降，热胀冷缩，诱发崩塌，沿山坡呈散状飞落形成灾害 | 造成11人死亡，6人受伤，其中重伤3人，直接经济损失2000多万元 |
| 5 | 1996～2000年发生10余起 | 重庆市万州城区太白岩 | 砂泥岩互层 | 总体积约37275m³，单个体积1～8000m³，约400个 | 裂隙及岩腔极其发育、岩层软硬相间高陡边坡表岩体在风化、降雨等作用下形成400余个危岩体而发生局部小规模失稳，产生灾害 | 造成1人死亡，交通中断，毁坏厂房等 |
| 6 | 2000年7月 | 重庆市万州区天生城 | 砂泥岩互层 | 3次崩落，直径3.0～6.0m | 与重庆市万州城区太白岩成因相同 | 迫使近2000人的福建小学关闭转移 |
| 7 | 1981年8月16日 | 宝成铁路军师庙车站 | 石灰岩 | 1.85m³ | 高处危岩体在连续降雨作用下失稳，从200m高的山坡上崩落 | 穿透火车车厢，死亡1人，伤21人 |

## 6.4.2　类型及形成条件

### 6.4.2.1　分类

危岩崩塌的分类是在对危岩体进行系统研究的基础上，根据其规模、破坏方式、运动方式、块体方位以及失稳模式等不同标准进行，迄今分类尚未统一，从不同角度出发存在多种方案。

崩塌(危岩)按失稳破坏方式可分为坠落式、倾倒式和滑塌式三种基本类型(图 6-28)。

199

（1）坠落式：悬空或悬挑式岩块拉断、折断塌落。如图 6-28（a）所示，受裂隙切割和下部岩腔影响，高悬于陡崖上端和岩腔顶部的危岩体，随卸荷裂隙不断加深加宽，一旦裂隙发展切割整个危岩体，使其脱离母体，危岩在重力作用下从母体突然脱离失稳产生崩塌。

（2）倾倒式：危岩转动倾倒塌落。如图 6-28（b）所示，泥岩基座的差异风化和裂隙的切割使危岩体局部悬空，危岩体底界临空条件好，在变形破坏时，危岩体的顶部首先脱离母体，然后沿基座支点转动，从而发生倾倒式破坏。

（3）滑塌式：危岩沿软弱面滑移，于陡崖（坡）处塌落。如图 6-28（c）所示，危岩体附着于母岩上，下部与缓倾角裂隙面接触，在危岩体自重和地表水渗入裂隙等因素的作用下，裂隙面锁固部位被贯通，危岩体沿母岩（或基座）发生剪切滑移破坏，产生水平位移，此种破坏方式往往有渐变特征，破坏后果受危岩临空条件影响，临空高度越大，后果越严重。

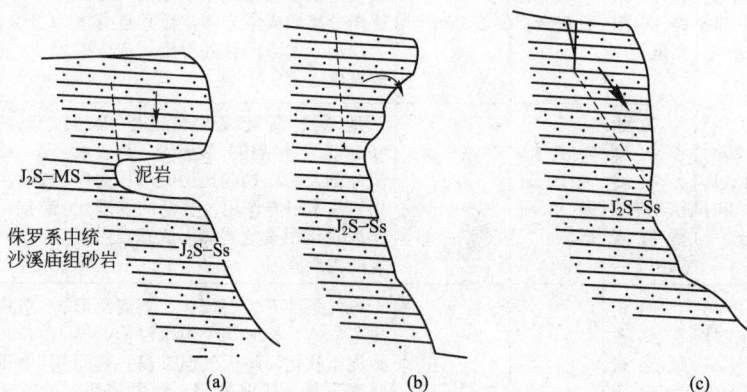

图 6-28 崩塌（危岩）的失稳破坏方式
(a)坠落式；(b)倾倒式；(c)滑塌式

### 6.4.2.2 形成条件

崩塌的主要发生条件和发育因素可分为下列几个方面：

（1）地形地貌条件

崩塌多产生在陡峻的斜坡地段，一般坡度大于 45°，坡面多不平整，上陡下缓。

（2）地质条件

1）裂隙岩体斜坡：当岩体中各种软弱结构面的组合位置处于最不利的情况时易发生崩塌。如节理发育、构造破碎的坚硬岩层（楔形块体崩塌），另外陡倾角张拉裂隙也容易发生崩塌。

2）顺向坡：当地层倾角小于山坡坡度时，常沿岩层层面发生崩塌。

3）上硬下软组合斜坡：软岩层易受风化，形成凹坡，坚硬岩层形成陡崖或突出形成悬崖，易发生崩塌，如图 6-29 中差异风化后使硬岩失去支持而引起崩塌。

（3）诱发条件

地表水的冲刷、溶解和软化裂隙充填物形成软弱面，或水的渗透增加静水压力；强烈地震以及人类工程活动中的爆破、边坡开挖过高过陡，破坏了山体平衡，都会促使崩塌的发生。如"5·12"汶川地震触发了大量的崩塌（图 6-30）。

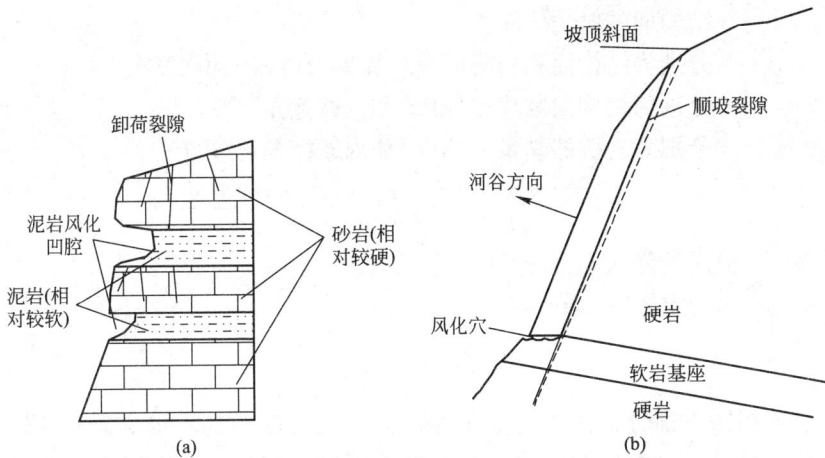

图 6-29　差异风化后使硬岩失去支持而引起崩塌

(a)软硬互层地层；(b)软弱基座

图 6-30　汶川地震发生滚石和岩崩灾害照片

(a)滚石；(b)岩崩

### 6.4.3　危岩稳定性计算

　　悬挂式危岩体后缘主控结构面陡倾，且当连通程度较高时，危岩体在自重等作用下沿陡倾主控结构面继续卸荷，与母岩之间连接的岩桥被剪断，从而与母岩分离而整体错落失稳。这类危岩体的计算模型如图 6-31 所示，在长度方向上按单位长度考虑，稳定性系数 $K$ 为：

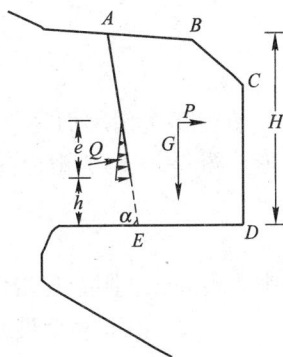

图 6-31　错落模式计算模型

$$K = \frac{(G\cos\alpha - P\sin\alpha - Q)\tan\varphi + \dfrac{cH}{\sin\alpha}}{G\sin\alpha + P\cos\alpha} \quad (6\text{-}5)$$

式中　$G$——危岩体的重量(kN)；

　　　　$P$——危岩体承受的水平地震力(kN)，取水平地震系数为 $\xi$，则地震力为 $P = G\xi$；

　　　　$H$——危岩体的高度(m)；

　　　　$h$——岩桥高度(m)；

　　　　$e$——结构面充水深度(m)；

$\alpha$——结构面的倾角($°$)；

$c$、$\varphi$——分别为结构面和岩桥的等效黏聚力($kPa$)和内摩擦角($°$)；

$c_0$、$\varphi_0$——分别为结构面黏聚力($kPa$)和内摩擦角($°$)；

$c_1$、$\varphi_1$——分别为岩桥的黏聚力($kPa$)和内摩擦角($°$)，有：

$$c=\frac{(H-h)c_0+hc_1}{H}, \quad \varphi=\frac{(H-h)\varphi_0+h\varphi_1}{H} \tag{6-6}$$

$Q$——滑面内静水压力($kN$)；

$\gamma_w$——水的重度($kN/m^3$)有：

$$Q=\frac{1}{2}\gamma_w\frac{e^2}{\sin\alpha}$$

利用极限平衡分析法进行稳定性计算，最关键的是确定滑面。危岩体滑移失稳几乎都是沿着主控结构面产生的，因此，其稳定性可以将主控结构面作为滑面；这里仅介绍滑移面为单一结构面时的计算方法。

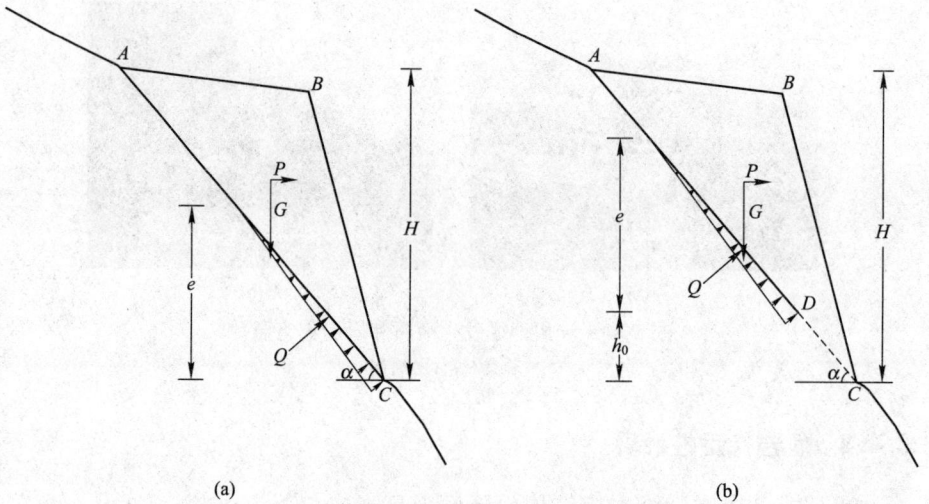

(a)　　　　　　　　　　　　　　(b)

图 6-32　滑移面为单一结构面的计算模型

图 6-32 为滑移面为单一结构面的计算模型，其中图 6-32(a)为滑面贯通的情形，图 6-32(b)为滑面尚未完全贯通的情形，其稳定系数 $K$ 为：

$$K=\frac{F_{抗滑}}{F_{下滑}} \tag{6-7}$$

式中　$F_{抗滑}$——阻止危岩体下滑的抗滑力($kN$)；

当滑面完全贯通时，可由下式计算：

$$F_{抗滑}=(G\cos\alpha-Q-P\sin\alpha)\tan\varphi+cH/\sin\alpha \tag{6-8}$$

当滑面尚未完全贯通时，可由下式计算：

$$F_{抗滑}=(G\cos\alpha-Q-P\sin\alpha)\tan\varphi_1+c_1H/\sin\alpha \tag{6-9}$$

$F_{下滑}$——危岩体下滑的下滑力($kN$)；

无论滑面贯通与否，都可由下式计算：

$$F_{下滑}=G\sin\alpha+P\cos\alpha \tag{6-10}$$

$P$——危岩体承受的水平地震力(kN)，取水平地震系数为 $\xi$，则地震
力为 $P=G\xi$；

$h_0$——岩桥高度(m)；

$H$——危岩体的高度(m)；

$G$——危岩体的重量(kN)；

$e$——滑面充水深度(m)；

$\alpha$——滑面的倾角(°)；

$Q$——滑面内静水压力(kN)；

$\gamma_w$——水的重度($kN/m^3$)有：

$$Q=\frac{1}{2}\gamma_w\frac{e^2}{\sin\alpha}$$

$c$——主控结构面的黏聚力(kPa)；

$\varphi$——主控结构面的内摩擦角(°)；

$c_1$、$\varphi_1$——分别为滑移面上结构面和岩桥的综合黏聚力(kPa)和内摩擦角
(°)，分别有：

$$c_1=\frac{(H-h_0)c+h_0c_0}{H}, \quad \varphi_1=\frac{(H-h_0)\varphi+h_0\varphi_0}{H} \tag{6-11}$$

$c_0$、$\varphi_0$——分别为岩桥的黏聚力(kPa)和内摩擦角(°)。

其他类型危岩的稳定性计算相对较复杂，但一般均采用极限平衡的计算
方法，可参考相关规范等。

### 6.4.4 防治

只有小型崩塌，才能防止其不发生，对于大的崩塌只好绕避。路线通过
小型崩塌区时，防止的方法分防止崩塌产生的措施及拦挡防御措施。

防止产生的措施包括削坡、清除危石、胶结岩石裂隙、引导地表水流以
避免岩石强度迅速变化，防止差异风化以避免斜坡进一步变形及提高斜坡稳
定性等。对于规模较大且较复杂的危岩体防治，一般采用多种防治方法结合。

(1) 爆破或打楔。将陡崖削缓，并清除易坠的岩石。

(2) 堵塞裂隙或向裂隙内灌浆。

(3) 调整地表水流。在崩塌地区上方修截水沟，以阻止水流流入裂隙。

(4) 为了防止风化将山坡和斜坡铺砌覆盖起来或在坡面上喷浆。

(5) 筑明峒或御塌棚，如图 6-33 所示。

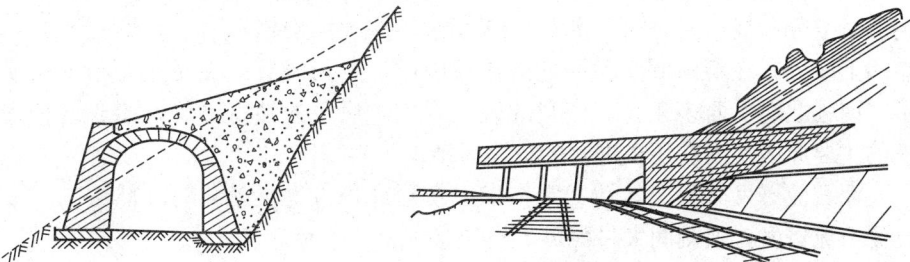

图 6-33 护路明峒与护路廊道

（6）筑护墙及围护棚（木的、石的、铁丝网）以阻挡坠落石块，并及时清除围护建筑物中的堆积物。

（7）在软弱岩石出露处修筑挡土墙，以支持上部岩石的质量（这种措施常用于修建铁路路基而需要开挖很深的路堑时）。

（8）锚固、支撑等加固措施，如图 6-34 所示。

（9）柔性防护，包括主动防护和被动截拦等，如图 6-35 所示。

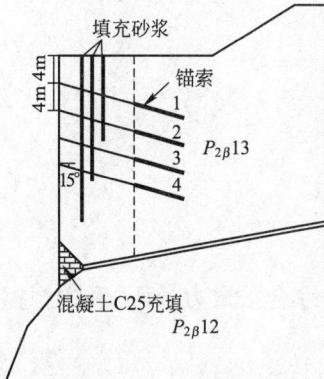

图 6-34　锚固＋支撑＋裂缝充填加固

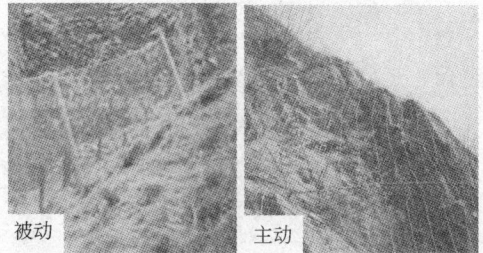

图 6-35　边坡危岩柔性网防护

## 6.5　泥石流

### 6.5.1　基本概念

泥石流是山区暴雨或冰雪融化带来的山洪水流挟带大量泥砂、石块等固体物质，突然以巨大的速度从沟谷上游冲驰而下，凶猛而快速地对下游建筑物和人员造成强大破坏力的一种地质灾害，泥石流中的固体碎屑物含量大致在 20%～80% 之间。

泥石流的地理分布广泛，据不完全统计，泥石流灾害遍及世界 70 多个国家和地区，主要分布在亚洲、欧洲和南、北美洲。我国的山区面积约占国土总面积的 2/3，自然地理和地质条件复杂，加上几千年人文活动的影响，目前是世界上泥石流灾害最严重的国家之一。主要分布在西南、西北及华北地区，在东北西部和南部山区、华北部分山区及华南、台湾、海南岛等地山区也有零星分布。通过大量调查观测，对统计资料分析发现，泥石流的发生具有一定的时空分布规律。时间上多发生在降雨集中的雨期或高山冰雪消融的季节，空间上多分布在新构造活动强烈的陡峻山区。我国泥石流在时空分布上构成了"南强北弱、西多东少、南早北晚、东先西后"的独特格局，造成这种现象的主要原因是现在还在进行的板块运动。

泥石流爆发具有突然性，常在集中暴雨或积雪大量融化时突然爆发。一旦泥石流爆发，顷刻间大量泥砂、石块形成的"洪流"像一条"巨龙"一样，沿沟谷迅速奔泻而出，有时尘烟腾空、巨石翻滚、泥浆飞溅、山谷雷鸣、地面震动，直到沟口平缓处堆积下来，它将沿途遇到的村镇房屋、道路、桥梁瞬间摧毁、掩埋，甚至堵河断流，造成严重的自然灾害，给人民生命财产带来巨大损失。图6-36为2010年8月7日22时许，甘南藏族自治州舟曲县突降强降雨，县城北面的罗家峪、三眼峪泥石流下泄，由北向南冲向县城，造成沿河房屋被冲毁，泥石流阻断白龙江、形成堰塞湖。此次特大山洪地质灾害中遇难1407人，失踪358人。

图6-36　甘肃舟曲特大泥石流照片

### 6.5.2　类型

泥石流按其物质成分、流体性质和地貌特征可分为三大类别。

**6.5.2.1　按泥石流的固体物质组成分类**

（1）泥流：所含固体物质以黏土、粉土为主（约占80%～90%），仅有少量岩屑碎石。泥流的黏度大，有时出现大量泥球。在我国，主要分布在西北黄土高原地区。

（2）泥石流：固体物质由黏土、粉土、块石、碎石、砂砾所组成，是一种比较典型的泥石流类型。全世界的山区，尤其是基岩裸露剥蚀强烈的山区产生的泥石流，多属此类。在我国主要出现在温暖、潮湿、化学风化强烈的南方地区，如西南、华南等地。

（3）水石流：固体物质主要是一些坚硬的石块、漂砾、岩屑和砂粒等，黏土和粉土含量很少（<10%）。水石流主要分布于石灰岩、石英岩、大理岩、白云岩、玄武岩及坚硬砂岩地区。在我国，主要分布在干燥、寒冷，以物理风化为主的北方地区和高海拔地区。

**6.5.2.2　按泥石流的流体性质分类**

（1）黏性泥石流：一般指泥石流密度大于1800kg/m³（泥流大于1500kg/m³），流体黏度大于0.3Pa·s，体积浓度大于50%的泥石流。该类泥石流运动时呈整体层流状态，阵流明显，固、液两相物质等速运动，堆积物无分选性，常呈垄岗状。流体黏滞性强、浮托力大，能将巨大漂石悬移。由于泥浆的铺床作用，泥石流流速快、冲击力大、破坏性强，弯道处常有直进性爬高等现象。

（2）稀性泥石流：也叫紊流型泥石流，其固体物质的体积百分数一般小于40%，黏土、粉土的体积百分数一般小于5%，其重度多介于13～17kN/m³。搬运介质为浑水或稀泥浆，其流速大于固体物质运动速度；在运动过程中，具紊流性质，无层流现象；停滞后固液两相立即离析，堆积物呈扇形散流，有一定的分选性，堆积地形较平坦。

#### 6.5.2.3　按泥石流地貌特征分类

（1）山坡型泥石流：山坡型泥石流主要沿山坡坡面上的冲沟发育。沟谷短、浅，沟床纵坡常与山坡坡度接近。泥石流流程短，有时无明显的流通区。固体物质来源主要为沟岸塌滑或坡面侵蚀。

（2）沟谷型泥石流：沟谷型泥石流沟谷明显，长度较大，有时切穿多道次级横向山梁，个别甚至切穿分水岭。形成区、流通区、沉积区明显，固体物质来源主要为流域崩塌、滑坡，沟岸坍塌、支沟洪积扇等。

（3）标准型泥石流：具有明显的形成、流通、沉积三个区段。形成区多崩塌、滑坡等不良地质现象，地面坡度陡峻；流通区较稳定，沟谷断面多呈"V"形；沉积区一般呈扇形，沉积物棱角明显；该型泥石流破坏能力强，规模较大。

### 6.5.3　形成条件

泥石流的形成必须同时具备以下三个条件：陡峻的便于集水、集物的地形地貌；丰富的松散物质；短时间内聚集大量的水资源。

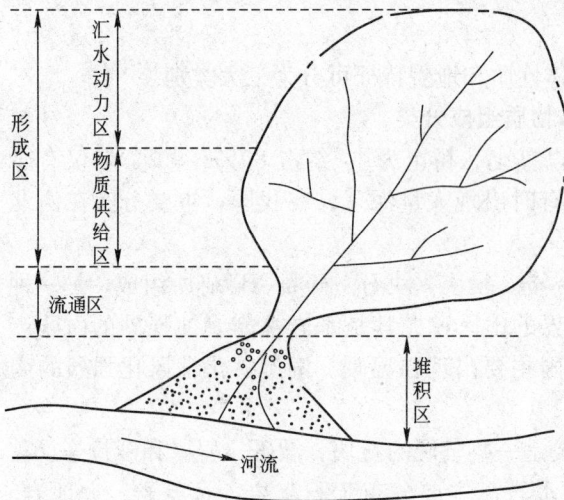

图 6-37　典型的泥石流沟分区

（1）地形地貌条件

在地形上具备山高沟深、地势陡峻、沟床纵坡降大、流域形态有利于汇集周围山坡上的水流和固体物质。在地貌上，泥石流的地貌一般可分为形成区、流通区和堆积区三部分。典型的泥石流沟分区见图 6-37。

1）形成区一般位于泥石流沟的上、中游。它又可分为汇水动力区及固体物质供应区，汇水区是汇聚和提供水源的地方，物质供应区山体裸露、风化严重、不良地质作用广泛分布，是为泥石流储备与提供大量泥砂石块的地方。

2）中游流通区位于泥石流沟中、下游，多为一段较短的深陡峡谷，谷底纵坡大，便于泥石流的迅猛通过。非典型的泥石流沟，可能没有明显的流通区。

3）下游堆积区为地势开阔平坦的山前平原或河谷阶地，使倾泻下来的泥石流到此堆积起来。

（2）地质条件

泥石流常发生于地质构造复杂、断裂褶皱发育、新构造活动强烈、地震烈度较高的地区。地表岩层破碎、滑坡、崩塌、错落等不良地质现象发育，为泥石流的形成提供了丰富的固体物质来源；另外，岩层结构疏松软弱、易于风化、节理发育，或软硬相间成层地区，因易破坏，也能为泥石流提供丰富的碎屑物来源。

（3）水文气象条件

水既是泥石流的组成部分，又是泥石流的搬运介质。松散固体物质大量充水达到饱和或过饱和状态后，结构破坏、摩阻力降低、滑动力增大，从而产生流动。泥石流的形成是与短时间内突然性的大量流水密切相关，突然性的大量流水来自强度较大的暴雨；冰川、积雪的短期强烈消融；冰川湖、高山湖、水库等的突然溃决。

（4）人为因素

滥伐乱垦会使植被消失、山坡失去保护、土体疏松、冲沟发育，大大加重水土流失，进而山坡稳定性破坏，滑坡、崩塌等不良地质现象发育，结果就很容易产生泥石流，甚至那些已退缩的泥石流又有重新发展的可能。修建铁路、公路、水渠以及其他工程建筑的不合理开挖，不合理的弃土、弃渣、采石等也可能形成泥石流。

### 6.5.4 流量及流速计算

（1）流量的计算

泥石流流量可按下式进行计算：

$$Q_m = F_m v_m \tag{6-12}$$

式中　$Q_m$——泥石流流量（$m^3/s$）；

　　　$F_m$——泥石流体的横断面面积（$m^2$）；

　　　$v_m$——泥石流流速（$m/s$）。

（2）流速的计算

1）稀性泥石流流速的计算

稀性泥石流流速可按下式进行计算：

$$v_m = \frac{m_m}{\alpha} \cdot R_m^{2/3} \cdot I^{1/2} \tag{6-13}$$

式中　$v_m$——泥石流断面平均流速（$m/s$）；

　　　$R_m$——泥石流流体水力半径（m），$R_m = F/z$；

　　　$F$——洪水时沟谷过水断面积（$m^2$）；

　　　$z$——湿周（m）；

　　　$\alpha$——阻力系数，$\alpha = (\Phi G_m + 1)^{1/2}$；

　　　$I$——泥石流水面纵坡（%）；

　　　$m_m$——泥石流粗糙系数，见表 6-12。

泥石流粗糙系数 $m_m$ 值　　　　　　　　表 6-12

| 沟 床 特 征 | $m_m$ 值 | | 坡度 |
| --- | --- | --- | --- |
| | 极限值 | 平均值 | |
| 糙率最大的泥石流沟槽，沟槽中堆积有难以滚动的棱石或稍能滚动的大石块。沟槽被树木（树干、树枝及树根）严重阻塞，无水生植物。沟底以阶梯式急剧降落 | 3.9～4.9 | 4.5 | 0.375～0.174 |

续表

| 沟 床 特 征 | $m_m$ 值 | | 坡度 |
|---|---|---|---|
| | 极限值 | 平均值 | |
| 　糙率较大的不平整的泥石流沟槽，沟底无急剧突起，沟床内均堆积大小不等的石块，沟槽被树木所阻塞，沟槽内两侧有草本植物，沟床不平整，有洼坑，沟底呈阶梯式降落 | 4.5～7.9 | 5.5 | 0.199～0.067 |
| 　较弱的泥石流沟槽，但有大的阻力。沟槽由滚动的砾石和卵石组成，沟槽常因稠密的灌丛而被严重阻塞，沟槽凹凸不平，表面因大石块而突起 | 5.4～7.0 | 6.6 | 0.187～0.116 |
| 　流域在山区中下游的泥石流沟槽，沟槽经过光滑的岩面；有时经过具有大小不一的阶梯跌水的沟床，在开阔河段有树枝砂石停积阻塞，无水生植物 | 7.7～10.0 | 8.8 | 0.220～0.112 |
| 　流域在山区或近山区的河槽，河槽经过砾石、卵石河床，由中小粒径与能完全滚动的物质所组成，河槽阻塞轻微，河岸有草本及木本植物，河底降落较均匀 | 9.8～17.5 | 12.9 | 0.090～0.022 |

　　注：据Ⅱ.B.Bakhobcknrl。

　　2）黏性泥石流流速计算

$$v_m = \frac{1}{n} R_m^{3/4} I^{1/2} \tag{6-14}$$

式中　　$n$——泥石流粗糙率，一般取 0.45；

　　其余符号意义同前。

### 6.5.5　防治

　　对泥石流病害，应进行调查，通过访问、测绘、观测等获得第一手资料，掌握其活动规律，有针对性地采取预防为主、以避为宜、以治为辅，防、避、治相结合的方针。泥石流的治理要因势利导、顺其自然、就地论治、因害设防和就地取材，充分发挥排、挡、固等防治技术的有效联合。

　　（1）水土保持

　　一般在泥石流的形成区采取水土保持措施。水土保持包括封山育林、植树造林、平整山坡、修筑梯田、修筑排水系统及支挡工程等措施。水土保持虽是根治泥石流的一种方法，但需要一定的自然条件，收效时间也较长，一般应与其他的措施配合进行。

　　（2）拦挡措施

　　在泥石流的流通区，消耗泥石流巨大的能量，减弱泥石的破坏力，具体措施有：修筑各种坝，如砌石坝、格拦坝、溢流土坝等，如图 6-38、图 6-39 所示。

图 6-38 防治泥石流的立体格拦坝

图 6-39 防治泥石流的拦沙坝

图 6-40 导排泥石流的三线明峒和渡槽

（3）排导工程

在泥石流下游堆积区设置排导措施，使泥石流顺利排除。其作用是改善泥石流流势、增大桥梁等建筑物的泄洪能力，使泥石流按设计意图顺利排泄。排导工程包括排洪道、导流堤、急流槽、排导沟等，指修隧道、明峒和渡槽（如图 6-40），从泥石流沟下方通过，而让泥石流从其上方排泄，这是铁路和公路通过泥石流地区的又一主要工程形式。一般用于路基通过堆积区、泥石流规模大、常发生危害严重且采取其他措施有困难的地区。对于防治泥石流，采取多种措施相结合，比用单一措施更为有效。

## 6.6 采空区

### 6.6.1 采空区地表变形

地下矿层大面积采空后，矿层上部的岩层失去支撑，平衡条件被破坏，随之产生弯曲、塌落，以致发展到使地表下沉变形。地表变形开始成凹地，随着采空区的不断扩大，凹地不断发展而成凹陷盆地，此盆地称为移动盆地。图 6-41(a) 为某采空区地表沉降裂缝，图 6-41(b) 为某采空区地表下沉凹陷。

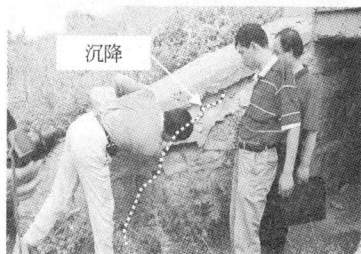

沉降

(a)

塌

(b)

图 6-41 采空区地表变形照片

移动盆地的面积一般比采空区面积大，其位置和形状与矿层的倾角大小有关，矿层倾角平缓时，盆地位于采空区的正上方，形状对称于采空区；矿层倾角较大时，盆地在沿矿层走向方向仍对称于采空区，而沿倾斜方向随着倾角的增大，盆地中心愈向倾斜的方向偏移。

根据地表变形值的大小和变形特征，自移动盆地中心向边缘分为三个区：

均匀下沉区(中间区)：即盆地中心的平底部分，当盆地尚未形成平底时，该区即不存在，区内地表下沉均匀，地面平坦，一般无明显裂缝。

移动区(又称内边缘区或危险变形区)：区内地表变形不均匀，变形种类较多，对建筑物破坏作用较大，如地表出现裂缝时，又称为裂缝区。

轻微变形区(外边缘区)：地表的变形值较小，一般对建筑物不起损坏作用。该区与移动区的分界，一般是以建筑物的容许变形值来划分。其外围边界，即移动盆地的最外边界，实际上难以确定，一般是以地表下沉值 10mm 为标准来划分。

### 6.6.2 采空区突涌水灾害

地下开采引起的大片采空区如不及时回填或做其他处理，不但会引起地表变形，也会使得某些老采空区长期积聚地下水，当新的工作面开采到大量积水的老空区就有可能引起涌水灾害，如 2010 年 3 月 28 日 13 时 40 分左右，华晋焦煤公司王家岭煤矿发生一起特别重大透水事故，造成 153 人被困，经全力抢险，115 人获救，其损失惨重，震惊全国，如图 6-42 所示。

(a)　　　　　　　　　　　　　　(b)

图 6-42　王家岭矿涌水灾害
(a)打井营救现场；(b)灾害发生示意图

另外如采空区底板位于承压水之上可产生突水灾害，如果采矿遇到断层或溶洞带也可产生涌水灾害。总之，采空区的涌水或突水灾害也是采矿工程的主要灾害之一，特别是煤矿开采。

### 6.6.3 影响采空区地表变形的因素

采空区地表变形分为两种移动和三种变形，两种移动是：垂直移动(下沉)和水平移动；三种变形是：倾斜、弯曲(曲率)和水平变形(伸张或压缩)。影响地表变形的因素主要包括矿层、岩性、地质构造、地下水和开采条件等方面。

(1) 矿层因素

影响地表变形的矿层因素主要是矿层的埋深、厚度和倾角的变化。

1）矿层埋深愈大（即开采深度愈大），变形扩展到地表所需的时间愈长，地表变形值愈小，变形比较平缓均匀，但地表移动盆地的范围增大。

2）矿层厚度大，采空的空间大，会促使地表的变形值增大。

3）矿层倾角大时，使水平移动值增大，地表出现裂缝的可能性加大，盆地和采空区的位置更不相对应。

（2）岩性因素

影响地表变形的岩性因素主要指上覆岩层强度、分层厚度、软弱岩层性状和地表第四纪堆积物厚度等方面。

1）上覆岩层强度高、分层厚度大时，地表变形所需采空面积要大，破坏过程所需时间长，厚度大的坚硬岩层，甚至长期不产生地表变形。强度低、分层薄的岩层，常产生较大的地表变形，且速度快，但变形均匀，地表一般不出现裂缝。脆性岩层地表易产生裂缝。

2）厚的、塑性大的软弱岩层，覆盖于硬脆的岩层上时，后者产生破坏会被前者缓冲或掩盖，使地表变形平缓；反之，上覆软弱岩层较薄，则地表变形会很快，并出现裂缝。岩层软硬相间、且倾角较陡时，接触处常出现层离现象。

3）地表第四纪堆积物愈厚，则地表变形值增大，但变形平缓均匀。

（3）地质构造因素

影响地表变形的地质构造因素主要包括岩层裂隙和断层等构造。

1）岩层裂隙发育，会促进变形加快，增大变形范围，扩大地表裂缝区。

2）断层会破坏地表移动的正常规律，改变移动盆地的大小和位置，断层带上的地表变形更加剧烈。

（4）地下水因素

地下水活动（特别是抗水性弱的岩层）会加快变形速度、扩大变形范围、增大地表变形值。

（5）开采条件因素

矿层开采和顶板处置的方法以及采空区的大小、形状、工作面推进速度等，均影响着地表变形值、变形速度和变形的形式。目前以柱房式开采和全部充填法处置顶板，对地表变形影响较小。

### 6.6.4　采空区地面建筑适宜性和处理措施

#### 6.6.4.1　适宜性评价

采空区地表的建筑适宜性评价，应根据开采情况、移动盆地特征及变形值大小等划分为不适宜建筑的场地、相对稳定的场地和可以建筑的场地。

（1）当开采已达"充分采动"（即移动盆地已形成平底时），盆地平底部分可以建筑；平底外围部分，当变形仍在发展时不宜建筑。

（2）当开采尚未达"充分采动"时，水平和垂直变形都发展较快，且不均匀，这时整个盆地范围内，一般都不适宜开工建设。

（3）具体地段划分如下：

1) 下列地段一般不应作为建筑物的建筑场地；

开采主要影响范围以内及移动盆地边缘变形较大的地段；

开采过程中可能出现非连续变形的地段；

处于地表移动活跃阶段的地段；

由于地表变形可能引起边坡失稳的地段；

地表倾斜 $i>10\text{mm/m}$ 或水平变形 $\varepsilon>6\text{mm/m}$ 的地段。

2) 下列地段如需作为建筑场地时，应进行专门研究或对建筑物采取保护措施：

采空区的深度小于 50m 的地段。

地表倾斜 $i=3\sim10\text{mm/m}$ 或水平变形 $\varepsilon=2\sim6\text{mm/m}$ 或曲率 $K=0.2\sim0.6\text{mm/m}^2$ 的地段。

#### 6.6.4.2　防止地表和建筑物变形的措施

防止地表和建筑物变形的措施主要包括开采工艺和建筑物设计方面的措施。

(1) 开采工艺方面的措施

1) 采用充填法处置顶板，及时全部充填或两次充填，以减少地表下沉量。

2) 减少开采厚度，或采用条带法开采，使地表变形不超过建筑物的容许极限值。

3) 增大采空区宽度，使地表移动充分。

4) 控制开采的推进速度均匀，合理进行协调开采。

(2) 建筑物设计方面的措施

1) 建筑物长轴应垂直工作面的推进方向。

2) 建筑物平面形状应力求简单，以矩形为宜。

3) 基础底部应位于同一标高和岩性均一的地层上，否则应用沉降缝分开。当基础埋深不一时，应采用台阶，不宜采用柱廊和独立柱。

4) 加强基础刚度和上部结构强度，在结构薄弱处更应加强。

## 6.7　地面沉降

### 6.7.1　地面沉降及危害

地面沉降的广泛涵义是指地壳表面在自然营力作用下或人类经济活动影响下造成区域性的总体下降运动。其特点是以向下的垂直运动为主体，而只有少量或基本上没有水平向位移。其速度和沉降量值以及持续时间和范围均因具体诱发因素或地质环境的不同而异。

目前国内外工程界所研究的地面沉降主要是指由于人为开采地下水、石油和天然气而造成地层压密变形，从而导致区域地面高程下降的地质现象。由于长期或过量开采地下承压水而产生的地面沉降在国内外均较普遍，而且多发生在人口稠密、工业发达的大中城市地区。

地面沉降的工程危害主要有：

（1）对环境的危害，如潮水越堤上岸、地面积水等。

（2）对建筑工程的危害，如桥墩下沉，桥下净空减小，码头、仓库地坪下沉，地下管道坡度改变，深井管和桩基建筑物的勒脚相对上升，建筑物倾斜等。

我国的上海、天津、西安、太原等城市地面沉降曾一度严重影响到城市规划和经济发展，使城市地质环境恶化，建筑（构）物不能正常使用，给国民经济造成极大损失。

### 6.7.2　地面沉降的原因

地面沉降的原因主要包括三个方面：地下水的超采引起的沉降、地基土欠固结引起的沉降以及工程环境效应如高层建筑群附加荷载、交通振动荷载等引起的沉降。

（1）地下水的超采

承压水往往被作为工业及生活用水的水源。在承压含水层中，抽取地下水引起承压水位降低。根据太沙基有效应力原理（$\sigma = \mu + \sigma'$）：当在含水层中抽水、水位下降时，相对隔水黏土层中的总应力（$\sigma$）近似保持不变，由孔隙水承担的压力部分——孔隙水压力（$\mu$）随之减小，由固体颗粒承担的压力部分——有效应力（$\sigma'$）则随之增大，从而导致土层压密，地表产生沉降变形。另外，含水砂层中抽水诱发的管涌和潜蚀也是地层压密的一个重要原因。

（2）地基土欠固结

黏性土层中孔隙水压力向有效应力的转化不像砂层那样"急剧"，而是缓慢地、逐渐地变化的，所以黏性土中孔隙比的变化也是缓慢的，黏性土的压密（或压缩）变形也需要一定时间完成（几个月、几年、甚至几十年，其主要取决于土层的厚度和渗透性），因此黏性欠固结土层会随着孔压的消散而产生地面的沉降。

（3）外加荷载

高层建筑群附加荷载及交通荷载等动荷载振动会使土层中的总应力增加，由固体颗粒承担的有效应力（$\sigma'$）也随之增大，从而导致土层压密，地表产生沉降变形。

### 6.7.3　地面沉降的监测方法

对地面沉降的监测主要包括对地面沉降量观测、对地下水观测、对地面沉降范围内已有建筑物的调查三个方面。

（1）地面沉降的长期观测

应按精密水准测量要求进行长期观测，并按不同的地面沉降结构单元设置高程基准标、地面沉降标和分层沉降标。

（2）地下水动态观测

包括地下水位升降，地下水开采量和回灌量，地下水化学成分和污染情况，孔隙水压力的消散和增长情况。

（3）对已有建筑物的影响监测

调查地面沉降对已有建筑物的影响,对建筑物的变形、倾斜、裂缝及其发生时间和发展过程进行监测。

(4)地面沉降现状的分析

1)绘制不同时间的地面沉降等值线图,分析地面沉降中心的变迁动态及其与地下水位下降漏斗的关系以及地面回弹与地下水位反漏斗的关系。

2)分析地面沉降在不同时间、不同地点及地下水开采、回灌的不同情况下的变化规律。

3)绘制以地面沉降为主要特征的专门工程地质分区图,根据累计沉降量和年沉降速度综合地质条件进行分区。

### 6.7.4 地面沉降的防治

地面沉降一旦产生,很难恢复。因此,对于已发生地面沉降的城市地区,一方面应根据所处的地理环境和灾害程度,因地制宜采取治理措施,以减轻或消除危害;另一方面,还应在查明沉降影响因素的基础上,及时主动地采取控制地面沉降继续发展的措施。

(1)地面沉降的治理

对已发生地面沉降的地区,可根据工程地质、水文地质条件采取下列控制和治理方案:

1)减小地下水开采量及水位降深。当地面沉降发展剧烈时,应暂时停止开采地下水。

2)对地下水进行人工补给、回灌。但应控制回灌水源的水质标准,以防止地下水被污染,并应根据地下水动态和地面沉降规律,制定合理的开采、回灌方案。

3)调查地下水开采层次,进行合理开采,适当开采深层地下水或岩溶裂隙水。

(2)地面沉降的预防

对可能发生地面沉降的地区应预测地面沉降的可能性,并可采取下列预测和防治措施:

1)根据场地工程地质与水文地质条件,预测可压缩层和含水层的分布。

2)根据室内、外测试(包括抽水试验、渗透试验、先期固结压力试验、流变试验、反复载荷试验等)和沉降观测资料,评价地面沉降和发展趋势。

3)提出地下水资源的合理开采方案。

## 6.8 地质灾害危险性评估及场地选址工程评价

### 6.8.1 地质灾害评估范围、级别与技术要求

凡处于地质灾害易发区内的工程建设项目、山区旅游资源开发和新建矿山项目,在可行性研究阶段和建设用地预审前以及采矿权许可前,必须进行地质灾害危险性评估。

编制土地利用总体规划、城市总体规划、村庄和集镇规划以及相应的土

地利用专项规划时，应当与地质灾害防治规划相衔接；对处于地质灾害易发区内的规划区，应对其进行地质灾害危险性评估。

鉴于重大工程建设项目对地质环境影响较大，极易诱发地质灾害，因此，为了避免不必要的损失，保障工程建设项目的安全，对处于地质灾害非易发区内的重大工程建设项目，建议也应进行地质灾害危险性评估。

### 6.8.1.1 评估范围与级别

地质灾害危险性评估范围，不能局限于建设用地和规划用地面积内，应视建设和规划项目的特点、地质环境条件和地质灾害种类予以确定。若危险性仅限于用地面积内，则按用地范围进行评估。

（1）崩塌、滑坡其评估范围应以第一斜坡带为限；泥石流必须以完整的沟道流域面积为评估范围；地面塌陷和地面沉降的评估范围应与初步推测的可能范围一致；地裂缝应与初步推测可能延展、影响范围一致。

（2）建设工程和规划区位于强震区，工程场地内分布有可能产生明显位错或构造性地裂的全新活动断裂或发震断裂，评估范围应尽可能把邻近地区活动断裂的一些特殊构造部位(不同方向的活动断裂的交汇部位、活动断裂的拐弯段、强烈活动部位、端点及断面上不平滑处等)包括其中。

（3）重要的线路工程建设项目，评估范围一般应以相对线路两侧扩展500～1000m为限。

在已进行地质灾害危险性评估的城市规划区范围内进行工程建设，建设工程处于已划定为危险性大—中等的区段，还应按建设工程项目的重要性与工程特点进行建设工程地质灾害危险性评估。

区域性工程项目的评估范围，应根据区域地质环境条件及工程类型确定。

地质灾害危险性评估，根据地质环境条件复杂程度与建设项目重要性划分为三级，见表6-13。

地质灾害危险性评估分级表　　　　　　　　　表6-13

| 复杂程度<br>项目重要性 | 复　杂 | 中　等 | 简　单 |
|---|---|---|---|
| 重要建设项目 | 一级 | 一级 | 一级 |
| 较重要建设项目 | 一级 | 二级 | 三级 |
| 一般建设项目 | 二级 | 三级 | 三级 |

地质环境条件复杂程度分类见表6-14。

地质环境条件复杂程度分类表　　　　　　　　表6-14

| 复　杂 | 中　等 | 简　单 |
|---|---|---|
| ① 地质灾害发育强烈 | ① 地质灾害发育中等 | ① 地质灾害一般不发育 |
| ② 地形与地貌类型复杂 | ② 地形较简单，地貌类型单一 | ② 地形简单，地貌类型单一 |
| ③ 地质构造复杂，岩性岩相变化大，岩土体工程地质性质不良 | ③ 地质构造较复杂，岩性岩相不稳定，岩土体工程地质性质较差 | ③ 地质、构造简单，岩性单一，岩土体工程地质性质良好 |

续表

| 复　杂 | 中　等 | 简　单 |
|---|---|---|
| ④ 工程地质、水文地质条件不良 | ④ 工程地质、水文地质条件较差 | ④ 工程地质、水文地质条件良好 |
| ⑤ 破坏地质环境的人类工程活动强烈 | ⑤ 破坏地质环境的人类工程活动较强烈 | ⑤ 破坏地质环境的人类工程活动一般 |

注：每类5项条件中，有一条符合复杂条件者即划为复杂类型。

建设项目重要性分类见表6-15。

建设项目重要性分类表 表6-15

| 项目类型 | 项目类别 |
|---|---|
| 重要建设项目 | 开发区建设、城镇新区建设、放射性设施、军事设施、核电、二级(含)以上公路、铁路、机场、大型水利工程、电力工程、港口码头、矿山、集中供水水源地、工业建筑、民用建筑、垃圾处理场、水处理厂等 |
| 较重要建设项目 | 新建村庄、三级(含)以下公路，中型水利工程、电力工程、港口码头、矿山、集中供水水源地、工业建筑、民用建筑、垃圾处理场、水处理厂等 |
| 一般建设项目 | 小型水利工程、电力工程、港口码头、矿山、集中供水水源地、工业建筑、民用建筑、垃圾处理场、水处理厂等 |

在充分收集分析已有资料基础上，编制评估工作大纲，明确任务，确定评估范围与级别，设计地质灾害调查内容及重点，工作部署与工作量，提出质量监控措施和成果等。

#### 6.8.1.2　技术要求

(1) 一级评估应有充足的基础资料，进行充分论证

1) 必须对评估区内分布的各类地质灾害体的危险性和危害程度逐一进行现状评估；

2) 对建设场地和规划区范围内，工程建设可能引发或加剧的和本身可能遭受的各类地质灾害的可能性和危害程度分别进行预测评估；

3) 依据现状评估和预测评估结果，综合评估建设场地和规划区地质灾害危险性程度，分区段划分出危险性等级，说明各区段主要地质灾害种类和危害程度，对建设场地适宜性作出评估，并提出有效防治地质灾害的措施与建议。

(2) 二级评估应有足够的基础资料，进行综合分析

1) 必须对评估区内分布的各类地质灾害的危险性和危害程度逐一进行初步现状评估；

2) 对建设场地范围和规划区内，工程建设可能引发或加剧的和本身可能遭受的各类地质灾害的可能性和危害程度分别进行初步预测评估；

3) 在上述评估的基础上，综合评估其建设场地和规划区地质灾害危险性程度，分区段划分出危险性等级，说明各区段主要地质灾害种类和危害程度，对建设场地适宜性作出评估，并提出可行的防治地质灾害措施与建议。

(3) 三级评估应有必要的基础资料进行分析，参照一级评估要求的内容，作出概略评估。

## 6.8.2 地质灾害调查与地质环境分析

### 6.8.2.1 地质灾害调查的重点

地质灾害调查的重点应是评估区内不同类型灾种的易发区段。

在相同地质环境条件下，存在适宜的斜坡坡度、坡高、坡型，岩体破碎、土体松散、构造发育，工程设计挖方切坡路堑工段，将是崩塌、滑坡的易发区段，应为调查的重点；经初步分析判断，凡符合泥石流形成基本条件的冲沟，应为调查的重点；依据区域岩溶发育程度、松散盖层厚度、地下水动力条件及动力因素的初步分析判断、圈定可能诱发岩溶塌陷的范围，应作为调查的重点；在前人资料的基础上，圈出各类特殊性岩土分布范围，可作为调查的重点；对线状及区域性的工程项目，必须将地质灾害的易发区段和危险区段及危害严重的地质灾害点作为调查的重点。

### 6.8.2.2 地质灾害调查内容与要求

（1）崩塌调查

1）崩塌区的地形地貌及崩塌类型、规模、范围，崩塌体的大小和崩落方向。

2）崩塌区岩体的岩性特征、风化程度和水的活动情况。

3）崩塌区的地质构造，岩体结构类型、结构面的产状、组合关系、闭合程度、力学属性、延展及贯穿情况及编绘崩塌区的地质构造图。

4）气象（重点是大气降水）、水文和地震情况。

5）崩塌前的迹象和崩塌原因，地貌、岩性、构造、地震、采矿、爆破、温差变化、水的活动等。

6）当地防治崩塌的经验。

（2）滑坡调查

1）搜集当地滑坡史、易滑地层分布、水文气象、工程地质图和地质构造图等资料，并调查分析山体地质构造。

2）调查微地貌形态及其演变过程；圈定滑坡周界、滑坡壁、滑坡平台、滑坡舌、滑坡裂缝、滑坡鼓丘等要素；并查明滑动带部位、滑痕指向、倾角，滑带的组成和岩土状态，裂缝的位置、方向、深度、宽度、产生时间、切割关系和力学属性；分析滑坡的主滑方向、滑坡的主滑段、抗滑段及其变化，分析滑动面的层数、深度和埋藏条件及其向上、向下发展的可能性。

3）调查滑坡带水和地下水的情况，泉水出露地点及流量，地表水体、湿地分布及变迁情况。

4）调查滑坡带内外建筑物、树木等的变形、位移及其破坏的时间和过程。

5）对滑坡的重点部位宜摄影或录像。

6）调查当地整治滑坡的经验。

（3）泥石流调查

调查范围应包括沟谷至分水岭的全部地段和可能受泥石流影响的地段，并应调查下列内容：

1）冰雪融化和暴雨强度，前期降雨量，一次最大降雨量，平均及最大流量，地下水活动情况。

2) 地层岩性，地质构造，不良地质现象，松散堆积物的物质组成、分布和储量。

3) 沟谷的地形地貌特征，包括沟谷的发育程度、切割情况，坡度、弯曲、粗糙程度，并划分泥石流的形成区、流通区和堆积区及圈绘整个沟谷的汇水面积。

4) 形成区的水源类型、水量、汇水条件、山坡坡度、岩层性质及风化程度。查明断裂、滑坡、崩塌、岩堆等不良地质现象的发育情况及可能形成泥石流固体物质的分布范围、储量。

5) 流通区的沟床纵横坡度、跌水、急弯等特征。查明沟床两侧山坡坡度、稳定程度，沟床的冲淤变化和泥石流的痕迹。

6) 堆积区的堆积扇分布范围、表面形态、纵坡、植被、沟道变迁和冲淤情况；查明堆积物的性质、层次、厚度，一般粒径及最大粒径以及分布规律。判定堆积区的形成历史、堆积速度，估算一次最大堆积量。

7) 泥石流沟谷的历史，历次泥石流的发生时间、频数、规模、形成过程、暴发前的降雨情况和暴发后产生的灾害情况，并区分正常沟谷或低频率泥石流沟谷。

8) 开矿弃渣、修路切坡、砍伐森林、陡坡开荒及过度放牧等人类活动情况。

9) 当地防治泥石流的措施和经验。

（4）地面塌陷调查

地面塌陷包括岩溶塌陷和采空塌陷。宜以搜集资料、调查访问为主，分别查明下列内容：

岩溶塌陷：

1) 调查过程中首先要依据已有资料进行综合分析，掌握区内岩溶发育、分布规律及岩溶水环境条件。

2) 查明岩溶塌陷的成因、形态、规模、分布密度、土层厚度与下伏基岩岩溶特征。

3) 地表、地下水活动动态及其与自然和人为因素的关系。

4) 划分出变形类型及土洞发育程度区段。

5) 调查岩溶塌陷对已有建筑物的破坏损失情况，圈定可能发生岩溶塌陷的区段。

采空塌陷：

1) 矿层的分布、层数、厚度、深度、埋藏特征和开采层的岩性、结构等。

2) 矿层开采的深度、厚度、时间、方法、顶板支撑及采空区的塌落、密实程度、空隙和积水等。

3) 地表变形特征和分布规律，包括地表陷坑、台阶、裂缝位置、形状、大小、深度、延伸方向及其与采空区、地质构造、开采边界、工作面推进方向等的关系。

4) 地表移动盆地的特征，划分中间区、内边缘和外边缘区，确定地表移动和变形的特征值。

5）采空区附近的抽、排水情况及对采空区稳定的影响。

6）搜集建筑物变形及其处理措施的资料等。

（5）地裂缝调查

主要调查以下内容：

1）单缝发育规模和特征以及群缝分布特征和分布范围。

2）形成的地质环境条件（地形地貌、地层岩性、构造断裂等）。

3）地裂缝成因类型和诱发因素（地下水开采等）。

4）发展趋势预测。

5）现有防治措施和效果。

（6）地面沉降调查

主要调查由于常年抽汲地下水引起水位或水压下降而造成的地面沉降，不包括由于其他原因所造成的地面下降。主要通过搜集资料、调查访问来查明地面沉降原因、现状和危害情况。着重查明下列问题：

1）综合分析已有资料，查明第四纪沉积类型、地貌单元特征，特别要注意冲积、湖积和海相沉积的平原或盆地及古河道、洼地、河间地块等微地貌分布；第四系岩性、厚度和埋藏条件，特别要查明压缩层的分布。

2）查明第四系含水层水文地质特征、埋藏条件及水力联系；搜集历年地下水动态、开采量、开采层位和区域地下水位等值线图等资料。

3）根据已有地面测量资料和建筑物实测资料，同时结合水文地质资料进行综合分析，初步圈定地面沉降范围和判定累计沉降量，并对地面沉降范围内已有建筑物损坏情况进行调查。

（7）潜在不稳定斜坡调查

主要调查建设场地范围内可能发生滑坡、崩塌等潜在隐患的陡坡地段。调查的内容包括：

1）地层岩性、产状、断裂、节理、裂隙发育特征、软弱夹层岩性、产状、风化残坡积层岩性、厚度。

2）斜坡坡度、坡向、地层倾向与斜坡坡向的组合关系。

3）调查斜坡周围，特别是斜坡上部暴雨、地表水渗入或地下水对斜坡的影响，人为工程活动对斜坡的破坏情况等。

4）对可能构成崩塌、滑坡的结构面的边界条件、坡体异常情况等进行调查分析，以此判断斜坡发生崩塌、滑坡、泥石流等地质灾害的危险性及可能的影响范围。

有下列情况之一者，应视为可能失稳的斜坡：

1）各种类型的崩滑体；

2）斜坡岩体中有倾向坡外、倾角小于坡角的结构面存在；

3）斜坡被两组或两组以上结构面切割，形成不稳定棱体，其底棱线倾向坡外，且倾角小于斜坡坡角；

4）斜坡后缘已产生拉裂缝；

5) 顺坡向卸荷裂隙发育的高陡斜坡;

6) 岸边裂隙发育、表层岩体已发生蠕动或变形的斜坡;

7) 坡足或坡基存在缓倾的软弱层;

8) 位于库岸或河岸水位变动带,渠道沿线或地下水溢出带附近,工程建成后可能经常处于浸湿状态的软质岩石或第四系沉积物组成的斜坡;

9) 其他根据地貌、地质特征分析或用图解法初步判定为可能失稳的斜坡。

(8) 其他灾种

根据现场实际情况,可增加调查灾种,并参照国家有关技术要求进行。

### 6.8.2.3 地质环境条件分析

一切致灾地质作用都受地质环境因素综合作用的控制。地质环境条件分析是地质灾害危险性评估的基础。地质环境因素主要包括:

1) 岩土体物性:岩土体类型、组分、结构、工程地质特征。

2) 地质构造:构造形态、分布、特征、组合形式和地壳稳定性。

3) 地形地貌:地貌形态、分布及地形特征。

4) 地下水特征:类型、含水岩组分布、补给条件、动态变化规律和水质水量。

5) 地表水活动:径流规律、河床沟谷形态、纵坡、径流速与流量等。

6) 地表植被:种类、覆盖率、退化状况等。

7) 气象:气温变化特征、降水时空分布规律与特征、蒸发与风暴等。

8) 人类工程、经济活动形式与规模。

分析各地质环境因素对评估区主要致灾地质作用形成、发育所起的作用和性质,从而划分出主导地质环境因素、从属地质环境因素和激发因素,为预测评估提供依据。分析地质环境因素各自和相互作用的特点以及主导因素的作用,以各种致灾地质作用分布实际资料为依据,划出各种致灾地质作用的易发区段,为确定评估重点区段提供依据。

综合地质环境条件各因素的复杂程度,对评估区地质环境条件的复杂程度做出总体和分区段划分。

各种致灾地质作用受控于所有地质环境因素不等量的作用。主导地质环境因素是致灾地质作用形成的关键;从属地质环境因素总是以主导地质环境因素的作用为前提或是通过主导地质环境因素发挥作用;激发因素是在致灾地质作用孕育成熟的条件下,因其作用而导致灾害发生。因此,在预测评估过程中,应首先分析某些地质环境因素可能发生的变化而出现不稳定状态,评价地质灾害发展趋势。

有关区域地壳稳定性、高坝和高层建筑地基稳定性、隧道开挖过程中的工程地质问题和地下开挖过程中各种灾害(岩爆、突水、瓦斯突出等)问题,不作为地质灾害危险性评估的内容,可在地质环境条件中进行论述。

## 6.8.3 地质灾害危险性评估

地质灾害危险性评估是在查明各种致灾地质作用的性质、规模和承灾对象社会经济属性(承灾对象的价值、可移动性等)的基础上,从致灾体稳定性和致灾体与承灾对象遭遇的概率上分析入手，对其潜在的危险性进行客观评估。地质灾害危险性分级见表6-16。

**地质灾害危险性分级表**　　　　　　　　　　表6-16

| 危险性分级 ＼ 确定要素 | 地质灾害发育程度 | 地质灾害危害程度 |
|---|---|---|
| 危险性大 | 强发育 | 危害大 |
| 危险性中等 | 中等发育 | 危害中等 |
| 危险性小 | 弱发育 | 危害小 |

地质灾害危险性评估包括：地质灾害危险性现状评估、地质灾害危险性预测评估和地质灾害危险性综合评估。

（1）地质灾害危险性现状评估

基本查明评估区已发生的崩塌、滑坡、泥石流、地面塌陷(含岩溶塌陷和矿山采空塌陷)、地裂缝和地面沉降等灾害形成的地质环境条件、分布、类型、规模、变形活动特征，主要诱发因素与形成机制，对其稳定性进行初步评价，在此基础上对其危险性和对工程危害的范围与程度做出评估。

（2）地质灾害危险性预测评估

地质灾害危险性预测评估是指对工程建设场地及可能危及工程建设安全的邻近地区可能引发或加剧的和工程本身可能遭受的地质灾害的危险性做出评估。

地质灾害的发生，是各种地质环境因素相互影响、不等量共同作用的结果。预测评估必须在对地质环境因素系统分析的基础上，判断降水或人类活动因素等激发下，某一个或一个以上的可调节的地质环境因素的变化，导致致灾体处于不稳定状态，预测评估地质灾害的范围、危险性和危害程度。

地质灾害危险性预测评估内容包括：

1）对工程建设中、建成后可能引发或加剧崩塌、滑坡、泥石流、地面塌陷、地裂缝和不稳定的高陡边坡变形等的可能性、危险性和危害程度做出预测评估。

2）对建设工程自身可能遭受已存在的崩塌、滑坡、泥石流、地面塌陷、地裂缝、地面沉降等危害隐患和潜在不稳定斜坡变形的可能性、危险性和危害程度做出预测评估。

3）对各种地质灾害危险性预测评估可采用工程地质比拟法、成因历史分析法、层次分析法、数字统计法等定性、半定量的评估方法进行。

（3）地质灾害危险性综合评估

依据地质灾害危险性现状评估和预测评估结果，充分考虑评估区的地质环境条件的差异和潜在的地质灾害隐患点的分布、危险程度，确定判别区段危险性的量化指标，根据"区内相似，区际相异"的原则，采用定性、半定量分析法，进行工程建设区和规划区地质灾害危险性等级分区(段)。并依据地质灾害危险性、防治难度和防治效益，对建设场地的适宜性做出评估，提出防治地质灾害的措施和建议。

1）地质灾害危险性综合评估，危险性划分为大、中等、小三级。

2）地质灾害危险性小、基本不设计防治工程的，土地适宜性为适宜；地质灾害危险性中等、防治工程简单的，土地适宜性为基本适宜；地质灾害危险性大、防治工程复杂的，土地适宜性为适宜性差，见表6-17。

建设用地适宜性分级表　　　　　　　　　　表 6-17

| 级别 | 分级说明 |
| --- | --- |
| 适　宜 | 地质环境复杂程度简单，工程建设遭受地质灾害危害的可能性小，引发、加剧地质灾害的可能性小，危险性小，易于处理 |
| 基本适宜 | 不良地质现象较发育，地质构造、地层岩性变化较大，工程建设遭受地质灾害危害的可能性中等，引发、加剧地质灾害的可能性中等，危险性中等，但可采取措施予以处理 |
| 适宜性差 | 地质灾害发育强烈，地质构造复杂，软弱结构发育区，工程建设遭受地质灾害的可能性大，引发、加剧地质灾害的可能性大，危险性大，防治难度大 |

3）地质灾害危险性综合评估应根据各区（段）存在的和可能引发的灾种多少、规模、稳定性和承灾对象社会经济属性等，综合判定建设工程和规划区地质灾害危险性的等级区（段）。

4）分区（段）评估结果，应列表说明各区（段）的工程地质条件、存在和可能诱发的地质灾害种类、规模、稳定状态、对建设项目的危害。

## 复习思考练习题

6-1　简述地震震级与烈度的区别与联系，地震波的类型及传播与破坏特征。

6-2　地震震级最基本的标度有哪几种？

6-3　简述活动断裂与地震的关系。

6-4　地震诱发的次生地质灾害类型及特征及其对灾后重建选址有什么影响？

6-5　分析汶川地震与断裂构造的关系及其地质灾害的特征和规律。

6-6　岩溶与土洞的形成和发育条件是什么？

6-7　简述岩溶场地地基主要的工程地质问题及岩溶建筑场地的处理措施。

6-8　何谓滑坡？试分别分析滑坡发育的内部条件及产生的外部诱因。

6-9　简述滑坡要素及滑坡的发育过程和整治措施。

6-10　阐述滑坡按力学条件分类及其发生条件和变形特征。

6-11　什么是崩塌？试分析崩塌产生的条件和防治措施？

6-12　什么是泥石流？其形成条件有哪些？常用的防治措施有哪些？

6-13　简述采空区地表变形特征及主要影响因素。采空区建筑适宜性如何评价？

6-14　分析地表沉降的主要原因及防治方法？

6-15　地质灾害评估中地质调查应该注意哪些问题？如何进行地质灾害危险性评估？

# 第7章
## 工程地质勘察

**本章知识点**

【知识点】场地等级、地基等级、勘察等级、勘察阶段的划分，工程地质勘察方法的主要类型，工程地质测绘，工程地质勘探，物探，常见工程地质原位试验。

【重点】勘察的分级与阶段的划分；常见原位试验的基本原理及其适用范围。

【难点】原位试验的原理；工程地质勘察报告的正确使用。

【导读问题】为何没有勘察就不能设计施工？同一岩土参数采用不同勘察手段、不同测试方法去获取，其实质一样吗？为什么？

## 7.1 概述

### 7.1.1 工程地质勘察的目的与任务

工程地质勘察是指采用各种勘察技术、方法，对建设场地的工程地质条件进行综合调查、研究、分析、评价及编制工程地质勘察报告的全过程，简称工程勘察。岩土工程勘察是指根据建设工程的要求，查明、分析、评价建设场地的地质、环境特征和岩土工程条件，编制勘察文件的活动。可见，工程地质勘察与岩土工程勘察工作实质内容差别不大。工程地质勘察必须符合国家、行业制定的现行有关标准、规范的规定，除水利水电、铁路、公路和桥隧工程以外的工程建设，一律执行国家《岩土工程勘察规范》。

在城建规划和建(构)筑物、交通等基本建设兴建之前，必须进行工程地质勘察工作，其目的是查明工程地质条件，分析存在的地质问题，对建筑地区作出工程地质评价，为工程的规划、设计、施工和运营提供可靠的地质依据，以保证工程建筑物的安全稳定、经济合理和正常使用。

工程地质勘察的一般工作程序为：准备工作→工程地质测绘→工程地质勘探(物探、坑探、钻探)→工程地质试验→长期观测→文件编制。准备工作包括熟悉工程意图、了解工程特点、明确勘察任务、搜集整理资料、方案研究、队伍组织、机具仪器准备等。

工程地质勘察的基本原则是坚持为工程建设服务，因而勘察工作必须结合具体建(构)筑物类型、要求和特点以及当地的自然条件和环境来进行，勘察工作要有明确的目的性和针对性。

工程地质勘察的任务主要有下列几个方面：

(1) 查明工程建筑地区的工程地质条件，阐明其特征、成因和控制因素，并指出其有利和不利的方面。

(2) 分析研究与工程建筑有关的工程地质问题，作出定性和定量的评价，为建筑物的设计和施工提供可靠的地质资料。

(3) 选择工程地质条件相对优越的建筑场地。建筑场地的选择和确定对安全稳定、经济效益影响很大，有时是工程成败的关键所在。在选址或选线工作中要考虑许多方面的因素，但工程地质条件常是重要因素之一，选择有利的工程地质条件，避开不利条件，可以降低工程造价，保证工程安全。

(4) 配合工程建筑的设计与施工，据地质条件提出建筑物类型、结构、规模和施工方法的建议。建筑物应适应场地的工程地质条件，施工方法和具体方案也与地质条件有关。

(5) 提出改善和防治不良地质条件的措施和建议。任何一个建筑场地或工程线路，从地质条件方面来看都不会是十全十美的，但从工程措施角度来看，几乎任何不良地质条件都是能克服的，场地选完之后，必然要制定改善和防治不良地质条件的措施。只有在了解不良地质条件的性质、范围和严重程度后才能拟定出合适的措施方案。

(6) 预测工程兴建后对地质环境造成的影响，制定保护地质环境的措施。大型工程的兴建常改变或形成新的地质营力，因而可以引起一系列不良的环境地质问题，如开挖边坡引起滑坡、崩塌；矿产或地下水的开采引起地面沉降或塌陷；水库引起浸没、坍岸或诱发地震等，所以保护地质环境也是工程地质勘察的一项重要任务。

工程地质勘察的要求、内容和方法视工程的类别不同而各异，本章将主要介绍建筑工程地质勘察。

### 7.1.2　工程地质勘察方法

为查明一个地区的工程地质条件和分析评价工程地质问题，必须采用一系列的勘察方法和测试手段，它们主要有下列各项：①工程地质测绘；②工程地质勘探，包括坑探、钻探和物探；③工程地质室内和野外(现场或原位)试验；④现场检测与监测。

勘察方法是相互配合的，由点到面、由浅入深，在实际勘察的基础上，再进行工程地质勘察资料内业整理的报告编写。

### 7.1.3　工程地质勘察分级与阶段划分

#### 7.1.3.1　工程地质勘察分级

根据工程重要性等级、场地复杂程度等级和地基复杂程度等级，可按表 7-1 所列条件将勘察划分为甲、乙、丙级三个等级。当建筑在岩质地基上的一级工程，而其场地复杂程度等级和地基复杂程度等级均为三级时，岩土工程勘察等级可定为乙级。工程重要性等级、场地复杂程度等级和地基复杂程度等级的划分如表7-2、表7-3和表7-4。

**勘 察 等 级**　　　　　　　　　　　　　　　　　　表 7-1

| 勘察等级 | 工程重要性等级、场地复杂程度等级和地基复杂程度等级条件 |
|---|---|
| 甲级 | 在工程重要性、场地复杂程度和地基复杂程度等级中，有一项或多项为一级 |
| 乙级 | 除勘察等级为甲级和丙级以外的勘察项目 |
| 丙级 | 工程重要性、场地复杂程度和地基复杂程度等级均为三级 |

**工程重要性等级**　　　　　　　　　　　　　　　表 7-2

| 工程重要性等级 | 工程特性<br>（工程的规模和特征，以及由于岩土工程问题造成工程破坏或影响正常使用的后果） |
|---|---|
| 一级工程 | 重要工程，后果很严重 |
| 二级工程 | 一般工程，后果严重 |
| 三级工程 | 次要工程，后果不严重 |

**场 地 等 级**　　　　　　　　　　　　　　　　　表 7-3

| 场地等级 | 场地的复杂程度 |
|---|---|
| 一级场地<br>（复杂场地） | ①对建筑抗震危险的地段；②不良地质作用强烈发育；③地质环境已经或可能受到强烈破坏；④地形地貌复杂；⑤有影响工程的多层地下水、岩溶裂隙水或其他水文地质条件复杂，需专门研究的场地 |
| 二级场地<br>（中等复杂场地） | ①对建筑抗震不利的地段；②不良地质作用一般发育；③地质环境已经或可能受到一般破坏；④地形地貌较复杂；⑤基础位于地下水位以下的场地 |
| 三级场地<br>（简单场地） | ①抗震设防烈度等于或小于6度，或对建筑抗震有利的地段；②不良地质作用不发育；③地质环境基本未受破坏；④地形地貌简单；⑤地下水对工程无影响 |

**地 基 等 级**　　　　　　　　　　　　　　　　　表 7-4

| 地基等级 | 地基的复杂程度 |
|---|---|
| 一级地基<br>（复杂地基） | ①岩土种类多，很不均匀，性质变化大，需特殊处理；②严重湿陷、膨胀、盐渍、污染的特殊性岩土，以及其他情况复杂，需作专门处理的岩土 |
| 二级地基<br>（中等复杂地基） | ①岩土种类较多，不均匀，性质变化较大；②除一级地基所列以外的特殊性岩土 |
| 三级地基<br>（简单地基） | ①岩土种类单一，均匀，性质变化不大；②无特殊性岩土 |

### 7.1.3.2　工程地质勘察阶段划分及勘察要求

建设工程项目设计一般分为可行性研究、初步设计和施工图设计三个阶段。为了提供各设计阶段所需的工程地质资料，勘察工作也相应地划分为选址勘察（可行性研究勘察）、初步勘察和详细勘察三个阶段。

各勘察阶段的任务和工作内容简述如下：

(1) 选址勘察(可行性研究勘察)阶段

选址勘察工作对于大型工程来说是非常重要的环节，其目的在于从总体上判定拟建场地的工程地质条件是否适宜工程建设项目。一般通过取得几个候选场址的工程地质资料进行对比分析，对拟选场址的稳定性和适宜性作出工程地质评价。选择场址阶段应进行下列工作：

① 搜集区域地质、地形地貌、地震、矿产和附近地区的工程地质资料及当地的建筑经验；

② 在收集和分析已有资料的基础上，通过踏勘，了解场地的地层、构造、岩石和土的性质、不良地质现象及地下水等工程地质条件；

③ 对工程地质条件复杂，已有资料不能符合要求，但其他方面条件较好且倾向于选取的场地，应根据具体情况进行工程地质测绘及必要的勘探工作。

(2) 初步勘察阶段

初步勘察是结合初步设计的要求而进行的。其主要任务是对场地内建筑地段的稳定性作出评价，确定建筑物总平面布置，选择主要建筑物地基基础方案和对不良地质现象的防治措施进行论证。为此需要详细查明建筑场地的工程地质条件，分析各种可能出现的工程地质问题，在定性的基础上作出定量评价。勘察范围一般是在已选定的建筑地段内，相对比较集中，该阶段的勘察工作是最繁重的，勘察方法以勘探和试验为主。

本阶段的主要工作如下：

① 勘探工作主要是钻探，工作量常较大，必要时辅以坑、井或平硐勘探；②试验工作量也较大，必要时需进行相当数量的原位测试或大型野外试验，以便与室内试验结果相比较，获得较准确的计算参数；③测绘和物探工作仅在必要时才补充进行；④对天然建筑材料产地要进行详细勘察，做出质量和数量的评价；⑤据需要布置长期观测工作。

(3) 详细勘察阶段

详细勘察是密切结合技术设计或施工图设计的要求而进行的。其主要任务是对建筑地基作出岩土工程分析评价，为基础设计、地基处理、不良地质现象的防治等具体方案作出论证和建议。为此需要提供详细的工程地质资料和设计所需的技术参数。具体内容应视建筑物的具体情况和工程要求而定。

本阶段勘察方法以各种试验为主，勘探工作仍需进行，且主要是配合试验工作和为解决某些专门问题而进行的补充坑孔。

除上述各勘察阶段外，对工程地质条件复杂或有特殊施工要求的工程，尚须进行施工勘察。它包括施工地质编录、地基验槽与监测和施工超前预报，可以起到校核已有的勘察成果资料和评价结论的作用。施工勘察视工程需要而决定是否进行，所以它不是一个固定的勘察阶段。对于地质条件简单，建筑物占地面积不大的场地，或有建设经验的地区，也可适当简化勘察阶段。

## 7.2 工程地质测绘

对岩土出露或地貌、地质条件较复杂的场地，在可行性研究或初步勘察阶段宜进行工程地质测绘。工程地质测绘是指填绘工程地质图件，根据野外调查综合研究将勘察区的地质条件填绘在适当比例尺的地形图上加以综合反映的方法。在山区和河谷地区，工程地质测绘是最主要的工程地质勘察方法。测绘成果是提供给其他工程地质工作如勘探、取样、试验、监测等的规划、设计和实施的基础。其目的是为了查明场地及其邻近地段的地貌、地质条件，并结合其他勘察资料对场地或建筑地段的稳定性和适宜性做出评价，并为勘察方案的布置提供依据。

(1) 工程地质测绘的内容和比例尺

工程地质测绘的内容包括有工程地质条件的全部要素，工程地质测绘是多种内容的测绘，它有别于矿产地质或普查地质测绘，它是围绕工程建筑所需的工程地质问题而进行的。

测绘比例尺的选择，取决于不同的勘察阶段。在可行性研究勘察阶段可选用小比例尺(1∶5000～1∶50000)；初步勘察阶段可选用中比例尺(1∶2000～1∶5000)；详细勘察阶段或工程地质条件复杂和重要建筑物地段可选用大比例尺(1∶100～1∶1000)。工程地质条件复杂时，比例尺可适当放大。

工程地质测绘使用的地形图，必须是符合精度要求的同等或大于地质测绘比例尺的地形图。对于工程有重要影响的地质单元体(滑坡、断层、软弱夹层、洞穴等)，必要时可采用扩大比例尺表示。地质界线、地质点测绘精度在图上的误差不应超过相应比例尺图上的 3mm，其他地段不应超过 5mm。

(2) 工程地质测绘方法

工程地质测绘方法有像片成图法和实地测绘法。

像片成图法是利用地面摄影或航空(卫星)摄影的像片，先在室内解释，并结合所掌握的区域地质资料，确定出地层岩性、地质构造、地貌、水系及不良地质现象等，描绘在单张像片上。然后在像片上选择需要调查的若干点和路线，据此去实地进行调查、校对修正绘成底图。最后，将结果转绘成工程地质图。

实地测绘法一般有三种：

① 路线法：沿一定的路线，穿越测绘场地。并沿途详细观测地质情况，把走过的路线和沿线的各种地质界线、地貌界线、构造线、岩层及各种不良地质现象等填绘在地形图。

② 布点法：根据地质条件复杂程度和不同的比例尺的要求，预先在地图上布置一定数量的观测路线和观测点。观测路线的长度应满足要求，路线力求避免重复，使一定的观察路线能达到最广泛地观察地质现象的目的。观测

点一般布置在观测路线上，但应根据不同的目的和要求进行布点。该法是工程地质测绘的基本方法。

③ 追索法：为了查明某些局部的复杂构造，沿地层走向或某一地层构造方向进行布点追索。它是一种辅助方法，常在以上两种方法的基础上进行。

## 7.3  工程地质勘探

工程地质勘探是在工程地质测绘的基础上，为了进一步查明地表以下工程地质问题，取得深部地质资料而进行的一种可靠的方法。勘探的方法主要有坑探、槽探、钻探、地球物理勘探等方法。在选用时应符合勘察目的及岩土的特性。

### 7.3.1  坑、槽探

坑、槽探就是用人工或机械方式进行挖掘坑、槽，以便直接观察岩土层的天然状态以及各地层之间接触关系等地质结构，并能取出接近实际的原状结构土样。该方法的特点是地质人员可以直接观察地质结构，准确可靠，且可不受限制地取出原状结构试样，因此对研究风化带、软弱夹层和断层破碎带有重要的作用，常用于了解覆盖层的厚度和特征。它的缺点是可达的深度较浅，且易受自然地质条件的限制。

在工程地质勘探中，常用的坑、槽探主要有坑、槽、井、洞等几种类型，见表 7-5。

坑探与槽探的主要类型 　　　　　　　　　　　　　　　　表 7-5

| 类型 | 特　点 | 用　途 |
|---|---|---|
| 试坑 | 深数十厘米的小坑，形状不定 | 局部剥除表覆土，揭露基岩 |
| 浅井 | 从地表向下垂直，断面呈圆形或方形，深 5～15m | 确定覆盖层及风化层的岩性及厚度，取原样土，载荷试验，渗水试验 |
| 探槽 | 在地表垂直岩层或构造线挖掘成深度不大的（小于 3～5m）长条形槽子 | 追索构造线、断层、探查残坡积层、风化岩的厚度和岩性 |
| 竖井 | 形状与浅井同，但深度可超过 20m 以上，一般在平缓山坡、漫滩、阶地等岩层较平缓的地方，有时需支护 | 了解覆盖层厚度及性质，构造线，岩石破碎情况、岩溶、滑坡等，岩层倾角较缓时效果较好 |
| 平硐 | 在地面有出口的水平坑道，深度较大，适用较陡的基岩岩坡 | 调查斜坡地质构造，对查明地层岩性、软弱夹层、破碎带、风化岩层时，效果较好，还可取样或作原位试验 |

坑探与槽探的成果可用坑、槽探的展示图来表达，如图 7-1 为槽探展示图。

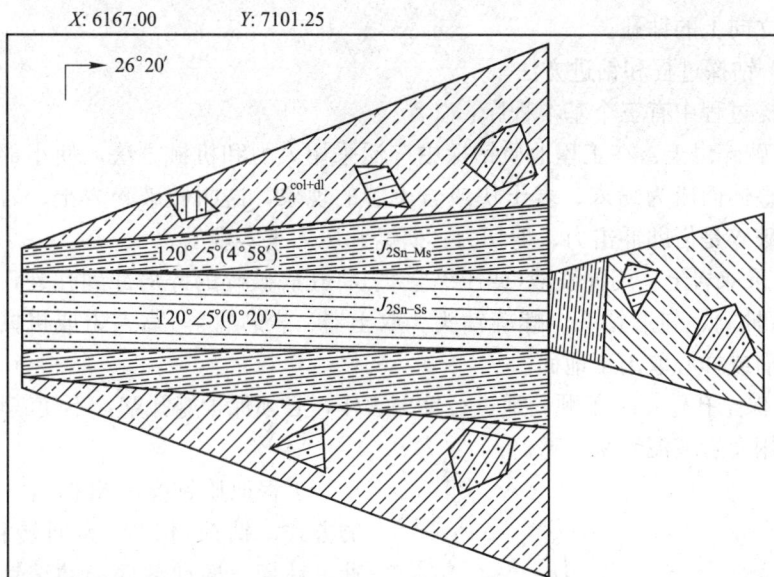

*X*: 6167.00　　　*Y*: 7101.25

26°20′

$Q_4^{col+dl}$

120°∠5°(4°58′)　$J_{2Sn-Ms}$

120°∠5°(0°20′)　$J_{2Sn-Ss}$

工程地质描述:

探槽的三个侧壁上部为厚0~7.0m的粉质黏土夹砂岩块石,硬塑状,土石比8:2,块径7~65cm,最大达1.20m,顶部0.60m发育大量植物根系。

侧壁下部为红色砂质泥岩,泥质结构,厚层状构造,岩心破碎为强风化层,厚0~2.50m。

探槽底部为黄灰-灰色砂岩,中细粒结构,厚层状构造,钙质胶结,主要成分为长石,石英,云母。岩体较完整,未发现卸荷裂隙。

图 7-1　槽探展示图(垂直 1∶100　水平 1∶100)

## 7.3.2　工程地质钻探

(1) 工程地质钻探的概念

工程地质钻探是获取地表下准确的地质资料的重要方法,而且通过钻孔采取原状岩土样和做现场力学试验也是工程地质钻探的任务之一。

钻探是指在地表下用钻头钻进地层的勘探方法。在地层内钻成直径较小并具有相当深度的圆筒形孔眼的孔称为钻孔。通常将直径达 500mm 以上的钻孔称为钻井。钻孔的要素如图 7-2 所示。钻孔上面口径较大,越往下越小,呈阶梯状。钻孔的上口称孔口;底部称孔底;四周侧部称孔壁。钻孔断面的直径称孔径;由大孔径改为小孔径称换径。从孔口到孔底的距离称为孔深。

钻孔的直径、深度、方向取决于钻孔用途和钻探地点的地质条件。钻孔的直径一般为 75~150mm,但在一些大型建筑物的工程地质钻探时,孔径往往大于 150mm,有时可达到 500mm。钻孔的深度由数米至上百米,视工程要求和地质条件而定,一般的工民建工程地质钻探深度在数十米以内。钻孔的方向一般为垂直

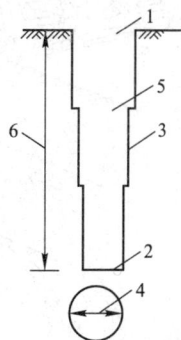

图 7-2　钻孔要素图

1—孔口;2—孔底;
3—孔壁;4—孔径;
5—换径;6—孔深

229

的，也有打成倾斜的钻孔，这种孔称之为斜孔。在地下工程中有打成水平，甚至直立向上的钻孔。

（2）钻探过程和钻进方法

钻探过程中有三个基本程序：

① 破碎岩土：在工程地质钻探中广泛采用人力和机械方法，使小部分岩土脱离整体而成为粉末、岩土块或岩土芯的现象，这叫做破碎岩土。岩土之所以被破碎是借助冲击力、剪切力、研磨和压力来实现的。

② 采取岩土：用冲洗液（或压缩空气）将孔底破碎的碎屑冲到孔外，或者用钻具（抽筒、勺形钻头、螺旋钻头、取土器、岩芯管等）靠人力或机械将孔底的碎屑或样心取出于地面。

③ 保全孔壁：为了顺利地进行钻探工作，必须保护好孔壁，不使其坍塌。一般采用套管或泥浆来护壁。

工程地质钻探可根据岩土破碎的方式，钻探可以分为回转钻探、冲击钻探、振动钻探和冲洗钻探四种。具体的钻探方法应根据钻进地层和勘察要求选择，图 7-3 所示为钻机钻进示意图。

钻探的成果可用钻孔柱状图来表示，如图 7-4 所示。图中一般应标出地质年代、岩土层埋藏深度、岩土层厚度、岩土层底部绝对标高、岩土的描述、柱状图、地下水水位、测量日期、岩土取样位置等内容。比例尺一般为 1∶100～1∶500。

（3）岩土取样

工程地质钻探的主要任务之一是在岩土层中采取岩芯或原状土试样。为确保土工试验所得出的土性指标可靠，在采取试样过程中应该保持试样的天然结构，即试样必须是保留天然结构的原状试样，如果试样的天然结构已受到破坏，则此试样已经受到扰动，这种试样称为扰动试样。对于岩芯试样，由于其坚硬性，它的天然结构难于破坏，而土试样则不同，试样则易受到扰动。但在实际工程地质勘察中，不可能取得完全不受扰动的原状土样。

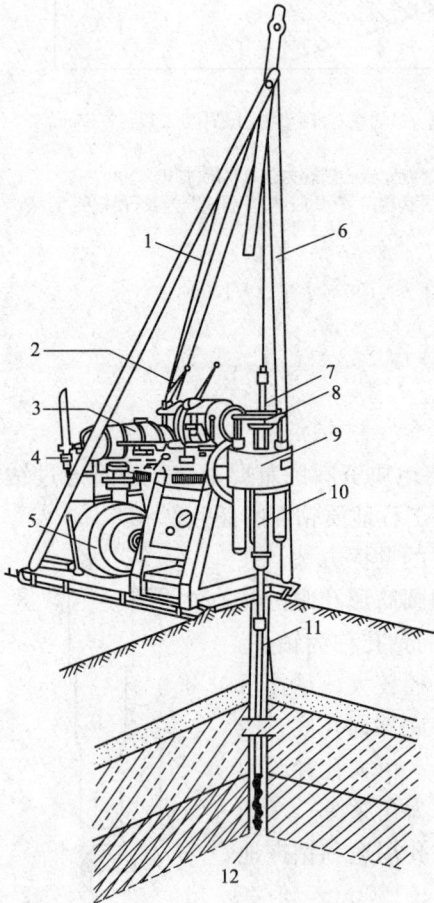

图 7-3　钻机钻进示意图

1—钢丝绳；2—卷扬机；3—柴油机；4—操纵把；
5—转轮；6—钻架；7—钻杆；8—卡杆器；
9—回转器；10—立轴；11—钻孔；12—螺旋钻头

| 地质年代 | 地层的埋藏深度(m) | | 土层厚度(m) | 土层底部的绝对标高 | 岩石描述 | 柱状图 比例尺1:00 | 水位和测量日期 | | 土样位置(m) |
|---|---|---|---|---|---|---|---|---|---|
| | 从 | 到 | | | | | 出现的 | 确定的 | |
| | 0 | 0.5 | 0.5 | 784.52 | 含腐植质的褐灰色耕土层-粉质黏土 | | | | 1.0 |
| | 0.5 | 2 | 1.5 | 783.02 | 褐灰色粉质亚黏土,含有砾石和小卵石(达30%),夹有干砂窝子矿 | | 2.45 22 -92 | 2.42 4 -92 | 2.1 |
| $Q^{dl}$ | 2 | 5 | 3 | 780.02 | 粗砂、混杂有黏土颗粒,带大量砾石、小卵石、碎石(达30%) | | | | 4.0 |
| | 5 | 6 | 1 | 779.02 | 尺寸在5~7cm以内的卵石,夹有砾石、碎石和各种粒径的砂土,含水层 | | | | 6.1 |
| | 6 | 7 | 1 | 778.02 | 粗砂、小卵石、砾石和碎石(达30%)的黏土层 | | | | 7.1 |
| | 7 | 9 | 2 | 776.02 | 黄色的硬粒土,有单独的砂窝子矿,包含砾石和卵石(达10%) | | | | 8.0 9.1 |
| | 9 | 10 | 1 | 775.02 | 黄灰色黏土质粉土,包含有砂石和卵石(达20%),高含水量 | | | | 10.4 |
| $T_r$ | 10 | 13 | 3 | 772.02 | 黄色黏土,有单独的砂窝子矿,包含砾石、卵石和碎石(达10%) | | 13.0 | | 12.0 |
| | 13 | 15 | 2 | 770.02 | 各种粒径的砂土,褐灰色,含有结晶岩的砾石、卵石以及碎石(达30%)含水层 | | | | 15.1 |
| | 15 | 19 | 4 | 766.02 | 黄灰色黏土,有大量的砾石、小卵石和砂窝子矿,在深度16m以内是很湿的,从深度16m开始-没有砾石和卵石,稍湿的 | | | | |

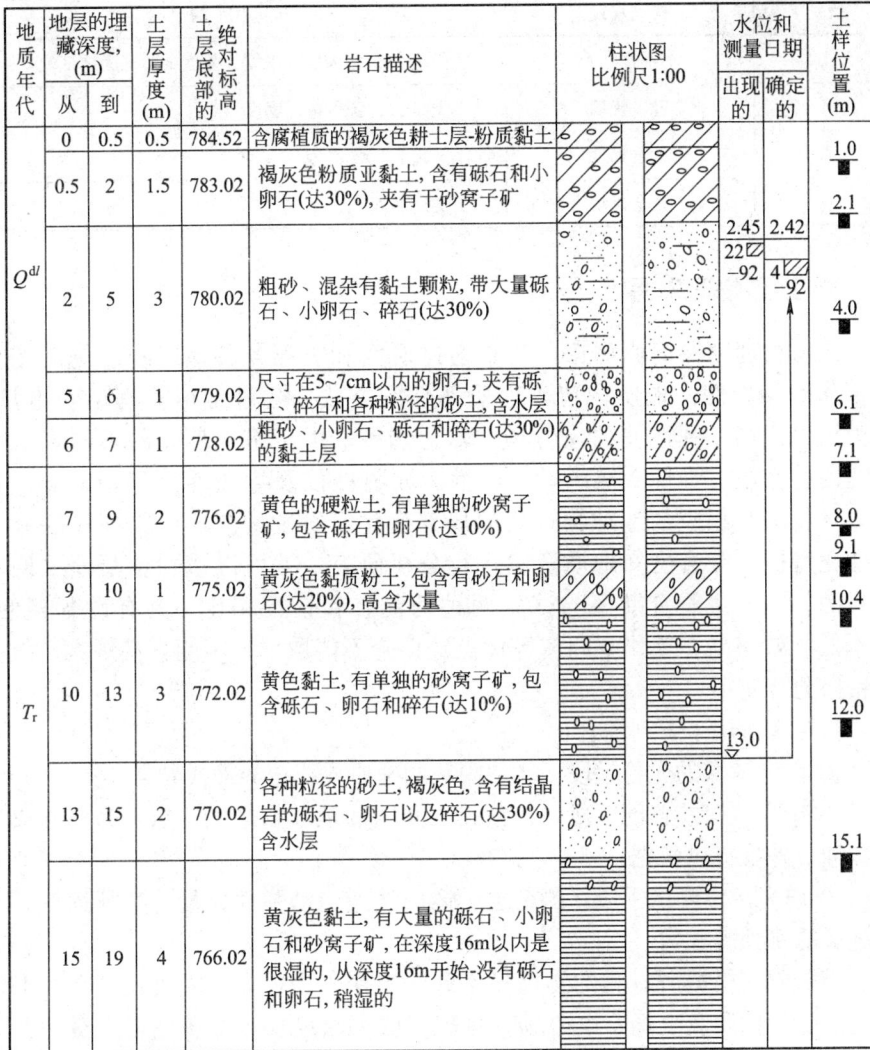

图 7-4　钻孔柱状图

造成试样扰动的主要原因有三方面:一是外界条件引起的土试样的扰动,如钻进工艺、钻具选用、钻压、钻速、取土方法选择等。若在选用上不够合理时,则可能造成其土质的天然结构被破坏。二是采样过程造成的土体中应力条件发生了变化,引起土样内的质点间的相对位置的位移和组织结构的变化,甚至出现质点间的原有黏聚力的破坏。三是采取土试样时,需用取土器采取。但不论采用何种取土器,它都有一定的壁厚、长度和面积。当切入土层时,会使土试样产生一定的压缩变形。因此,在取土样的过程中,应力求排除各种可能的扰动因素,使试样的扰动程度降至尽可能小的程度。

　　按照取样的方法和试验目的,《岩土工程勘察规范》对岩土试样的扰动程度分成四个等级,各级试样可进行的试验项目见表7-6。

土试样质量等级划分 表7-6

| 级别 | 扰动程度 | 试 验 目 的 |
|------|----------|------------|
| Ⅰ | 不扰动 | 土类定名、含水量、密度、强度试验、固结试验 |
| Ⅱ | 轻微扰动 | 土类定名、含水量、密度 |
| Ⅲ | 显著扰动 | 土类定名、含水量 |
| Ⅳ | 完全扰动 | 土类定名 |

### 7.3.3 地球物理勘探

地球物理勘探简称物探，它是通过研究和观测各种地球物理场的变化来探测地层岩性、地质构造等地质条件的方法。各种地球物理场有电场、重力场、磁场、弹性波的应力场、辐射场等；由于组成地壳的不同岩层介质往往在密度、弹性、导电性、磁性、放射性以及导热性等存在差异，这些差异将引起相应的地球物理场的局部变化。通过量测这些物理场的分布和变化特征，结合已知地质资料进行分析研究，就可以达到推断地质性状的目的。该方法兼有勘探与试验两种功能。和钻探相比，具有设备轻便、成本低、效率高、工作空间广等优点。但它不能取样，不能直接观察，故多与钻探配合使用。

物探宜运用于下列场合：

① 作为钻探的先行手段，了解隐蔽的地质界线、界面或异常点；

② 作为钻探的辅助手段，在钻孔之间增加地球物理勘察点，为钻探成果的内插、外推提供依据；

③ 作为原位测试手段，测定岩土体的波速、动弹性模量、特征周期、土对金属的腐蚀等参数。

物探方法根据所量测的物理场不同，物探方法较多，主要表现在：①研究岩土电学性质及电场、电磁场变化规律的电法勘探；②研究岩土磁性及地球磁场、局部磁异常变化规律的磁法勘探；③研究地质体引力场特征的重力勘探；④研究岩土弹性力学性质的地震勘探；⑤研究岩土的天然或人工放射性的放射性勘探；⑥研究物质热辐射场特征的红外探测方法；⑦研究岩土的声波和超声波传递和衰减变化规律的声波探测技术。在工程地质物探中，电法勘探是采用得最多、最普遍的物探方法，该方法是根据地下地质体电阻差异性来分析地质体的勘探方法。如图 7-5 所示，电阻曲线能较好地反映地下岩溶

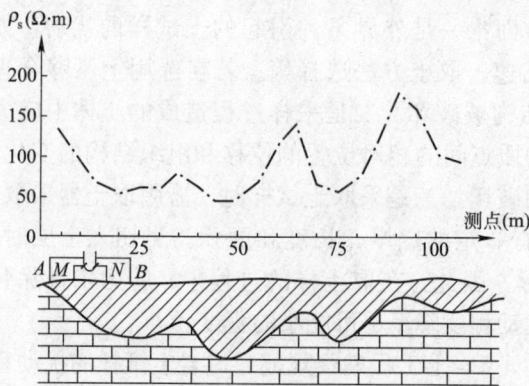

图 7-5 岩溶区电剖面法 $\rho_s$ 曲线图

区基岩起伏情况。

## 7.4 工程地质现场原位试验

工程地质勘察中的试验可分为室内试验和野外的现场原位测试。室内试验虽然具有边界条件、排水条件和应力路径容易控制的优点，但由于试验需要取土样，而土样在采样、运送、保存和制备等方面不可避免地受到不同程度的扰动。特别是对于饱和状态的砂质粉土和砂土，可能根本取不上原状土，这使得测得的力学指标严重"失真"。因此，为了取得准确可靠的力学指标，在工程地质勘察中，必须进行一定的相应数量的野外现场原位试验。

现场原位测试是指在工程地质勘察现场，在不扰动或基本不扰动地层的情况下对地层进行测试，以获得所测地层的物理力学性质指标及划分地层的一种勘察技术。它和室内试验相比，有如下优点：

① 可在拟建工程场地进行测试，不用取样，因而可以测定难以取得不扰动土样(如淤泥、饱和砂土、粉土等)的有关工程力学性质。

② 远比室内试样大，因而更具有代表性，更能反映岩土的宏观结构（如裂隙等）对岩土性质的影响。

③ 很多的原位测试方法可连续进行，因而可以得到完整的地层剖面及其物理力学指标；

④ 原位测试一般具有速度快、经济的优点，能大大缩短地基勘察周期。

但原位测试也存在着许多不足之处，如难于控制边界条件，许多原位测试技术所得的参数和岩土的工程性质之间的关系建立在大量统计的经验关系之上等。因此，岩土的室内试验和原位测试应该相辅相成。

工程地质原位测试的主要方法有：静力载荷试验、触探试验和剪切试验等。原位测试方法应根据岩土条件、设计对参数的要求、地区经验和测试方法的适用性等因素选用，常见原位测试方法的适用范围见表7-7。

**原位测试方法的适用范围表**　　　　　　　表7-7

| 测试方法 \ 适用范围 | 适用土类 | | | | | | | 所提岩土参数 | | | | | | | | | | |
|---|---|---|---|---|---|---|---|---|---|---|---|---|---|---|---|---|---|---|
| | 岩土 | 碎石土 | 砂土 | 粉土 | 黏性土 | 填土 | 软土 | 鉴别土壤 | 剖面分层 | 物理状态 | 强度参数 | 模量 | 固结特征 | 孔隙水压力 | 侧压力系数 | 超固结比 | 承载力 | 判别液化 |
| 平板载荷试验(PLT) | + | ++ | ++ | ++ | ++ | ++ | + | | | | + | ++ | | | | + | ++ | |
| 螺旋板载荷试验(SPLT) | | | ++ | ++ | ++ | | + | | | | + | ++ | | | | + | ++ | |
| 静力触探试验(CPT) | | | + | ++ | + | | ++ | + | ++ | + | ++ | + | | | | | ++ | ++ |
| 圆锥动力触探试验(DPT) | | ++ | ++ | + | | | | | + | + | | | | | | | + | |
| 标准贯入试验(SPT) | | | ++ | + | | | | | ++ | + | | | | | | | ++ | ++ |

续表

| 测试方法 ＼ 适用范围 | 适用土类 | | | | | | | 所提岩土参数 | | | | | | | | | | |
|---|---|---|---|---|---|---|---|---|---|---|---|---|---|---|---|---|---|---|
| | 岩土 | 碎石土 | 砂土 | 粉土 | 黏性土 | 填土 | 软土 | 鉴别土壤 | 剖面分层 | 物理状态 | 强度参数 | 模量 | 固结特征 | 孔隙水压力 | 侧压力系数 | 超固结比 | 承载力 | 判别液化 |
| 十字板剪切试验(VST) | | | | | + | | ++ | | | | ++ | | | | | | | |
| 波速试验(WVT) | + | + | + | + | + | + | + | | + | | | + | | | | | | + |
| 现场岩石点荷载试验(RPLT) | ++ | | | | | | | | | + | + | | | | | | + | |
| 预钻式旁压试验(PMT) | + | + | + | ++ | + | | | | | | + | | | | | | ++ | |
| 自钻式旁压试验(SBPMT) | | | + | + | + | ++ | + | | + | + | + | + | + | + | + | + | + | ++ |
| 现场直剪试验(FDST) | ++ | + | + | | + | | | | | | ++ | | | | | | | |
| 现场三轴试验(ETT) | ++ | + | + | | + | | | | | | ++ | | | | | | | |
| 岩体应力测试(RST) | ++ | | | | | | | | | | | | | | + | | | |

注：＋＋很适用，＋适用。

### 7.4.1　静力载荷试验

静力载荷试验包括平板载荷试验(PLT)和螺旋板载荷试验(SPLT)。平板载荷试验适用于浅部各类地层，螺旋板载荷试验适用于深部或地下水位以下的地层。静力载荷试验可用于确定地基土的承载力、变形模量、不排水抗剪强度、基床反力系数及固结系数等。下面以平板载荷试验为例介绍静力载荷试验的基本原理和方法。

(1)基本原理

静力载荷试验就是在一定面积的承压板上向地基逐级施加荷载，并观测每级荷载下地基的变形特性，从而评定地基的一类现场原位试验。它所反映的是承压板以下 1.5～2.0 倍承压板直径或宽度范围内地基强度、变形的综合性状。由此可见。该种方法犹如基础的一种缩尺真型试验，是模拟建筑物基础工作条件的一种测试方法，因而利用其成果确定的地基承载力最可靠、最有代表性；当试验影响深度范围内土质均匀时，此法确定该深度范围内土的变形模量也比较可靠。

(2)载荷试验的装置

载荷试验的装置由加荷与传压装置、变形观测装置及承压板等部分组成(图7-6)。其中承压板一般为方形或圆形板；加荷装置包括压力源、载荷台架或反力架，加荷方式可采用重物加荷和油压千斤顶反压加荷两种方式；变形观测装置有百分表、变形传感器和水准仪等。

图7-7为几种常见的载荷试验设备。

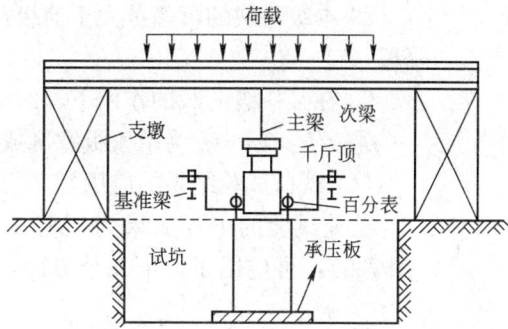

图 7-6　静力载荷试验装置

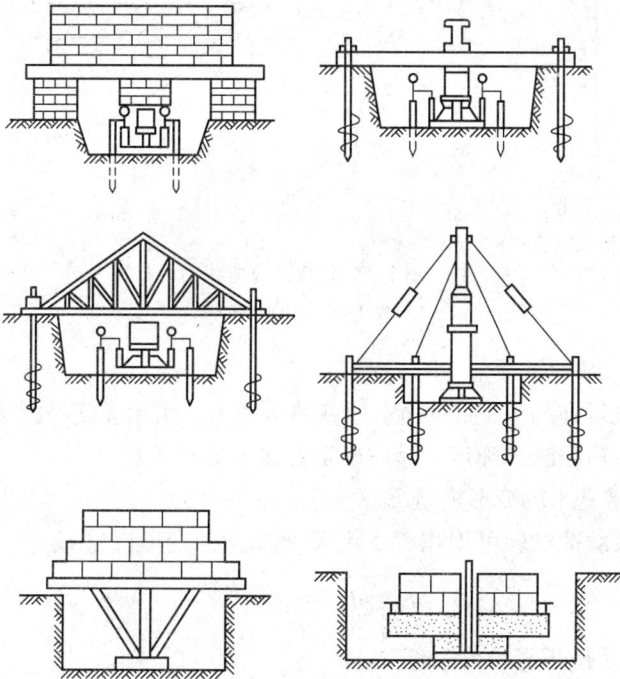

图 7-7　几种常见的载荷试验设备

(3) 基本要求

试验用的承压板，一般采用刚性的圆形板或方形板，面积可采用 $0.25\sim0.5m^2$。对于软土，由于容易发生歪斜，且考虑到承压板边缘的塑性变形，宜采用较大尺寸的承压板。

加荷的方法，一般采用沉降相对稳定法。若有对比的经验，为了加快试验周期，则采用沉降非稳定法(快速法)。

各级荷载下沉降相对稳定的标准一般采用连续 2h 内每小时的沉降量不超过 0.1mm。

加载终止标准：

① 承压板周围的土明显的侧向挤出，周边岩土出现明显隆起或径向裂缝持续发展；

② 本级荷载的沉降量大于前级荷载沉降量的 5 倍，荷载-沉降曲线出现陡降段；

③ 在某一级荷载的作用下，24h 内沉降速率不能达到相对稳定标准；

④ $s/b \geqslant 0.06$($b$ 为承压板宽度或直径)。

(4) 载荷试验结果的应用

载荷试验的主要成果为沉降量-时间($s$-$t$)曲线和荷载-时间($p$-$s$)曲线(图 7-8)，可应用于以下几个方面：

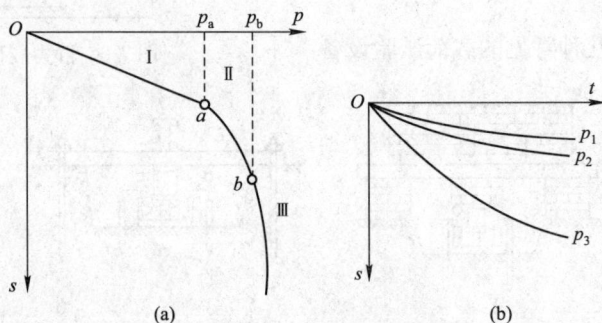

图 7-8　荷载试验曲线

(a)$p$-$s$ 曲线；(b)$s$-$t$ 曲线

1) 确定地基的承载力

根据试验得到的 $p$-$s$ 曲线确定地基的承载力。采用强度控制法、相对沉降控制法或极限荷载法来确定，具体确定方法详见相关规范。

2) 确定地基土的变形模量 $E_0$

浅层平板载荷试验可用式(7-1)计算地基土的变形模量 $E_0$：

$$E_0 = I_0(1-\mu^2)\frac{pd}{s} \tag{7-1}$$

式中　$d$——承压板直径或边长(m)；

　　　$p$——$p$-$s$ 曲线线性段的压力 kPa；

　　　$s$——与 $p$ 对应的沉降量(mm)；

　　　$I_0$——刚性承压板的形状系数；

　　　$\mu$——土的泊松比。

3) 确定地基的基床系数

$p$-$s$ 曲线直线段的坡度，即压力与变形比值 $p/s$，称为地基基床系数 $k$ ($kN/m^3$)，这是一个反映地基弹性性质的重要指标，在遇到基础的沉降和变形问题特别是考虑地基与基础的共同作用时，经常需要用到这一参数。地基基床系数 $k$ 可以直接按定义根据 $p$-$s$ 曲线确定。

### 7.4.2　静力触探试验

(1) 基本原理

静力触探(CPT)是用静力将探头以一定的速率压入土中，同时用压力传感器或直接用量测仪表测试土层对探头的贯入阻力，以此来判断、分析地基土的物理力学性质。该方法的依据是探头的贯入阻力的大小与土层的性质有关，可以用一些经验关系把贯入阻力与土的物理力学性质联系起来，建立经验公式；或根据对贯入机理的认识做定性的分析，在此基础上建立半经验的公式。利用这些公式，根据测出的贯入阻力的大小，即可达到了解土层的工程性质的目的。

静力触探具有测试连续、快速、效率高的特点，功能多，兼有勘探与测试双重作用的优点，且测试数据精度高，再现性好。但它的缺点是对碎石类土和密实砂土难以贯入，也不能直接观测土层。

静力触探试验适用于软土、一般黏性土、粉土、砂土和含少量碎石的土；对于碎石土、杂填土和密实的砂土不适用。

（2）静力触探设备

俗称静力触探仪，一般由贯入系统、量测系统和静力触探头三部分组成。

贯入系统：包括加压装置和反力装置，它的作用是将探头匀速、垂直地压入土层中；

量测系统：用来测量和记录探头所受的阻力；

静力触探头：内有阻力传感器。

根据贯入系统中加压装置的加压方式，静力触探仪可分为：电动机械式静力触探仪、液压式静力触探仪和手摇轻型链式静力触探仪。

常用的静力触探仪探头分为单桥探头、双桥探头和孔压探头，如图 7-9 所示。单桥探头所测到的是包括锥尖阻力和侧壁摩阻力在内的总阻力，双桥探头可分别测出锥尖阻力和侧壁摩阻力，孔压探头在双桥探头的基础上再安装一种可测孔隙水压力的装置。

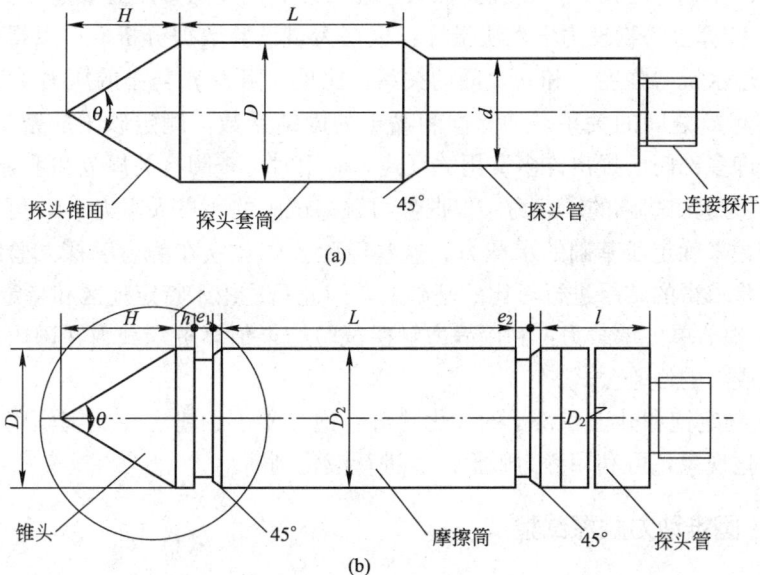

图 7-9　常用的静力触探仪探头

（3）静力触探成果应用

根据静力触探试验的测量结果，可以得到下列成果：比贯入阻力-深度（$p_s$-$h$）关系曲线、锥尖阻力-深度（$q_c$-$h$）关系曲线、侧壁摩阻力-深度（$f_s$—$h$）关系曲线和摩阻比-深度（$R_f$-$h$）关系曲线。对于孔压探头，还可以得到孔隙水压力-深度（$U$-$h$）关系曲线，如图 7-10 所示。

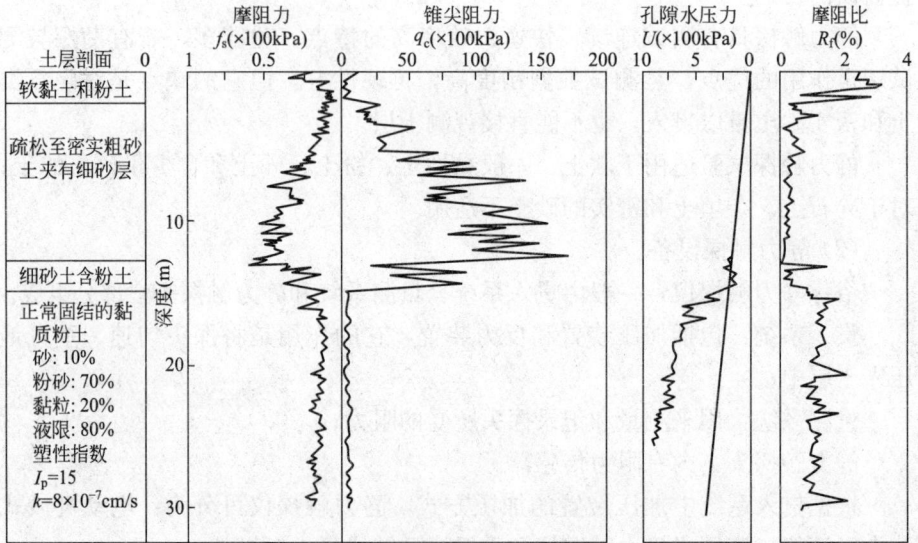

图 7-10　静力触探试验成果曲线及相应土层剖面图

静力触探主要有以下五方面的应用：

① 划分土层和判定土类：利用静力触探试验得到的各种曲线，根据相近的 $q_c$、$R_f$ 来划分土层，对于孔压探头，还可以利用孔隙水压力来划分土层。

② 估算土的物理力学性质指标：根据大量试验数据分析，可以得到黏性土的不排水抗剪强度 $c_u$ 和 $q_c$ 之间的关系，比贯入阻力 $p_s$ 与土的压缩模量 $E_s$ 和变形模量 $E_0$ 之间的关系，估算饱和黏土的固结系数，测定砂土的密实度等。国内外许多部门已提出许多实用关系式，应用时可查阅有关规范和手册。

③ 确定浅基础的承载力：根据静力触探试验的比贯入阻力 $p_s$，可以利用经验公式来确定浅基础的承载力。这些经验公式建立在静力触探试验结果与荷载试验求得的结果进行对比的基础上，因此只适用于特定地区和特定土性。

④ 预估单桩承载力：利用静力触探试验结果估算桩承载力在国内已有一些比较成熟的经验公式。

⑤ 判定饱和砂土和粉土的液化趋势：饱和砂土和粉土在地震作用下可能发生液化现象，可利用静力触探试验进行液化判断。

## 7.4.3　圆锥动力触探试验

（1）基本原理

圆锥动力触探（DPT）是利用一定质量的重锤，以一定高度的自由落距，将标准规格的圆锥形探头贯入土中，根据打入土中一定距离所需的锤击数，判定土的力学特性，具有勘探和测试双重功能。

动力触探试验具有设备简单、操作及测试方法简便、适用性广等优点，对难以取样的砂土、粉土、碎石类土，对静力触探难以贯入的土层，动力触探是一种非常有效的勘探测试手段。它的缺点是不能对土进行直接鉴别描述，试验误差较大。

动力触探适用于强风化、全风化的硬质岩石，各种软质岩石和各类土。

（2）动力触探的试验设备和类型

动力触探试验设备主要由导向杆、穿心锤、锤座、触探杆以及尖锥头（探头）等五部分组成，见图7-11。

我国根据锤击能量把圆锥动力触探划分为轻型、重型和超重型三类，详见表7-8。

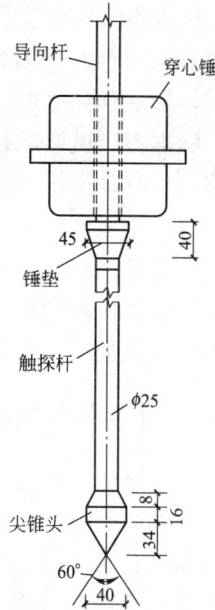

图 7-11　转型动力触探设备

**圆锥动力触探类型**　　　　　　　　表 7-8

| 类型 | | 轻型 | 重型 | 超重型 |
|---|---|---|---|---|
| 落锤 | 锤的质量(kg) | 10 | 63.5 | 120 |
| | 落距(cm) | 50 | 76 | 100 |
| 探头 | 直径(mm) | 40 | 74 | 74 |
| | 锤角(°) | 60 | 60 | 60 |
| 探杆直径(mm) | | 25 | 42 | 50～60 |
| 指标 | | 贯入 30cm 的读数 $N_{10}$ | 贯入 10cm 的读数 $N_{63.5}$ | 贯入 10cm 的读数 $N_{120}$ |
| 主要适用岩土 | | 浅部的填土、砂土、粉土、黏性土 | 砂土、中密以下的碎石土、极软岩 | 密实和很密的碎石土、软岩、极软岩 |

（3）动力触探成果的应用

动力触探的成果主要是锤击数和锤击数随深度的变化曲线，它可在以下几方面得到应用：①划分土层；②确定砂土和碎石土的相对密实度；③确定土的变形模量；④确定地基承载力；⑤确定单桩承载力。

### 7.4.4　标准贯入试验

标准贯入试验（SPT）是用质量为 63.5 kg 的穿心锤，以 76 cm 的落距，将标准规格的贯入器，自钻孔底部预打入土中 15 cm，记录再打入 30 cm 的锤击数称为标准贯入度，判定土的力学特性。标准贯入试验中所需的能量用贯入器贯入土层中 30 cm 的锤击数 $N_{63.5}$ 来表示，一般写作 $N$，称为标贯击数。

标准贯入试验实质上是动力触探试验的一种。它和圆锥动力触探的区别主要是它的触探头不是圆锥形，而是标准规格的圆筒形探头，由两个半圆管合成，形状和尺寸见图7-12，而且其测试方式有所不同，采用间歇贯入方法。

标准贯入试验的优点是设备简单，操作方便，土层的适应性广，且贯入器能取出扰动土样，从而可以直接对土进行鉴别。

标准贯入试验适用于砂土、粉土和一般黏性土。它的适用目的有评价砂土的密实度和粉土、黏性土的状态，评价土的强度参数、变形参数、地基承载力、单桩极限承载力、沉桩可能性以及砂土和粉土的液化势。应用 $N$ 值时是否修正和如何修正，应根据建立统计关系时的具体情况确定。

### 7.4.5　十字板剪切试验

十字板剪切试验(VST)是用插入软黏土中的十字板头，以一定的速率旋转，测出土的抵抗力矩，然后换算成土的抗剪强度的一种原位测试方法(图7-13)，它包括钻孔十字板剪切试验和贯入电测十字板剪切试验。它是一种快速测定饱和软黏土层快剪强度的一种简单而可靠的原位测试方法，这种方法测得的抗剪强度值相当于试验深度处天然土层的不排水抗剪强度，在理论上它相当于三轴不排水剪的黏聚力值或无侧限抗压强度的一半。

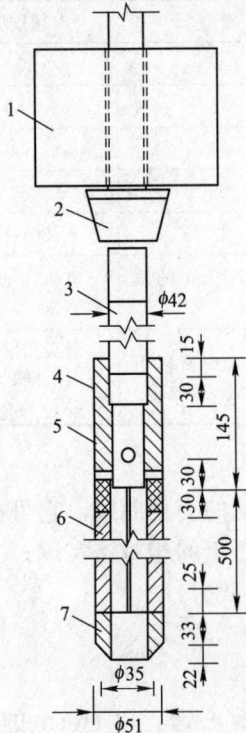

图7-12　标准贯入试验设备
（单位：mm）

1—穿心锤；2—锤垫；3—触探杆；
4—贯入器头；5—出水孔；
6—贯入器身；7—贯入器靴

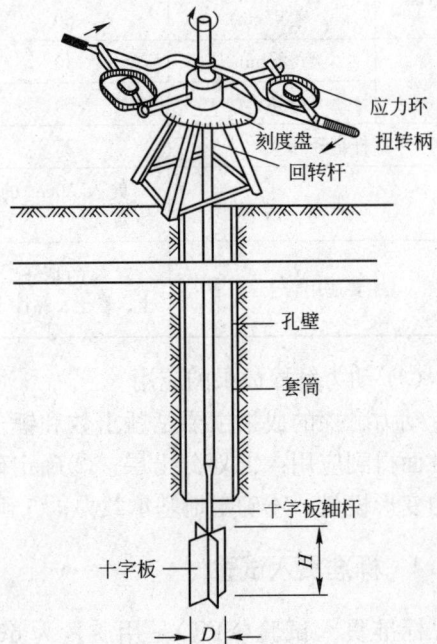

图7-13　十字板剪切仪

十字板剪切试验具有对土扰动小、设备轻便、测试速度快、效率高等优点，因此在我国沿海软土地区被广泛使用。

十字板剪切试验的原理是：对压入黏土中的十字板头施加扭矩，使十字板头在土层中形成圆柱形的破坏面，测定剪切破坏时对抵抗扭剪的最大力矩，通过计算可得到土体的抗剪强度。

十字板剪切试验适用于饱和软黏土。可应用于计算地基承载力，确定桩的极限端承力和摩擦力，确定软土地区路基、海堤、码头、土坝的临界高度，判定软土的固结历史。

## 7.4.6 旁压试验

旁压试验（PMT）是将圆柱形旁压器竖直地放入土中，通过旁压器在竖直的孔内加压，使旁压膜膨胀，并由旁压膜（或护套）将压力传给周围土体（或岩层），使土体或岩层产生变形直至破坏，通过量测施加的压力和土体变形之间的关系，即可得到地基土在水平方向上的应力应变关系。图7-14为旁压测试示意图。

根据将旁压器设置于土中的方法，可以将旁压仪分为预钻式旁压仪、自钻式夯压仪和压入式旁压仪。预钻式旁压仪一般需有竖向钻孔，自钻式旁压仪利用自转的方式钻到预定试验位置后进行试验，压入式旁压仪以静压方式压到预定试验位置后进行旁压试验。

和静载荷试验相对比，旁压试验有精度高、设备轻便、测试时间短等特点，但其精度受到成孔质量的影响较大。

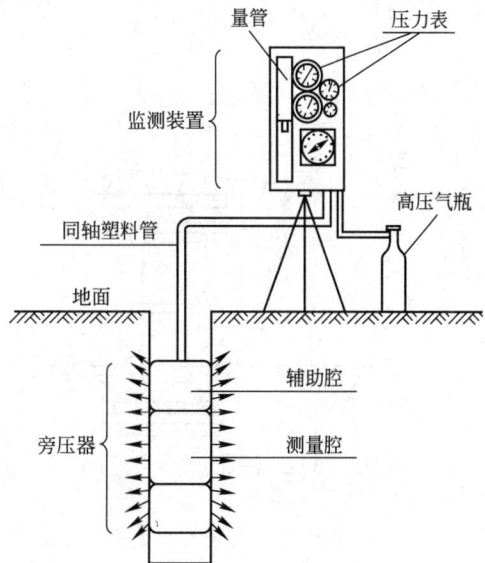

图7-14 旁压测试示意图

旁压试验适用于测定黏性土、粉土、砂土、碎石土、残积土、极软岩和软岩的承载力、旁压模量和应力应变关系等。

旁压试验的成果主要是压力和扩张体积（$p$-$V$）曲线、压力和半径增量（$p$-$r$）曲线。典型的 $p$-$V$ 曲线（图7-15）它可分为三段：Ⅰ段——初步阶段；Ⅱ段——似弹性阶段（压力与体积变化大致呈线性关系）；Ⅲ段——塑性阶段。

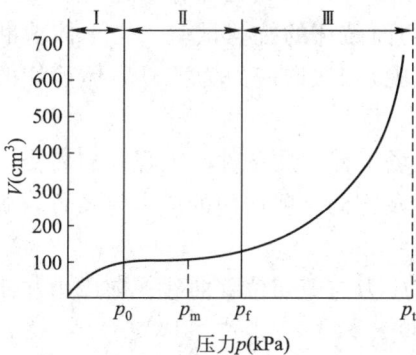

图7-15 典型的 $p$-$V$ 曲线

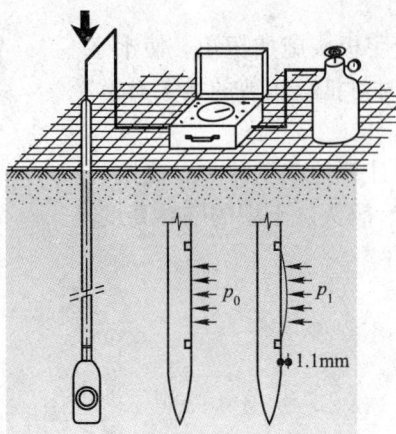

图 7-16 扁铲侧胀试验示意图

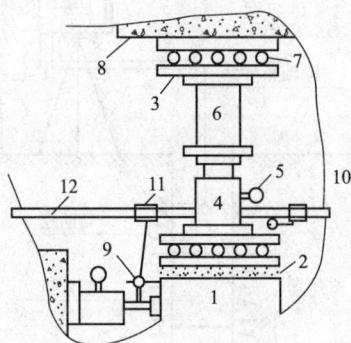

图 7-17 现场直剪试验装置

1—岩体试件；2—水泥砂浆；3—钢板；
4—千斤顶；5—压力表；6—传力柱；
7—滚轴组；8—混凝土；9—千分表；
10—围岩；11—磁性表架；12—U 形钢梁

### 7.4.7 扁铲侧胀试验

扁铲侧胀试验(DMT)是利用静力或锤击动力将一扁平铲形测头贯入土中，达到预定深度后，利用气压使扁铲测头上的钢膜片向外膨胀，分别测得膜片中心向外膨胀不同距离(分别为0.05mm 和 1.10mm)时的气压值，进而获得地基土参数的一种原位试验(图 7-16)。

可用于土层划分与定名、不排水剪切强度、应力历史、静止土压力系数、压缩模量、固结系数等的原位测定。

扁铲侧胀试验适用于一般黏性土、粉土、中密以下砂土、黄土等，不适用于含碎石的土等。

### 7.4.8 现场剪切试验

现场剪切试验包括现场直剪试验和现场三轴试验。其中现场直剪试验又可分为土体现场直剪试验和岩体现场直剪试验。

(1) 现场直剪试验

现场直剪仪由加荷、传力和量测等三个系统组成(图 7-17)。现场直剪试验的原理和室内直剪试验基本相同，但由于该法的试验岩土体远比室内试验大(又称为大剪试验)，能包括宏观结构的变化，且试验条件接近原位条件，因此结果更接近实际工程情况。

现场直剪试验可分为岩土体本身、岩土体沿软弱结构面和岩体与混凝土接触面的剪切试验三种，进一步可以分成岩土体试样在法向应力作用下沿剪切面破坏的抗剪试验、岩土体剪断后沿剪切面继续剪切的抗剪试验(摩擦试验)和法向应力为零时岩体剪切的抗切试验。

在进行现场直剪试验时，应根据现场工程地质条件、工程荷载特点、可能发生的剪切破坏模式、剪切面的位置及方向、剪切面的应力等条件，确定试验对象及相应的试验方法。

现场直剪试验的成果主要是根据剪应力与剪切位移曲线、剪应力与垂直位移曲线等，从而确定岩土体的抗剪强度。

(2) 现场三轴试验

现场三轴试验可综合研究岩土体的力学性质，能测定弹性模量、泊松比及强度值，适用于岩体、碎石土等。现场三轴试验分为等侧$(\sigma_1 > \sigma_2 = \sigma_3)$三轴试验和真三轴$(\sigma_1 > \sigma_2 > \sigma_3)$试验，应根据岩体围压的实际情况选用。

试验前应了解岩土体的应力状态及工程荷载条件，以便确定围压和轴向压力的大小和加荷方式。

试验应布置在有代表性的地段或工程稳定性的关键部位。一般在试洞内进行。图 7-18 为试验的布置方案。

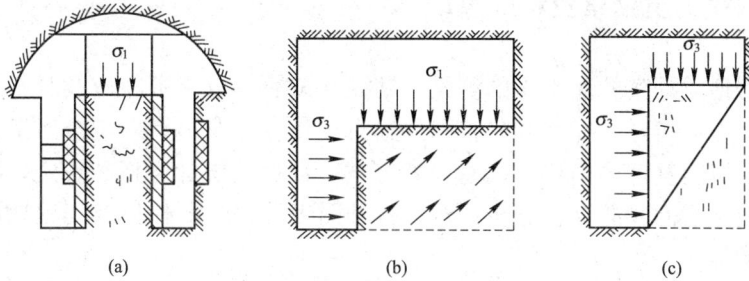

(a)　　　　　　　(b)　　　　　　　(c)

图 7-18　野外原位三轴试验方案

试验成果的分析方法基本和室内三轴试验相同，即：

（1）绘制莫尔圆，求出岩体的抗剪强度；

（2）绘制应力-应变曲线，求出岩体的弹性模量和泊松比。

## 7.5　现场检验与监测

现场检验与监测是工程地质勘察中的一个重要工作，它不仅能保证工程质量和安全，提高工程效益，还能通过监测手段反求出用其他方法难以得到的某些工程参数。现场检验是指在施工阶段根据施工揭露的地质情况，对工程勘察成果的检查校核和施工质量控制。现场检验的目的是使设计施工符合场地岩土工程地质实际，以确保工程质量。总结勘察经验，提高勘察水平。现场监测是指对施工过程中及完成后由于施工运营的影响而引起地质环境发生变化所进行的各种观测工作。现场监测的目的，是了解由于施工引起的影响程度以及监视其变化和发展规律，以便及时在设计、施工上采取相应的防治措施，确保工程安全。在施工阶段的检验与监测工作中，如发现场地或地基土条件与预期条件有较大的差别时，应修改设计或采取相应的处理措施。

现场检验与监测主要包括地基基础的检验和监测、不良地质作用和地质灾害的监测、地下水的监测。

现场检验应根据施工的实际情况，对勘察成果进行补充修正，必要时应进行施工阶段勘察，同时尚应对岩土工程施工质量进行控制和检验。

现场监测的主要内容有三方面：

① 对岩土性状受施工影响而引起变化的监测。如岩土体中应力量测、岩土体表面及其内部的变形与位移、孔隙水压力的量测等。

② 对施工和使用中建筑物的监测。如沉降、主体结构和基坑开挖支护结构其他性状的监测等。

③ 对环境条件，包括工程地质、水文地质条件，尤其是对工程构成威胁的不良地质现象如滑坡、崩塌、泥石流等，在勘察期间就应布置监测，此外还应对相邻结构物、设施等可能发生的变化进行监测，并提出处理措施。

## 7.6 工程地质勘察资料的整理

工程地质勘察外业工作的测绘、勘探和试验等成果资料应及时整理、绘制草图，以便指导、补充和完善野外勘察工作。外业结束后应全面系统地进行整理。资料整理的内容主要有：岩土试验数据的统计分析和选定，测区内各种工程地质问题的综合分析评价；各种图表的编绘制作以及工程地质勘察报告书的编写。

### 7.6.1 勘察报告文本的主要内容

在工程地质勘察的基础上，根据勘测设计阶段任务书的要求，结合各工程特点和建筑区工程地质条件编写工程地质勘察报告(或称岩土工程勘察报告)。它是整个勘察工作的总结，内容力求简明扼要、清楚实用、论证确切，并能正确全面地反映当地的主要地质问题。

工程地质勘察成果报告的内容，应根据任务要求、勘察阶段、地质条件、工程特点等具体情况确定。主要包括以下内容：

① 勘察目的、任务要求和依据的技术标准；
② 拟建工程概述；
③ 勘察方法和勘察工作布置；
④ 场地地形、地貌、地层、地质构造、岩土性质及其均匀性；
⑤ 各项岩土性质指标，岩土的强度参数、变形参数、地基承载力的建议值；
⑥ 地下水埋藏情况、类型、水位及其变化；
⑦ 土和水对建筑材料的腐蚀性；
⑧ 可能影响工程稳定的不良地质作用的描述和对工程危害程度的评价；
⑨ 场地稳定性和适宜性的评价。
除综合性岩土工程勘察报告外，也可根据任务要求提交单项报告，主要有：
① 工程地质测试报告；
② 工程地质检验或监测报告；
③ 工程地质事故调查与分析报告；
④ 岩土利用、整治或改造方案报告；
⑤ 专门工程地质问题的技术咨询报告。

### 7.6.2 工程地质图表常见类型

工程地质勘察报告应附必要的图表。这些图表是根据各勘察设计阶段的测绘、勘探等试验所得资料。进行分析整理编制而成的。几种常用的图表有：

① 勘探点平面布置图

勘探点平面布置图是在地形图上标明工程建筑物、各勘探点（包括探井、探槽、钻孔等）、各现场原位测试点以及勘探剖面线的位置，并注明各勘探点、原位测试点的坐标及高程。

② 钻孔柱状图（图 7-19）

| 勘察编号 | 9502 | 钻孔柱状图 | | | | | 孔口标高 | | 29.8m |
| 工程名称 | ×××× | | | | | | 地下水位 | | 27.6m |
| 钻孔编号 | ZK1 | | | | | | 钻探日期 | | 1995年2月7日 |
| 地质代号 | 层底标高(m) | 层底深度(m) | 分层厚度(m) | 层序号 | 地质柱状1:200 | 岩芯采取率(%) | 工程地质简述 | 标贯 $N_{63.5}$ 深度(m) / 实际击数 校正击数 | 岩土样 编号 深度(m) | 备注 |
|---|---|---|---|---|---|---|---|---|---|---|
| $Q^{ml}$ | 3.0 | 3.0 | ① | | | 75 | 填土:杂色、松散、内有碎砖、瓦片、混凝土块、粗砂及黏性土,钻进时常遇混凝土板 | | | |
| | 10.7 | 7.7 | ② | | | 90 | 黏土:黄褐色,冲积、可塑、具黏滑感,顶部为灰黑色耕作层,底部土中含较多粗颗粒 | 10.85 1 11.15 / 31 25.7 | ZK1-1 10.5~10.7 | |
| $Q^{el}$ | 14.3 | 3.6 | ④ | | | 70 | 砾石:土黄色,冲积、松散-稍密,上部以砾、砂为主,含泥量较大,下部颗粒变粗,含砾石、卵石,粒径一般2~5cm,个别达7~9cm,磨圆度好 | | | |
| $Q^{el}$ | 27.3 | 13.0 | ⑤ | | | 85 | 砂质黏性土:黄褐色带白色斑点,残积,为花岗岩风化产物,硬塑-坚硬,土中含较多粗石英粒,局部为砾质黏土 | 20.55 1 20.85 / 42 29.8 | ZK1-2 20.2~20.4 | |
| $\gamma_5^3$ | 32.4 | 5.1 | ⑥ | | | 80 | 花岗岩:灰白色-肉红色,粗粒结晶,中-微风化,岩质坚硬,性脆,可见矿物成分有长石、石英、角闪石、云母等。岩芯呈柱状 | | ZK1-3 31.2~31.3 | |

图号9502-7

▲ 标贯位置　　■ 岩样位置　　● 土样位置

拟编:　　　　　　　　　　　审核:

图 7-19　钻孔柱状图

钻探地质编录的一项最主要资料成果，是根据对钻孔岩芯的观察鉴定、取样分析及在钻孔内进行的各种测试所获资料而编制成的一种原始图件，借以形象地表示出钻孔通过的岩土层及其相互关系。钻孔柱状图内容包括层厚、地质代号、岩土特征、岩土特征性质、实验测试成果等。

③ 工程地质剖面图（图 7-20）

工程地质剖面图反映了某一勘探线上地质构造、岩性、分层、地下水埋藏条件以及各分层岩土的物理力学性质指标。它的绘制依据是各勘探点的成果和土工试验成果。由于勘探线的布置常与主要地貌单元或地质构造轴线相垂直，或与建筑物轴线相垂直，因此工程地质剖面图能最有效地揭示场地地质条件。

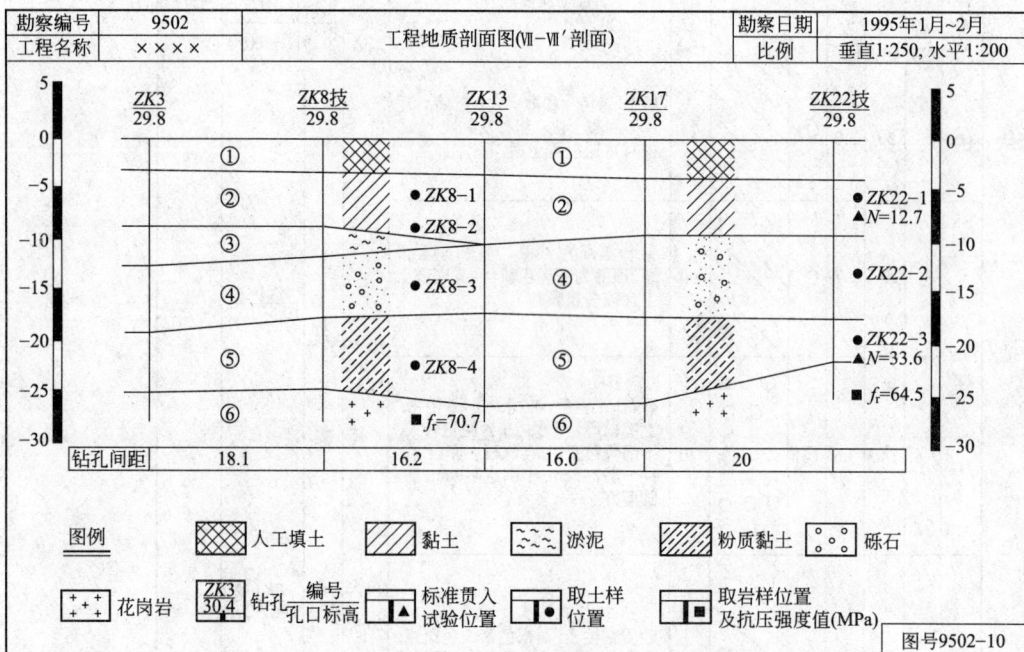

图 7-20 工程地质剖面图

④ 土工试验成果表

包括室内试验成果表和现场原位测试图件。其中室内试验成果表主要有抗剪强度曲线、压缩曲线等；原位测试图件包括载荷试验、标准贯入试验、十字板剪切试验等的成果图件。

### 7.6.3 勘察报告内容目录实例

某建筑物的岩土工程勘察报告目录如图 7-21 所示，由此可见，该勘察报告涵盖了以上阐述的主要内容。

图 7-21　某建筑物的岩土工程勘察报告目录

## 复习思考练习题

**7-1** 简述工程地质勘察的目的、场地等级、地基等级、勘察等级及勘察阶段的划分。

7-2 工程地质勘察方法有哪些类型？相互之间有没有关系？

7-3 什么是工程地质测绘？实地测绘法有几种？

7-4 工程地质勘探方法有哪些类型？什么是物探？物探与钻探各有什么优缺点？

7-5 何谓原状土？土样受扰动的原因有哪些？如何才能避免扰动？

7-6 现场原位测试方法与室内试验相比，有哪些优缺点？

7-7 在静力载荷试验中，承压板尺寸大小对试验成果有何影响？

7-8 圆锥动力触探和标准贯入试验有何异同？

7-9 十字板剪切试验、旁压试验、现场剪切试验的基本原理是什么？各适用于什么岩土类型？

7-10 什么是现场检验与监测？进行现场检验与监测的目的是什么？

7-11 简述工程勘察报告的主要内容。

# 第8章
## 各类工程的岩土工程勘察

**本章知识点**

【知识点】各类工程的勘察内容和勘察要求。

【重点】各类工程的勘察阶段划分、勘察内容及各阶段的勘察要求。

【难点】线路与机场场道、桥涵的岩土工程勘察。

【导读问题】都是土木工程大家族成员，为何不同工程的勘察内容、勘察要求不一样呢？

不同类型的工程具有不同的岩土工程问题，岩土工程勘察应针对不同的工程类型进行。根据工程重要性等级、工程所处位置的场地等级及地基等级确定岩土工程勘察等级，在此基础上进行与工程阶段相对应的岩土工程勘察。

本章主要介绍各种不同工程的勘察内容及不同工程阶段的勘察要求。

## 8.1　房屋建筑和构筑物的岩土工程勘察

房屋建筑和构筑物包括工业建筑和民用建筑及其构筑物。工业建筑包括供生产使用的车间、厂房、电站、水塔、烟囱等。民用建筑包括居民住宅建筑和公共事业建筑，如住宅、宿舍、办公楼、图书馆、学校、医院、车站等。

房屋建筑和构筑物的岩土工程勘察应在了解建筑物荷载、功能特点、结构类型、基础形式、埋置深度、变形要求及岩土工程问题的基础上进行。

### 8.1.1　勘察内容

（1）查明场地和地基的基本特征

查明建筑场地地形地貌、地层岩性、地质构造、水文地质、不良地质、特殊地质、气象地震等工程地质条件，在此基础上，阐明场地和地基的稳定性。

（2）查明地基岩土的力学性质

查明基础持力层的地基承载力、预测地基变形特征，提供设计、施工所需要的岩土层物理力学参数，如密度、变形模量、渗透系数、抗剪强度、抗压强度等。

（3）提出地基基础、基坑开挖与支护、工程降水和地基处理方面的设计与施工建议。

（4）提出不良地质及特殊地质的处理措施建议。

(5) 对于抗震设防烈度≥6度的场地，进行场地与地基的地震效应评价。

## 8.1.2 可行性研究阶段的勘察要求

该阶段的勘察目的：对拟建场地的稳定性和适宜性作出评价。

该阶段勘察应符合选择场址方案的要求，重点在于查明场地情况，主要是进行已有资料的搜集和分析。

具体要求如下：

(1) 搜集区域地质、工程地质、岩土工程资料及当地建筑经验、建筑现状资料；

(2) 在分析已有资料的基础上，通过踏勘了解场地的工程地质条件；

(3) 当场地工程地质条件复杂，已有资料不能满足要求时，进行必要的工程地质测绘和勘探工作；

(4) 当有两个以上场址时，应进行场地适宜性比选分析。

## 8.1.3 初步勘察的勘察要求

该阶段的勘察目的：对场地内拟建建筑地段的稳定性作出评价。

初步勘察对应的设计阶段为初步设计阶段，应符合初步设计的要求，重点在于初步查明地基情况，应进行一定的勘探工作。

具体要求如下：

(1) 搜集拟建工程的有关文件、工程地质、岩土工程资料及工程场地范围的地形图；

(2) 初步查明场地的工程地质条件，对场地的稳定性做出评价；

(3) 初步判定水、土对建筑材料的腐蚀性；

(4) 对于抗震设防烈度≥6度的场地，进行场地与地基的地震效应评价；

(5) 高层建筑初步勘察时，应对可能采取的地基基础类型、基坑开挖与支护、工程降水方案进行初步分析；

(6) 初步勘探线、勘探点间距、勘探孔的深度应根据地质构造、岩土体特征、风化情况等按地方标准或当地经验确定。土质地基的初步勘探线、勘探点间距、勘探孔的深度应满足表8-1和表8-2的要求。

**土质地基初步勘察勘探线、勘探点间距**(不含物探)　　　表8-1

| 地基复杂程度 | 勘探线间距(m) | 勘探点间距(m) |
| --- | --- | --- |
| 一级 | 50～100 | 30～50 |
| 二级 | 75～150 | 40～100 |
| 三级 | 150～300 | 75～200 |

**土质地基初步勘察勘探孔深度**(m)　　　表8-2

| 工程重要性等级 | 一般性钻孔 | 控制性钻孔 |
| --- | --- | --- |
| 一级 | ≥15 | ≥30 |
| 二级 | 10～15 | 15～30 |
| 三级 | 6～10 | 10～20 |

### 8.1.4 详细勘察的勘察要求

该阶段的勘察目的：提出详细的岩土性质资料和设计、施工所需的岩土参数，对地基做出岩土工程评价，对地基类型、基础形式、地基处理、工程降水等提出建议。

详细勘察对应的设计阶段为详细设计阶段，应符合详细设计的要求，重点在于查明建筑设计所需的岩土工程资料和参数，应进行详细的勘探工作。

具体要求如下：

（1）搜集附有坐标和地形的建筑总平面图，建筑物的性质、规模、荷载、结构特点、地基允许变形量等资料；

（2）详细查明工程地质条件和岩土体物理力学参数，提出持力层承载力，提出基础形式和基础埋深建议；

（3）判定的水、土对建筑材料的腐蚀性；

（4）对于抗震设防烈度≥6度的场地，勘察工作应按相关规范进行；

（5）工程需要时，应论证地基土及地下水在建筑物施工和使用期间可能产生的变化及其对建筑物的影响，并提出相应的防治措施建议；

（6）详细勘探线、勘探点间距、勘探孔的深度应根据建筑物特性和岩土工程条件确定。土质地基的勘探点间距应满足表8-3的要求。勘探孔深度应能控制主要受力层。

土质地基详细勘察勘探点间距　　　　　　　　　　表8-3

| 地基复杂程度 | 一级 | 二级 | 三级 |
|---|---|---|---|
| 勘探点间距(m) | 10～15 | 15～30 | 30～50 |

## 8.2 桩基础的岩土工程勘察

桩基础是指由基桩和连接于桩顶的承台共同组成的基础(如图8-1所示)。若桩身全部埋于土中，承台底面与土体接触，则称为低承台桩基；若桩身上部露出地面而承台底位于地面以上，则称为高承台桩基。建筑桩基通常为低承台桩基础。高层建筑中，桩基础应用广泛。

桩基础的岩土工程勘察是在建筑物基础形式确定之后，主要针对基桩而进行的岩土工程勘察。故没有可行性研究阶段及初步勘察阶段的岩土工程勘察，一般直接进行详细勘察阶段的岩土工程勘察。

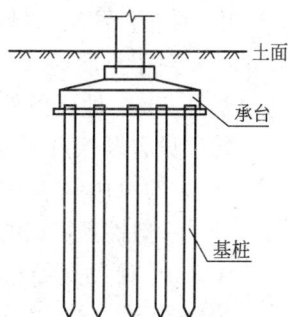

图8-1　低承台桩基示意图

勘察目的：为桩基础的设计、施工提供场地工程地质条件及岩土体物理力学参数，提供端承桩的桩端地层承载力，摩擦桩的桩周土与桩间的摩阻系数。

## 8.2.1　勘察内容

(1) 查明场地各层岩土，特别是基桩将穿过或将端承的各层岩土的类型、深度、分布、工程特性及其变化规律，特别是岩土体随含水量变化时物理力学性质的变化规律；

(2) 查明岩土体的连续性，特别是基岩中有无溶洞等洞穴、基岩的风化程度分带、基岩的岩层产状；

(3) 查明水文地质条件，包括地下水的类型、水位变化，评价地下水对桩基施工的影响，及地下水对建筑材料的腐蚀性；

(4) 查明不良地质及特殊地质的分布、性质、变化规律，评价其对基桩的影响及对桩基的危害并提出防治措施建议；

(5) 论证成桩的可能性、存在的问题，桩的施工条件及其对环境的影响。

## 8.2.2　勘察要求

(1) 勘察方法

桩基岩土工程勘察采用下列几种方法相结合：

钻探：了解岩土层分布、厚度、性质等，并可取岩土样以进行室内试验。

触探：包括动力触探和静探，获得岩土层承载力及摩阻系数；对于软土、黏性土、粉土、砂土采用静探和标贯试验，对于砾(碎)石类土则采用重型或超重型动力触探。

其他原位测试：承载比测试等，获得单桩及群桩综合承载力。

室内试验：主要包括三轴剪切试验、无侧限抗压强度试验、压缩试验及端承基岩的软化试验等，以估算桩的侧阻力、端阻力及下卧层强度等。

(2) 勘探点间距

桩基多用于土质地基，岩质地基中的桩基勘探点深度应结合岩石风化程度、构造情况、岩性等确定。本节仅对土质地基的勘探点深度进行阐述。

对于土质地基中的桩基勘探点间距：端承桩宜为 12～24m；摩擦桩宜为 20～35m，地层条件复杂时，应加密；复杂地基(一级地基)的一柱一桩工程，每柱设置勘探点。

(3) 勘探点深度

一般性勘探点的深度应达到预计桩长以下(3～5)$d$($d$ 为桩周直径)，且不小于 3m，对大直径桩不小于 5m；相邻勘探点揭露的持力层层面高差宜控制为 1～2m。

控制性勘探孔深度应满足下卧层验算要求；对需验算沉降的桩基，应超过地基变形计算深度。

对嵌岩桩，应钻至预计嵌岩面以下(3～5)$d$，并穿过溶洞、破碎带，到达稳定地层。

钻至预计深度遇软弱层时，应适当加深钻孔。

## 8.3　动力机器基础的岩土工程勘察

动力机器是指诸如活塞压缩机、汽轮机、冲击机器（锻锤、落锤等）、金属切削机床等在运动时具有较大振动的机器。支承这种机器的基础称动力机器基础。动力机器基础除满足静力要求外，还应满足由于振动而引起的动应力、附加应力要求，并将振动对人和周围环境的影响控制在可接受范围内。

动力机器基础形式包括自然基础、桩基础、框架基础等。岩土工程勘察的目的即是为该类基础的设计提供地基的静力和动力参数。

### 8.3.1　勘察内容

（1）查明场地各层岩土的组成和基本物理力学特征，如果采用桩基础，则应查明基桩将穿过或将端承的各层岩土的类型、深度、分布、工程特性及其变化规律，特别是岩土体随含水量变化时物理力学性质的变化规律。

（2）查明地基承载力、抗压强度等静力学参数。

（3）查明地基岩土动力学参数，包括动弹性模量、动泊松比、动剪切模量、阻尼比、动沉陷影响系数等。

（4）查明水文地质条件，包括地下水的类型、水位变化，评价地下水对基础施工的影响及地下水对建筑材料的腐蚀性。

（5）查明不良地质及特殊地质的分布、性质、变化规律，评价其对基础的影响及危害并提出防治措施建议。

（6）查明地基岩土体的振动特性；提供地基岩土体在振动作用下的物理力学参数的变化规律。

（7）查明动力基础周围建筑及其基础类型，评价基础施工条件及其对周围环境的影响。

### 8.3.2　勘察要求

（1）勘察方法

动力机器基础勘察除应提供地基岩土工程条件、地基静力学参数外，还应提供地基动力学参数。可采用以下几种勘察方法：

钻探：了解岩土层分布、厚度、性质等，并可取岩土样以进行室内试验。

触探：包括动力触探和静探，获得岩土层承载力及摩阻系数；对于软土、黏性土、粉土、砂土采用静探和标贯试验，对于砾（碎）石类土则采用重型或超重型动力触探。

根据不同应变要求，需做波速、动扭剪、共振柱、动直剪、动三轴、大型振动台等实验。

块体基础振动测试：在现场拟建动力机器基础底面地层位置上，浇灌混凝土块体基础，用外力激振的方法测试，以计算地基动力参数。

（2）勘探点间距及深度

动力机器运作时将产生较大的振动，振动波将自地面向下传播，也将向四周传播。根据动力机器的自重及重心位置、机器的扰力和扰力矩及其方向、机器型号、转速、功率，可计算出其振动强度及其传播距离，勘探点的间距及深度除应满足基本的勘察要求外，还应满足该振动波传播距离的要求。

如基础采用桩基础等形式，勘探点间距及深度尚应满足相应基础形式的勘察要求。

物理勘探的勘探线间距应根据计算出的振动强度，依相关规范确定。

## 8.4　地下洞室的岩土工程勘察

地下洞室是指全部埋置在地下岩土体之内的洞室，如隧道。地下洞室的安全、经济和正常使用主要取决于其周围岩体的稳定性。地下洞室的开挖必然破坏了原始岩体的初始平衡条件，引起周边岩体内的应力重分布，使得洞体周围一定范围之内的岩体松弛，该部分岩体称为围岩。围岩的稳定性、破坏特点及其作用在洞室支撑结构上的压力，取决于其所处的工程地质条件及开挖方式等因素。在洞室施工掘进中，如遇断裂破碎带、风化破碎带及承压地下水带等不良地质条件地区，则会造成大量的塌方与涌水；有时在特定的地质条件下还会遇到有害气体和高温。所以在选择洞室的位置、走向和洞室的设计与施工时，必须全面了解全线的工程地质条件。

### 8.4.1　勘察内容

（1）查明沿线工程地质条件，包括地形地貌、地质构造、地层岩性、水文地质、不良地质、特殊地质、气象地震等；

（2）查明围岩分级；

（3）查明各段岩土体稳定情况；

（4）评价地下洞室建设的适宜性及其对周边环境的影响。

### 8.4.2　可行性研究阶段的勘察要求

勘察目的：为项目的可行性评价提供依据，选择合适的洞址和洞口。

勘察方法：主要是收集区域地质等现有资料，进行踏勘和地面调查。

具体要求：

（1）了解拟选方案的工程地质条件；

（2）了解拟选方案的环境条件及社会意义；

（3）进行可行性评价，选择合适的洞址和洞口。

### 8.4.3　初步勘察阶段的勘察要求

勘察目的：初步查明选定方案的地质条件和环境条件，初步确定围岩等级，对洞址和洞口的稳定性做出评价，为初步设计提供依据。

勘察方法：工程地质测绘、勘探和测试。

在此阶段的主要方法是工程地质测绘，查明建筑区域内的岩性、构造、水文地质条件及物理地质现象，以便判定对线路的比选方案有重要意义的不良地质条件是否存在及其规模情况，根据测绘成果编制各方案线路的工程地质剖面图。

勘探工作则为核定地质剖面而用，如线路太长可多用物探剖面工作，但钻探工作还是不可少的，它能较准确地判断岩性及地层的构造特征，钻探应达到设计洞底标高以下 5～15m。应在洞底标高以上 20m 范围采取岩样，以测定岩石的物理力学性质。设计洞底标高以上有含水层时则需做抽水试验，以求计算涌水量所需的参数。

初步勘察阶段的具体要求如下：

(1) 通过工程地质测绘和调查，应初步查明工程地质条件、地应力的最大主应力作用方向、地下水类型及其动态、洞室穿越既有建筑物及构筑物时的相互影响。

(2) 勘探点宜沿洞室外侧交叉布置，勘探点间距 100～200m，采取试样和原位测试的勘探孔数不宜小于总孔数的 2/3。

### 8.4.4 详细勘察阶段的勘察要求

勘察目的：详细查明洞址、洞口、洞室穿越路线的工程地质条件，分段划分围岩等级，评价洞体和围岩的稳定性，为设计支护结构和确定施工方案提供依据。

勘察方法：以钻探、钻孔物探及测试为主，必要时结合施工导洞进行洞探。

对初设阶段未完全查明的工程地质条件，进行补充的地质测绘工作。用钻孔进一步确定隧道设计高程的岩石性质及地质结构。在滑坡、断裂破碎带，岩溶及厚覆盖层等地质条件比较复杂地带，还应布置垂直轴线的横向勘探线，编制横向地质剖面图。在隧道进出口可布置勘探导洞（可与施工导洞结合起来），以进一步明确进出口的工程地质条件。用钻孔取样和在导洞中测定岩体的力学性质指标，并可测定松弛圈及地应力。

在初步勘察要求的基础上，详细勘察阶段还应达到以下要求：

(1) 划分岩组，进行岩土体的物理力学性质试验。

(2) 查明洞室所在位置及邻近地段既有建筑物、构筑物和管线状况，预测洞室开挖的影响，并提出防护措施建议。

(3) 勘探点宜在洞室中线外侧 6～8m 交叉布置。山区地下洞室按地质构造线布置且勘探点间距不大于 50m；城市地下洞室的勘探点间距，复杂场地宜小于 25m，中等复杂的宜为 25～40m，简单的宜为 40～80m。

## 8.5 边坡工程的岩土工程勘察

本节所述边坡主要是指由于公路、铁路、水电等工程开挖山体而形成的人工边坡。自然形成的边坡(斜坡)的勘察依据滑坡、泥石流、崩塌等灾害的勘察规范进行。一般边坡工程的岩土工程勘察不分阶段进行，直接进行详细勘察阶段的岩土工程勘察。而对于大型边坡工程的岩土工程勘察，宜分初步勘察阶段、详细勘察阶段和施工勘察阶段进行。

### 8.5.1　勘察内容

(1) 查明地貌形态和边坡坡形，当可能存在滑坡、崩塌、泥石流等不良地质作用时，勘察内容应符合相应不良地质作用的勘察内容；

(2) 查明边坡岩土的类型、成因、工程特性，基岩面的位置、产状及覆盖层厚度；

(3) 查明岩体主要结构面的特征，包括结构面类型、组数、产状、延伸情况、充填情况、渗水情况、力学性质及与边坡临空面的组合情况等；

(4) 查明地下水的类型、水位等特征，岩土的渗透性和地下水的出露情况；

(5) 查明气象地震情况；

(6) 查明岩土体的物理力学性质和软弱结构面的抗剪强度；

(7) 查明坡体结构类型和可能的破坏方式，并提出相应的防治措施建议。

### 8.5.2　勘察要求

(1) 勘察阶段划分

一般边坡工程的岩土工程勘察不分阶段进行，直接进行详细勘察阶段的岩土工程勘察。而对于大型边坡工程的岩土工程勘察，宜分阶段进行。

初步勘察阶段：搜集地质资料，进行工程地质测绘和少量的勘探和室内试验，初步评价边坡的稳定性；

详细勘察阶段：对边坡做出稳定性评价，提出最优开挖坡角，对可能失稳的边坡提出防护治理措施的建议；

施工勘察阶段：配合施工开挖进行地质编录、核对，必要时提出修改设计建议。

(2) 勘探线及勘探点布置

勘探线应垂直边坡走向布置，勘探范围应包括开挖影响区域。勘探点间距根据地质情况确定。勘探点深度应超过潜在滑面 2～3m。

(3) 岩土取样及试验

主要岩土层和软弱层应取样，进行物理力学性质试验。每层试验数对于土层不应少于 6 件，岩层不应少于 9 件，软弱层应连续取样。

三轴剪切试验的最大围压和直剪试验的最大法向压力应与试件在坡体中的实际受力情况相近。

## 8.6　基坑工程的岩土工程勘察

广义的基坑是指为进行建筑物(包括构筑物)基础与地下室的施工所开挖

的地面以下空间。狭义的基坑仅指为建筑基础开挖的临时性坑井，即通常所说的基坑。本节所述基坑指狭义基坑。基坑属于临时性工程，其作用是提供一个空间，使基础的砌筑作业得以按照设计所指定的位置进行。

基坑的稳定不仅关系到其上建筑物基础能否成功实施，既而决定了建筑物能否顺利施工和运营，而且也关系到基坑周边建筑物的安全。

### 8.6.1 勘察内容

（1）查明邻近建筑物和地下设施的现状、结构特点以及对开挖变形的承受能力；

（2）查明基坑及其影响范围内岩土情况，及各层岩土体的物理力学指标，特别是抗剪强度指标，对各层基坑支护方案提出建议；

（3）查明地下水情况，包括水位、水量、动态变化情况，对基坑涌水情况作出预测并提出防治措施建议；如需降水，应提出降水方案建议；分析地下水对建筑材料的腐蚀性；

（4）查明侧壁和坑底的渗透稳定性；

（5）查明基坑可能产生的流砂、流土、管涌的位置、流量、原因，并提出防治措施建议；

（6）查明特殊岩土的分布、性质，分析其对基坑开挖及基坑稳定性的影响，并提出相应的处理措施建议；

（7）根据开挖深度、岩土及地下水条件，及周边建筑物及环境条件，对基坑边坡的处理方式提出建议。

### 8.6.2 勘察要求

（1）阶段划分

基坑工程的勘察阶段划分，多依附于所在建筑工程的勘察阶段划分。如果建筑工程的勘察划分为初步勘察阶段、详细勘察阶段、施工勘察阶段，则基坑工程的勘察也以此阶段划分：

初步勘察阶段：根据岩土工程条件，初步判定开挖可能遇到的问题，并提出支护措施建议。

详细勘察阶段：针对基坑工程设计要求进行勘察，为基坑开挖方式、开挖步骤、支护方案等提供岩土参数。

施工勘察阶段：对开挖暴露的岩土体进行编录，必要时为修改设计提供依据和岩土体参数。

（2）勘察范围和深度

基坑工程的勘察范围和深度应根据场地条件和设计要求确定。

勘察深度一般取开挖深度的2～3倍，勘察的平面范围宜超出开挖边界外开挖深度的2～3倍。遇到坚硬的黏性土、碎石土、岩石，可根据岩土类别和支护设计要求，适当减小上述勘察范围和深度；相反，如果遇到深厚软土区，则应加大上述勘察范围和深度。

258

（3）土的抗剪强度试验，应与基坑工程设计要求一致

快速施工，来不及排水的基坑工程，应采用不排水快剪；相反，如果施工速度慢，可充分排水，则应采用排水慢剪。

（4）勘察提供的参数应满足以下需要

边坡的局部稳定性、整体稳定性和坑底抗隆起稳定性计算；坑底和侧壁的渗透稳定性；挡土结构和边坡变形计算；降水效果和降水对环境的影响评价；开挖和降水对邻近建筑物和地下设施的影响评价。

## 8.7　岸边工程的岩土工程勘察

岸边工程主要指港口工程、造船和修船水工建筑物以及取水构筑物等海、湖、河等水系附近工程。岸边工程的稳定性除了与其他非岸边因素有关外，还与水系区域的水位升降、冲刷淤积、岸滩变迁等因素有关。岸边区域往往发育高灵敏软土、层状构造土、混合土等特殊土，这些都是岸边工程的不利因素。评价岸坡和地基稳定性时，应考虑的因素会比其他工程更复杂，包括设计水位的正确选择、较大水头差和水位骤降、施工时的临时超载、较陡的挖方边坡、波浪作用、打桩影响等。岸边工程的勘察应注意查明这些因素。

### 8.7.1　勘察内容

除了常规的勘察内容外，岸边工程应着重查明以下内容：

（1）工程地质条件，特别是岸边地貌特征和地貌单元交界处的复杂地层分布及岩土体物理力学及水理性质；

（2）水位的变化规律，选择正确的设计水位；

（3）水头差及水位骤降的可能性及波浪作用的影响；

（4）高灵敏软土、层状构造土、混合土等特殊土和基本质量等级为Ⅴ级岩体的分布和工程特性；

（5）岸边滑坡、崩塌、冲刷、淤积、潜蚀、沙丘等不良地质作用的特征及范围，并提出相应的防治措施建议。

### 8.7.2　勘察要求

（1）阶段划分

可行性研究阶段的勘察：主要通过工程地质测绘和踏勘，必要时布置一定数量的勘探工作，调查地层分布、构造特点、地貌特征、岸坡形态、冲刷淤积、水位升降、岸滩变迁、淹没范围等情况和发展趋势。对岸坡的稳定性和场址适宜性做出评价，提出最优方案的场址建议。

初步勘察阶段：通过勘探等手段，对场地的稳定性做出进一步评价，对总平面布置、结构基础形式、施工方法和不良地质作用的防治提出建议。调查岸线变迁和动力地质作用对岸线变迁的影响；埋藏河、湖、沟谷的分布及

其对工程的影响；潜蚀、沙丘等不良地质作用的分布、成因、变化趋势及其对场地稳定性的影响。

详细设计阶段：进一步考虑岸坡稳定性、坡体开挖、支护结构、桩基等的分析设计需要，加深勘探。对地基基础的设计和施工及不良地质作用的防治提出建议。

（2）勘探范围与深度

初步勘察设计阶段：勘探线宜垂直岸向布置，勘探线与勘探点的间距，应根据工程要求、地貌特征、岩土分布、不良地质作用等确定，岸坡地段和岩石与土层组合地段宜适当加密。勘探孔的深度应根据工程规模、设计要求和岩土条件确定。

详细勘察设计阶段：勘探线和勘探点应结合地貌特征和地质条件，根据工程总平面布置确定，复杂地基地段应加密。探孔的深度应根据工程规模、设计要求和岩土条件确定，除建筑物和结构物结构与荷载外，应考虑岸坡稳定性、坡体开挖、支护结构、桩基等分析设计的需要。

（3）土的剪切试验方法的选择

测定土的抗剪强度选用剪切试验方法时，应考虑以下因素：

① 非饱和土在施工期间和竣工以后受水浸转变为饱和土的可能性；

② 土的固结状态在施工前后的变化；

③ 挖方卸荷或填方加荷对土性的影响。

## 8.8  线路、机场场道与桥涵的岩土工程勘察

### 8.8.1  线路、机场场道的岩土工程勘察

道路工程是延伸很长的线性建筑物，穿越地区具有多种工程地质条件。由于往往要穿过较多的不良地质条件地区，在山地、丘陵地带有滑坡、坍塌、泥石流及岩溶等；在平原、高原地带有沼泽层上路堤的沉陷等；在特殊气候带内有风砂、冻胀等。

机场场道对路面平顺性有非常高的要求，从而对场道地基有严格的要求，必须对地基岩土体物理力学性质有较清楚的认识，才能对场道路基进行合理的加固处理，满足机场场道的要求。

道路工程勘察的主要目的与基本勘察方法为：

① 以查明沿线不良地质作用和不利于边坡稳定的地质条件为目的的线路地质测绘。

② 以取得沿线各不同地质条件地段纵横地质剖面为目的的勘探工作（主要坑槽及浅钻孔）。

③ 以查明不良地质条件地段的纵横地质剖面为目的的深度较大的勘探工作。

④ 以查明填方地段所用路基填料的变形及强度性质所用土（石）物理力学

性质试验。

⑤ 挖方地段路堑边坡稳定性的岩(土)体的软弱结构面勘探与试验。

（1）可行性研究阶段的勘察要求

此阶段的工作目的是按指定的道路起讫点及所经地区选定修建道路可能性的路线方案。主要了解在线路方向垂直的 3～5km 宽度范围内存在着多少较严重影响道路稳定与安全的工程地质条件。勘察方法一般尽量利用已有地形地质资料进行研究分析，对复杂的地貌及不利工程地质条件地段做较详细的补充地质测绘工作。

（2）初步勘察阶段的勘察要求

此阶段是在选线方案的基础上，定出一条经济合理、技术可能的线路。一般在初选路线宽度 500m 范围内进行的较大比例尺的补充测绘工作。主要目的是要查明该线路经过区的复杂的不良地质现象状况。分析其影响道路安全的程度；一般综合利用钻探、坑探与物探方法。对作为路基及路堑边坡的岩（土）体，则通过勘探及试验工作，分析其稳定性。

（3）详细勘察阶段的勘察要求

此阶段勘察工作的主要目的是为各不同地形及工程地质条件路段的路基路面设计提供具体的工程地质剖面及有关岩土的物理力学性质。因此需要较多数量坑、槽探及钻探工作和一定数量岩土物理力学性质试验。并需提供填方路段土石料的变形及强度指标，填土及路堑边坡的允许坡度参考值。

## 8.8.2 桥涵的岩土工程勘察

桥梁工程的特点是通过桥台和桥墩把桥梁上的荷载(包括桥梁本身的重量、通过桥上的车辆、人流的动、静荷载及水流的作用等)传到地基中去。由于一般桥梁所承受荷载都较大，还有偏心和动荷载作用，且要防止水流的冲刷破坏，所以桥梁的基础一般都是埋置较深的单个墩台基础，往往需在水下修建，施工条件也是较复杂的。

桥梁工程一般都建造在深切沟谷及江河之上，这些地区的工程地质条件本身就比较复杂，加上桥墩桥台的基础需要深挖埋设，也造成一些更为复杂的工程地质问题：如江河溪沟两岸斜坡上的桥梁墩、台，在开挖基坑时，基坑边坡常会发生滑塌，有时甚至使部分山体被牵动滑移；而位于河床及大溪沟中的桥墩。还常遇到基坑涌水和基底水流掏空墩基等问题；当地基岩体中有软弱岩层、断裂破碎带时，则会引起不均匀沉陷，如桥梁基础被埋置在隐蔽的滑坡体中，就有可能出现桥基滑移或桥墩被剪断的危险。因此，查明这些工程地质问题，研究分析其发生发展的规律，正确地预防及处理具有十分重要的意义。

（1）初步勘察阶段的勘察要求

① 查明河谷的地质及地貌特征，查明覆盖层的性质、结构及厚度。查明基岩的地质构造、岩石性质及埋藏深度。

② 必须确定桥基范围内的岩石类型，提供它们的变形及强度性质指标。

③ 阐明桥址区内第四纪沉积物及基岩中含水层状况，水位、水头高以及地下水的侵蚀性，并进行抽水试验，以研究岩石的渗透性。

④ 查明物理地质现象，论述滑坡及岸边冲刷对桥址区岸坡稳定性的影响，查明河床下岩溶发育情况及区域地震基本烈度等问题。

(2) 施工设计阶段的勘察要求

① 为最终确定桥墩基础埋置深度提供地质依据。

② 提供地基附加应力分布层内各类岩石的变形及强度性质指标。

③ 查明并分析水文地质条件对桥基稳定性的影响。

④ 查明各种物理地质作用对桥梁工程的不利影响，并提出预防与处理措施建议。

⑤ 提出在施工过程中可能发生的不良工程地质作用，并提出预防与处理措施建议。

⑥ 本阶段勘察工作当以钻探工作为主，每个墩台位置都至少布置一个钻孔，一般要达到基岩面以下 20m。同时本阶段要进行大量岩石的物理力学性质试验，对地基岩体则要做野外原位载荷试验、软结构面的抗剪试验及抽水试验等。

## 8.9  核电厂的岩土工程勘察

核电厂是指将核能转换为热能，用以产生供汽轮机用的蒸汽，汽轮机再带动发电机，构成了产生商用电力的电厂。核电厂的反应器内有大量的放射性物质，如果释放到外界环境，会对生态及民众造成严重伤害，故核电厂建设必须保证其设计、运营中的绝对安全，对场址的适宜性和基础的安全性有非常严格的要求，也对岩土工程勘察有严格的要求。

核电厂建筑可分为与核安全有关的建筑和常规建筑两大类，常规建筑的岩土工程勘察可参见本教材相关章节，本节主要针对与核安全有关的建筑的岩土工程勘察。

### 8.9.1  勘察内容

与核安全有关的核电厂建筑的岩土工程勘察应查明以下内容：

(1) 场址区工程地质条件，查明场址的特殊地质和不良地质，并提出防治措施建议；

(2) 有无活动断裂及其活动特性，是否对场址稳定性构成影响；

(3) 是否存在影响场址稳定的全新世火山活动；

(4) 场址区地震活动状况及其对场址的稳定性评价；

(5) 场址区有无可开采矿藏，有无影响场址稳定的采空区、地下洞穴及人类历史活动；

(6) 有无可供核岛布置的场地和地基，并具有足够的承载力；

(7) 对当地水源及其他环境的影响。

### 8.9.2　勘察要求

（1）阶段划分

核电厂岩土工程勘察可划分为五个阶段：初步可行性研究阶段的勘察、可行性研究阶段的勘察、初步设计阶段的勘察、施工图设计阶段的勘察、工程建造阶段的勘察。

（2）初步可行性研究阶段的勘察要求

该阶段以搜集资料为主，利用资料分析各拟选场址的区域地质、工程地质和水文地质、地震情况等条件，对场址的稳定性、地质条件、环境影响等方面做出初步评价，提出建厂的适宜性意见。

厂址工程地质测绘的比例尺选用 1：10000～1：25000，勘察范围包括场址及其周边地区，面积不小于 4km²。

通过必要的勘探和测试，提出场址的主要工程地质分层和初步的岩土体物理力学性质指标，了解预选核岛区附近的岩土体分布特征。每个场址勘探孔不应少于 2 个，深度应为预计地坪设计标高以下 30～60m；全断面连续取芯；每一主要岩土层应采取 3 组以上试样，勘探孔每隔 2～3m 做贯入试验一次。

进行必要的岩石试验项目，包括密度、弹性模量、泊松比、软化系数、抗剪强度等；进行必要的土工试验项目，包括颗粒分析、天然含水量、密度、比重、液塑限、压缩系数、压缩模量、抗剪强度等。

（3）可行性研究阶段的勘察要求

进一步查明区域地质和工程地质条件，提供初步的岩土体动、静物理力学参数。

划分场地类型，并对地基处理方案进行论证，提出必要的处理措施建议。

对河岸、海岸、边坡稳定性做出初步评价，提出初步治理方案。

判断抗震设计场地类别，划分对建筑物有利、不利和危险地段，并对地震液化进行专门勘察。

查明水文地质基本条件和环境水文地质的基本特征。

进行工程地质测绘，厂址工程地质测绘的比例尺选用 1：1000～1：2000，勘察范围包括场址及其周边地区，面积不小于 4km²。

进行厂区勘探，勘探点根据地形、地质条件采用网格状布置，间距宜取150m，其中控制性勘探点不少于勘探点总数的 1/3。

勘探孔深度对于基岩应深入基础底面以下，基本质量为 I、II 的岩体不少于 10m；第四纪地层场地，应深入设计地坪以下 40m，或进入 I、II 的岩体不少于 3m。

岩石钻孔全断面取芯，每一主要岩层应采取 3 组以上岩样，试验项目除了初步可行性研究项目外，增加每一岩层代表岩样动弹性模量、动泊松比和动阻尼比等动态参数测试。

进行边坡勘察、土石方工程和建筑材料的调查和勘察。

(4) 初步设计阶段的勘察要求

该阶段勘察分核岛、常规岛、附属建筑和水工建筑四个地段进行，进一步查明各地段的工程地质条件，特别是水文和环境条件。提出地基处理方案。

核岛地段的勘察应满足设计和施工的需要。勘探点应布置在反应堆厂房周边和中部，勘探点间距宜为 $10\sim30m$，每个核岛勘探点数量不少于 10 个，其中反应堆厂房不少于 5 个，控制性勘探点不少于总勘探点的 1/2。

常规岛地段勘探点沿建筑物轮廓线、轴线和主要轴线布置，每个常规岛勘探点数量不少于 10 个，控制性勘探点不少于总勘探点的 1/4。

水工建筑地段每个泵房探点数量不少于 2 个，一般性勘探孔应达到基础底面以下 $1\sim2m$，控制性勘探孔应进入中风化岩层 $1.5\sim3m$。

(5) 施工图阶段的勘察

该阶段主要完成附属建筑地段的勘察和主要水工建筑以外的其他水工建筑地段的勘察，并根据需要进行核岛、常规岛和主要水工建筑地段的补充勘察。勘察深度同初步设计阶段的勘察，其中每个与核岛相关的附属建筑不少于一个控制性勘探孔。

(6) 工程建造阶段的勘察

该阶段主要进行工程建造过程中暴露岩土体的编录，并根据实际需要进行一些关键部位的补充勘察，必要时为设计的修改提供依据的参数。

## 8.10 废弃物处理工程的岩土工程勘察

本节废弃物处理工程主要指工业废渣堆埋场、垃圾填埋厂等固体废弃物处理工程。核废料处理工程的岩土地程勘察应结合本节所述内容及核电厂勘察内容，依据相关规范进行。废弃物处理工程不仅要保证其本身的安全性，而且要保证废弃物不对周边水、土及其他环境造成污染。

### 8.10.1 勘察内容

(1) 场地工程地质条件，包括地形地貌、地质构造、地层岩性、水文地质、不良地质及特殊地质、气象地震等。

(2) 场地岩土体和废弃物的物理力学性质，特别是渗透性。

(3) 场地、地基及边坡的稳定性。

(4) 污染物运移，对水体及其他环境的影响评价。

(5) 筑坝材料和防渗覆盖黏土的调查，包括来源、运输及适宜性。

(6) 活动断裂与地基及堆积体的地震效应分析。

(7) 进行专门的水文地质勘察。

### 8.10.2 勘察要求

(1) 阶段划分

废弃物处理工程的勘察配合工程建设分为可行性研究勘察、初步勘察、详细勘察。

可行性研究勘察：对拟选场地的稳定性和适宜性做出评价，主要采用踏勘调查，必要时辅以少量勘探工作。

初步勘察：对拟建工程的总平面布置、场地的稳定性、废弃物对环境的影响做出初步分析评价，并提出建议。主要以工程地质测绘为主，辅以勘探、原位测试和室内试验。

详细勘察：提供工程设计所需参数，提出设计、施工、监测工作建议，对不稳定地段和环境影响进行分析评价，提出处理措施建议。采用勘探、原位测试和室内试验等手段相结合的方法，地质条件复杂地区，应进行工程地质测绘。

（2）勘察范围

勘察范围应包括堆填场（库区）、初期坝、相关的管线、隧洞等构筑物和建筑物区域，以及邻近的相关地段，并进行地方建筑材料的勘察。

工程地质测绘应包括场地的全部范围及其相邻有关地段，测绘图纸比例尺初步勘察为1∶2000～1∶5000，详细勘察不小于1∶1000。

（3）勘察前应搜集资料

废弃物的成分、粒度、物理化学性质、日处理量、排放及输送方式；

堆场或填埋场的总容量、有效容量和使用年限；

山谷型堆填场的流域面积、降水量、径流量、多年一遇洪峰流量；

初期坝的坝长和坝顶标高，加高坝的最终坝顶标高；

邻近的水源地保护带、水源开采情况和环境保护要求。

## 复习思考练习题

**8-1** 房屋建筑和构筑物的岩土工程勘察和桩基础岩土工程勘察内容有何异同？

**8-2** 岸边工程与边坡工程的岩土工程勘察有何异同？

**8-3** 废弃物处理工程的岩土工程勘察内容有哪些？

**8-4** 核电厂的岩土工程勘察应注意哪些与环境保护相关的问题？

# 主 要 参 考 文 献

[1] 车用太. 论地震预测报现状及其基础研究问题 [J]. 国际地震动态，2005. 12：19-23.

[2] 陈葆仁，洪再吉，汪福炘. 地下水动态及其预测 [M]. 北京：科学出版社，1988.

[3] 陈洪江. 土木工程地质 [M]. 北京：中国建材工业出版社，2005.

[4] 高等学校土木工程学科专业指导委员会. 高等学校土木工程本科指导性专业规范 [M]. 北京：中国建筑工业出版社，2011.

[5] 工程地质手册(第四版) [M]. 北京：中国建筑工业出版社，2007.

[6] 何培玲，张婷. 工程地质 [M]. 北京：北京大学出版社，2006.

[7] 胡厚田，吴继敏，王健，白志勇. 土木工程地质 [M]. 北京：高等教育出版社，2001.

[8] 胡厚田编著. 崩塌与落石 [M]. 北京：中国铁道出版社，1989.

[9] 黄润秋，李为乐. "5.12"汶川大地震触发地质灾害的发育分布规律研究 [J]. 岩石力学与工程学报，2008，27(12)：2585-2592.

[10] 黄润秋. 汶川 8.0 级地震触发崩滑灾害机制及其地质力学模式 [J]. 岩石力学与工程学报，2009，28(6)：1239-1249.

[11] 黄润秋等著. 中国典型灾难性滑坡 [M]. 北京：科学出版社，2008.

[12] 减秀平. 工程地质 [M]. 北京：高等教育出版社，2006.

[13] 建筑抗震设计规范 GB 50011—2010 [S]. 北京：中国建筑工业出版社，2010.

[14] 江级辉，徐国宝合编. 工程地质学 [M]. 成都：成都科技大学出版社，1995.

[15] 孔思丽. 工程地质学 [M]. 重庆：重庆大学出版社，2005.

[16] 孔宪立主编. 工程地质学 [M]. 北京：中国建筑工业出版社，1997.

[17] 李渝生，黄润秋. 5.12 汶川大地震损毁城镇的震害效应与重建选址问题 [J]. 岩石力学与工程学报，2009，28(7)：1370-1376.

[18] 刘春原，朱济祥，郭抗美. 工程地质学 [M]. 北京：中国建材工业出版社，2000.

[19] 刘兆昌，李广贺，朱琨. 供水水文地质 [M]. 北京：中国建筑工业出版社，1998.

[20] 刘正峰. 水文地质手册 [M]. 长春：银声音像出版社，2010.

[21] 沈照理，刘光亚，杨成田等. 水文地质学 [M]. 北京：科学出版社，1985.

[22] 孙家齐主编. 工程地质(第三版) [M]. 武汉：武汉工业大学出版社，2007.

[23] 王大纯，张人权，史毅虹等. 水文地质学基础 [M]. 北京：地质出版社，1995.

[24] 王贵荣主编. 工程地质学 [M]. 北京：机械工业出版社，2009.

[25] 许强，裴向军，黄润秋等著. 汶川地震大型滑坡研究 [M]. 北京：科学出版社，2009.

[26] 岩土工程勘察规范 GB 50021—2009 [M]. 北京：中国建筑工业出版社，2009.

[27] 岩土工程勘察技术规范 YS 5205—2004 [M]. 北京：中国计划出版社，2004.

[28] 张人权，梁杏，靳孟贵等. 水文地质学基础 [M]. 北京：. 地质出版社，2010.

[29] 张忠苗主编. 工程地质学 [M]. 北京：中国建筑工业出版社，2007.

[30] 张倬元，王士天，王兰生等编著. 工程地质分析原理（第四版）[M]. 北京：地质出版社，2009.

[31] 周荣军，黄润秋，雷建成等. 四川汶川 8.0 级地震地表破裂与震害特点 [J]. 岩石力学与工程学报，2008，27(11)：2173-2183.